国家出版基金项目
NATIONAL PUBLICATION FOUNDATION

# 西北地区
# 自然灾害链风险管理

曲宗希　沙勇忠　著

兰州大学出版社
LANZHOU UNIVERSITY PRESS

**图书在版编目（ＣＩＰ）数据**

　　西北地区自然灾害链风险管理 / 曲宗希，沙勇忠著
. -- 兰州 : 兰州大学出版社，2024.12
　　（西北地区自然灾害应急管理研究丛书 / 赖远明总
主编）
　　ISBN 978-7-311-06623-9

　　Ⅰ．①西… Ⅱ．①曲… ②沙… Ⅲ．①自然灾害－风
险管理－研究－西北地区 Ⅳ．①X432.4

　　中国国家版本馆 CIP 数据核字(2024)第 023771 号

责任编辑　钟　静　雷鸿昌
封面设计　汪如祥

丛 书 名　**西北地区自然灾害应急管理研究丛书**
丛书主编　赖远明　总主编
　　　　　（第一辑共5册）
本册书名　**西北地区自然灾害链风险管理**
　　　　　XIBEI DIQU ZIRAN ZAIHAILIAN FENGXIAN GUANLI
本册作者　曲宗希　沙勇忠　著
出版发行　兰州大学出版社　（地址:兰州市天水南路222号　730000)
电　　话　0931-8912613(总编办公室)　0931-8617156(营销中心)
网　　址　http://press.lzu.edu.cn
电子信箱　press@lzu.edu.cn
印　　刷　广西昭泰子隆彩印有限责任公司
开　　本　787 mm×1092 mm　1/16
成品尺寸　185 mm×260 mm
印　　张　20.25
字　　数　414千
版　　次　2024年12月第1版
印　　次　2024年12月第1次印刷
书　　号　ISBN 978-7-311-06623-9
定　　价　118.00元

（图书若有破损、缺页、掉页,可随时与本社联系）

# 丛书序言

近年来，在气候变化与地质新构造运动的双重影响下，我国西北地区生态脆性日益突出，山体滑坡、泥石流、地震、沙尘暴等自然灾害时有发生，给当地人民的生命财产和工农业生产带来了严重威胁和危害。西北地区是基础设施建设的重镇，其经济社会发展是国家"十四五"规划战略的重要组成部分，但自然灾害的频发，严重影响和制约了当地国民经济和社会的发展。

《中共中央关于制定国民经济和社会发展第十四个五年规划和二〇三五年远景目标的建议》提出"统筹推进基础设施建设。构建系统完备、高效实用、智能绿色、安全可靠的现代化基础设施体系"的战略要求；党的二十大报告强调了构建国家大安全大应急框架，提升防灾救灾以及重大突发公共事件处置和保障能力；《中共中央关于进一步全面深化改革、推进中国式现代化的决定》对"推进国家安全体系和能力现代化"作出系统部署，提出"强化基层应急基础和力量，提高防灾减灾救灾能力"；国务院发布的《"十四五"国家应急体系规划》，提出了2025年显著提高自然灾害防御能力和社会灾害事故防范及应急能力的具体目标。这些战略目标的制定和推出，对我国尤其是西北地区自然灾害防范及应急管理能力的提升提供了根本遵循。

在全球化背景下，科技创新是当今世界各国综合国力的重要体现，也是各国竞争的主要焦点，科技创新在我国全面进行社会主义现代化建设中具有核心地位。为了顺利实现国家"十四五"规划目标，迫切需要对自然灾害产生的影响因素及发生机理进行研究，创新预防自然灾害的防治技术，以降低自然灾害的发生率；迫切需要构建我国西北地区自然灾害应急管理能力评估的知识框架与指标体系，提高灾后应急管理能力，做到早预防、早处理，以提升人民的幸福感和安全感。

为了呼应和服务西部大开发、西气东输等国家重大战略的实施，为西北地区自然灾害防治提供技术支持，为西北地区的工程建设提供实验数据、理论支持和实践保障，我们在研究防治自然灾害的同时，也重视对自然环境的保护和修复，协调人与自然的关系。基于此，我们以专业学术机构为依托，以研究团队的研究成果为基础，融合自然科学与社会科学、技术与管理多学科交叉成果，策划编写了"西北地区自然灾害应急管理研究丛书"，力图从学理上分析西北地区自然灾害发生的原因和机理，创新西北地区自然灾害的防治技术，提升自然灾害防御的现代化能力和自然灾害的危机管理水平，为国家"十四五"规划中重大工程项目在西北地区的顺利实施提供技术支持。本丛书从科学角度阐释了西北地区自然灾害发生的影响因素和机理，并运用高科技手段提升对自然灾害的防治能力和应急管理水平。

本丛书为开放式系列丛书，按研究成果的进度，分辑陆续出版。

是为序。

中国科学院院士　李远明

2024.11.29

# 前　言

　　党的十八大以来，我国应急管理体系建设取得显著成效，应急管理效能显著提升。特别是 2018 年国家成立应急管理部，形成了党委领导、政府主导、多方参与的应急管理新格局，推动了全灾种、全流程、全主体的综合发展。中央政治局第十九次集体学习指出："应急管理是国家治理体系和治理能力的重要组成部分，承担防范化解重大安全风险、及时应对处置各类灾害事故的重要职责，担负保护人民群众生命财产安全和维护社会稳定的重要使命。"党的二十大报告进一步将应急管理体系纳入国家安全体系的重要组成部分，凸显了应急管理在国家治理中的重要地位。党的二十届三中全会进一步提出，"健全重大突发公共事件处置保障体系，完善大安全大应急框架下应急指挥机制，强化基层应急基础和力量，提高防灾减灾救灾能力"，对应急管理能力建设提出更高要求。

　　我国西北地区处于黄土高原和青藏高原的交汇地带，地质构造复杂，自然环境严酷，是我国自然灾害最为频发的地区之一。近年来，受全球气候变化的影响，干旱、暴雨、泥石流、冰雹等自然灾害频繁发生，且多种灾害在一定时间和空间内相互作用形成一系列链式灾害，其造成的危害和影响远比单一灾害更为深远，给西北地区人民生命财产安全和工农业生产带来严重威胁。为有效防范和减轻自然灾害链带来的复杂风险，有必要从灾害链视角出发，系统地分析西北地区自然灾害的成链特征和演变规律，探索适合该地区的风险管理模式与断链减灾策略，这既是当前西北地区灾害研究中的难点问题，也是保护西北地区农业和生态环境、保护人民生命财产安全的迫切现实需求。

　　由于自然灾害链在成因、后果及影响上展现出高度的复杂性、跨域性和动态性，给传统的灾害风险与应急管理模式带来了严峻挑战。传统灾害应对模式往往聚焦于单一灾种或特定风险源，忽视了多灾种之间的相互作用、叠加效应以及灾害链的演化过程。这种单一视角导致对风险评估的不足，难以准确把握灾害链的潜在危害。此外，传统模式对自然数据与社会数据的融合不够深入，无法全面反映系统的脆弱性；对灾害链中隐藏风险的识别能力不足，导致风险评估结果的可靠性降低；在应急响应方面，缺乏对实时数据的快速响应和动态调整能力，导致应急处置的滞后性。面对日益严峻的复合型灾害风险，传统的"预测-应对"模式已难以满足需求，亟须构建一个系统的跨学科的灾害链风险管理体系，以应对西北地区多灾种叠加带来的严峻挑战。

基于上述现状与问题，本书以国际社会和灾害管理先进国家的经验为参考，为西北地区自然灾害链构建了全新的风险管理框架。首先，从西北地区自然灾害的历史演化特点与发展趋势分析出发，系统梳理了自然灾害链风险管理的有关概念和基础理论。在此基础上，提出了全链条全流程自然灾害链风险管理框架。其次，围绕风险识别、评估和处置三个关键环节，分别提出自然灾害链风险识别方法、多灾种与灾害链风险评估方法、自然灾害链风险处置策略及决策理论等。再次，通过对西北地区2017年至2023年自然灾害相关的新闻报道数据进行清洗与文本挖掘，构建了我国西北地区自然灾害链案例数据库，分析了西北地区自然灾害链主要类型与时空分布特征。并在此基础上，围绕灾害链风险识别、评估与处置三个关键环节，分别开展西北地区灾害链风险识别与情景分析、基于复杂网络的暴雨灾害链风险评估与处置以及基于贝叶斯的地震灾害链风险处置策略推演等实证研究工作。最后，面向西北地区自然灾害链的复杂特征与实际管理需求，从组织、技术和机制三个维度探讨自然灾害链风险管理模式形成和发展的实践路径。研究成果旨在推动西北地区自然灾害链风险管理的理论研究和实践路径，对我国其他地区自然灾害链风险管理有一定的参考价值和借鉴意义，有助于提高我国应对自然灾害链的防灾减灾能力。

本书由曲宗希与沙勇忠提出写作大纲，项目团队成员分头撰写，最后由曲宗希通稿，沙勇忠修订。各章的写作分工如下：第一章和第二章：曲宗希、李雨桐；第三章：程斯尔、沙勇忠；第四章：付彦鑫、沙勇忠；第五章：黄成、曲宗希；第六章：章凌青、李军；第七章：张永宝、沙勇忠；第八章：程斯尔、付彦鑫、章凌青；第九章：曲宗希、李杨、张宇婷。硕士研究生李雨桐、吴志发承担了全书的技术校对工作。

在本书出版之际，感谢2023年度国家出版基金项目（项目号：2023X-010）和教育部人文社科项目"有限韧性视角下城市复合风险评估体系构建及治理对策研究"（项目号：24YJC630170）对本研究的支持；同时，向我们引用、参考过的著作和文献作者表示由衷的谢意！由于编者水平所限，本书还有诸多问题和不妥之处，敬请同行专家及读者批评指正。

曲宗希　沙勇忠

2024年10月10日于兰州大学

# 目　录

# 第一章　绪　论

我国西北地区位于欧亚大陆中心，横跨昆仑山、阿尔金山、祁连山，东至大兴安岭，西至乌鞘岭，地理坐标大致为北纬34°～35°和东经74°～111°。这一地区具有典型的大陆性气候，地域广阔，约占全国陆地总面积的24.3%。1949—1953年国家设立了西北行政区，即"西北五省"，包括陕西省、甘肃省、青海省、宁夏回族自治区和新疆维吾尔自治区[①]。西北五省（区）处于黄土高原和青藏高原的交汇地带，复杂的地质环境和严酷的自然条件，使其形成了独特的灾害承受体。近年来，随着全球气候变暖的加剧，干旱、洪涝等极端天气事件的发生频率和强度持续上升，影响范围日益扩大，多种灾害在一定时间和空间内相互作用形成一系列链式灾害，给西北地区人民的生命财产安全和工农业生产带来严重威胁，也制约了该地区的经济发展。

西北地区具有独特的自然灾害特征，总结西北地区自然灾害历史演化规律和应对经验尤为重要。本章从历史发展的角度梳理了西北地区自然灾害发生的特点与发展趋势，探讨了西北地区自然灾害链风险管理的必要性，明确了西北地区自然灾害链风险管理的核心任务。

## 第一节　西北地区自然灾害的特点与发展趋势

在中国历史上，西北地区占有至关重要的地位，其不仅是中华文明的发祥地，也是周秦汉唐等朝代的核心区域。然而，由于西北地区地处内陆，纬度与地势较高，西伯利亚寒流可以长驱直入，东侧有太行山脉隔断，南侧有秦岭等山脉阻挡，温暖潮湿的海洋气流难以抵达，因此，西北地区逐渐形成了典型的大陆性气候，具有温差大、空气干燥、雨量少、暴雨频繁等特点。独特的气候条件导致干旱、水涝、霜冻、冰雹等自然灾害频繁发生，对当地的生态环境和人类生产生活造成了极大的影响。此外，西北地区还处于农牧交错的生态脆弱区域，由于人类活动引发的沙漠化、草场退化、

---

① 为了行文的方便,本书中提到这五个省区时,简称"西北五省(区)"。

水土流失等生态环境恶化现象也给当地人民的生活和经济发展带来了严重影响和阻碍。西北地区从公元16世纪到清宣统三年（1911）共发生了43次极端灾害。陕西历史博物馆的碑林中，有两块著名的旱灾碑，记录了陕西在明代崇祯八至九年间，由于严重的蝗灾和旱灾，出现了大规模的饥荒，"死于道路者不计其数"的悲惨情景。同时，碑文还详细列出了各种食品和物品的价格，如稻米、粟米、小麦、谷糠以及核枣、红白萝卜、棉麻、梭布等，其价格都变得非常昂贵。

据袁林在《西北灾荒史》中的统计[①]，1840—1860年，西北地区频繁遭受旱灾，在1847年西北五省（区）的大旱荒中，陕西和甘肃灾情尤为严重。1839年，甘肃陇东地区的多个州县遭旱灾侵袭，随后向西宁府属各县和河西地区各州县蔓延。除了旱灾，其他自然灾害也频繁发生。例如，1852年，陇西、武山、甘谷、秦安、通渭等地遭受大风袭击；1857年，巩昌府属县、秦州、皋兰县旱灾严重，同时还有蝗虫肆虐，宁夏属等二十个州县也陆续受到旱灾和冰雹的影响。在1840—1860年的二十年里，陕甘地区每年都有因为旱灾而延缓收粮的记录，有些年份受灾的州县多达数十个，形成了"赤地千里"的景象。1862年，陕西的关中地区和甘肃的兰州、皋兰、临洮等地遭遇旱灾。1863年，水灾又在陕西的渭南南部和甘肃的平凉、庆阳、定西、固原（今属宁夏）等地区蔓延。

以上灾情拉开了近代西北地区自然灾害的序幕。1866年开始，又一轮旱灾席卷西北地区，不仅带来了大范围饥荒，还引发了瘟疫，这是自1840年以来我国西北地区所遭受的最严重的一次自然灾害。整个陕南、关中、陕北以及甘肃的陇东、陇中、陇南等多个地区均受到此次旱灾的影响。随后，1877年的"丁戊奇荒"再次给我国西北地区尤其是陕甘地区带来重创，这场持续了三年的大旱影响了甘肃二十多个州县，造成了大范围的人员死亡。这次大面积旱灾标志着西北地区自然灾害迎来第二次高峰。除旱灾外，西北地区的水灾、雹灾、霜灾也有所增多。

在19、20世纪交替之际，中国北方再次面临严峻的旱灾。1900年前后，整个北方地区都受到旱灾的影响，而其中以陕西和山西受灾最为严重。这标志着西北地区迎来自然灾害的第三次高峰。在随后的十年里，西北地区各类灾害不断。除了旱灾外，陕西在1906—1910年发生了影响范围达二十多个州县的严重雹灾和水灾，河堤严重受损，人口大量死亡，庄稼大面积受损。旱灾和水灾也同时发生在甘肃和青海境内，旱灾和山洪的交替，使得甘肃饥荒更为严重。同一时期，甘肃全省发生旱灾，而甘肃中部、宁夏吴忠、青海大通等十余县又遭遇大雨引发的山洪，频发的各类灾害使得甘肃饥荒加剧。

---

① 袁林：《西北灾荒史》，甘肃人民出版社，1994，第44-78页。

进入 20 世纪 20 年代，西北地区自然灾害的第四次高峰到来，陕西全省陷入旱灾的旋涡。同期，甘肃发生 8.5 级地震，波及范围广泛，死亡人数众多。从 1920—1925 年，陕甘地区共发生了 4 次特大水灾。近代西北地区自然灾害的第五次高峰发生在 1928 年前后，此次高峰也是近代以来西北地区 7 次自然灾害高峰中最严重的一次，全国范围内受灾省份多达 13 个。

西北历史的演进总与各种自然灾害相伴而行，史不绝书。以陕西为例，在 15 至 20 世纪上半叶，灾害发生的频率越来越高，从每年一次到每半年一次。15 世纪发生水旱风雹霜等灾害共 81 次；16 世纪为 55 次；17 世纪为 52 次；18 世纪为 50 次；19 世纪为 49 次；20 世纪上半叶为 85 次。从中亦可发现，随着时间的推移，西北地区的灾荒呈现出间隔越来越短的趋势。19 世纪初，西北地区共经历了三个明显的灾害高峰期：1920 年和 1928—1933 年是以旱灾为主的两段灾害期，1941—1945 年是以旱灾为主，水灾、雪灾等灾害并发的综合灾害期。沙尘暴也是该地区常见的自然灾害之一。西北地区有两个沙尘暴集中多发区，分别在甘肃河西走廊至河套一带和塔克拉玛干沙漠的西南部。20 世纪 90 年代，西北地区发生过 7 起特大沙尘暴，均造成了极大影响。例如，1996 年 5 月的强沙尘暴导致酒泉地区直接经济损失达 2 亿元。总的来说，西北地区的自然灾害以旱灾为主，同时也伴随着其他多种灾害，给当地人民的生产生活和农牧业发展带来了严重的影响。

西北地区的自然灾害对当地人民的生产生活产生了深远影响。在古代，西北地区主要以农业生产为主，但由于气候和地形等多种因素的限制，不同地区的农业发展程度有所差异。在汉唐时期，西北地区因所处地理环境优越，自然条件得天独厚，关中地区的农业得到了良好的发展；在河套、河西、河湟谷地等缺水地区，人们利用黄河水进行灌溉，以发展绿洲农业；在南疆盆地，人们则利用天然雪水进行灌溉，以维持绿洲农业的发展。这些地区的农业发展在汉唐时期达到了顶峰。然而，到了明清时期，西北地区的农业发展出现了显著的衰退。除了战乱和经济衰退等因素，频繁的自然灾害也是导致农业发展缓慢的关键原因之一。同时，西北地区本身干旱少雨的自然环境和多发的季节性灾害也对农业生产造成了严重影响。例如，平原地区的春秋季节干旱导致的旱灾、夏秋季节的水涝灾害，都给古代人民的正常农业生产带来影响。为了应对这些自然灾害，古代人民尝试采取各种应对措施，如修建水利工程、改进农业技术等，以提高农业生产的效率和抗灾能力。此外，古代政府也采取了一系列措施来减轻自然灾害对人民生产生活和经济的影响，如赈灾、免税等。这些措施在一定程度上缓解了自然灾害对古代人民生产生活造成的破坏。

总的来看，近代以来西北地区的自然灾害发生频次高、突发性强且造成的损失严重。除了这些具有历史共性的特点外，西北地区自然灾害暴发还呈现出一些新趋势，其中最为显著的是灾害链式效应。因全球气候变暖而频发的极端天气事件，如暴雨、干旱、热浪等，已经成为加剧灾害链发生次数的关键因素。气候变暖导致了气候系统的不稳定性增加，空气湿度增加，温度升高，这些因素共同造成了更频繁和更强烈的极端天气事件。以干旱这一在西北地区最为典型的自然灾害举例，我们可以用气温和降水的变化来说明干旱气候的动态变化趋势，1950—2000年间，西北地区气温呈现持续上升趋势，总体气温升高幅度为0.4 ℃以上，局部地区达到了0.8 ℃，小部分地区甚至达到了1.4 ℃。同时，西北东部降水量也持续递减，这与空气的水汽通量变化密切相关。气温持续升高，降水持续减少，干旱气候不断加剧。而进入21世纪以来，我国西北大部分地区的降水出现了增加的趋势，有92%的站点的年降水量呈现增加趋势，只有东南部不到10%的站点呈现下降趋势，这反映出夏季风临近高原、内陆河流域的干旱区气候变化特征。综上所述，过去50年西北地区整体呈现持续升温，尤其以西北西部升温幅度显著。温度的升高造成的蒸发量超过了降水量，从而导致西北大部分地区干旱趋势进一步加剧。

从以上演变特点来看，西北地区的自然灾害受到全球气候变化的影响，呈现出多样化、复杂化、链式化的趋势。不同类型的灾害在时空上相互关联、相互影响，形成了各类自然灾害链。例如，暴雨可能引发洪水、山体滑坡，干旱则可能导致草原火灾等。这些灾害相互交织、相互作用，进一步扩大了灾害的规模和影响。随着人口的急剧增长、社会经济的快速发展和城市化进程的加速，自然灾害对西北地区人民生命财产、社会和生态等方面的影响愈发严重。特别是一些边远贫困地区，由于缺乏足够的防灾准备和救援资源，更容易受到灾害的影响，其损失也更为惨重。各种灾害之间的链式结构演化形成灾害链，其造成的危害和影响远比单一灾害更为深远。为了有效地防范和减轻自然灾害带来的危害，有必要从灾害链的视角出发，系统地分析西北地区自然灾害的成链特征和演变规律，探索适合该地区的断链减灾的策略和措施，为政府部门提供科学的决策依据和技术支撑。这是当前西北地区灾害研究面临的重点和难点问题，也是保护西北地区农业和生态环境、保护人民生命财产安全的迫切需要。

## 第二节　西北地区自然灾害链风险管理的必要性

从自然灾害管理的历史沿革来看，在过去的漫长岁月中，灾害管理的核心工作主要聚焦在危机应对上。这种管理方式强调的是灾后的救援和恢复工作，而对灾前的预防和准备工作缺乏足够的重视。随着我国对自然灾害预防和防灾减灾工作的重视，政府制定了一系列政策与规划以更好地管理自然灾害风险。然而，我国西北地区所面临的灾害威胁不仅限于单一自然灾害，还容易受到更加复杂的链式灾害影响。随着全球气候变暖，西北地区的自然灾害在多重致灾因子的共同影响和作用下，形成了复杂的链发性和群发性效应，使得多灾种与灾害链发生频率加速和严重程度加剧。面对这种复杂多变的链式灾害，传统单一的灾害风险管理模式已无法有效应对。因此，我们迫切需要探索一种新的自然灾害链综合风险管理模式，以应对当前面临的复杂灾害形势。

目前，传统意义上的自然灾害风险管理研究仍然存在一定的局限性，主要体现在以下几个方面：从理论体系上来看，灾害链风险管理的理论研究不足且并未形成完整的理论体系；从管理对象上来看，注重单一风险源，对多灾种风险的交叉性、关联性认识不够；从数据来源上来看，对自然数据与社会数据的融合不够，忽视了多模态数据在灾害链风险识别方面的作用；从研究方法上来看，对灾害链、隐藏风险和风险演化态势的识别与评估缺乏手段；从管理方式上来看，依赖"预测-应对"型模式，对实时数据驱动的"情景-应对"模式缺乏认知；从运行机制上来看，以相关职能部门的单独作战为主，而非多个职能部门基于风险管理任务的联动协同。上述局限性也说明了从单一灾种向灾害链研究转变的必要性。同时，大数据与人工智能等新技术的发展也为灾害链风险管理提供了新的可能性和挑战。因此，构建一个系统的、跨学科的、跨部门的灾害链风险管理研究体系，以应对西北地区复杂多变的多灾种影响，是现阶段迫切需要解决的重要问题。

本书以国际社会和灾害管理先进国家的经验为参考，为西北地区自然灾害链构建了全新的风险管理框架。从灾害链风险识别、评估和处置三个方面，提出了全链条全流程的解决方案和管理路径，旨在推动西北地区自然灾害链风险管理的理论研究和工作实践。同时，本书的研究成果也对我国其他地区自然灾害链风险管理有一定的参考价值和借鉴意义，有助于提高我国的防灾减灾能力。

## 第三节　西北地区自然灾害链风险管理的任务

西北地区是我国自然灾害频发、多发的地区，呈现出多灾种集聚和灾害链特征。因此，开展西北地区自然灾害链风险管理的研究，具有重要的理论价值和现实意义。本节旨在探讨西北地区自然灾害链风险管理的任务。与传统自然灾害风险管理相比，自然灾害链风险管理面临着更为复杂和严峻的挑战。一方面，自然灾害链的形成和发展规律难以掌握，需要综合考虑不同灾害之间的时空关系、影响机制、传播路径等多种因素；另一方面，自然灾害链的应对措施需要针对不同灾害的特点和需求，进行差异化、层次化、有序化的安排，而政府部门往往缺乏应对不同灾害的专业知识和经验。为了应对各类复合灾害链带来的挑战，需要实施更加科学、系统、全面的自然灾害链风险管理任务。

自然灾害链风险管理任务是指通过识别自然灾害链中各灾害环节的联系，评估灾害风险，找出灾害链的关键节点，通过采取有效的预防措施，切断或削弱灾害链的传递，从而减少灾害损失的一系列工作。根据国家减灾委员会关于印发的《"十四五"国家综合防灾减灾规划》通知，结合西北地区自然灾害链的特点，本书具体概述了西北地区自然灾害链风险管理的主要任务，包括以下几个方面。

## 一、西北地区典型自然灾害链案例库构建

为了更好地了解和掌握西北地区自然灾害链的形成和发展规律，有必要构建自然灾害链案例库，并对各类灾害链的时空变化特征进行分析。首先，从多个渠道获取西北地区历史灾害记录及灾害描述等相关资料和数据，构建西北地区典型自然灾害链案例库。基于案例库，对不同类型的自然灾害链的时空变化特征进行分析，揭示不同灾害之间的相互作用和影响关系，探讨灾害链的形成条件和演变过程。同时，运用数理统计方法对历史灾害数据进行统计分析，识别灾害发生的规律和趋势，评估灾害的影响范围和程度，划分灾害重点防范区域。西北地区自然灾害链案例库的构建有助于政府部门深入了解西北地区自然灾害链的特点和规律，为制定科学有效的防灾减灾措施提供参考和依据。

## 二、自然灾害链风险感知与识别

自然灾害链风险感知与识别是自然灾害链风险管理的基础工作，是指对一种或多种自然灾害引发的链生灾害进行辨识与分析。首先需要对历史数据和实时监测数据进行采集与分析，提前感知可能引发自然灾害的风险因素及其异变特征。在此基础上，明确灾害链的定义和构成，即确定各类灾害可能形成的链式关系，以及从发生到产生最终影响所经历的各个阶段和环节。然后对灾害链中的每个环节进行风险因素识别，包括可能导致灾害发生的各种自然因素、社会经济因素等，分析不同风险因素以及与承灾体之间的相互作用和影响关系，最终建立科学的自然灾害链关系网络模型。自然灾害链的风险感知与识别有助于我们更好地理解和认识灾害链的形成和发展规律与机制，为进行风险评估和制定预防措施提供科学依据。

### 三、自然灾害链风险评估与推演

灾害链风险评估与推演建立在对灾害链风险感知与识别的基础上，旨在评估各类自然灾害可能造成的损失和影响，并推演灾害可能的发展前景，为决策者制定风险管理措施提供依据。一是，需要考虑灾害链的形成和发展规律，基于识别的风险因素建立综合风险评估模型。例如，在评估地震灾害链风险时，需要考虑地震可能导致的次生灾害风险，以及这些次生灾害可能引发的其他灾害风险。二是，通过对自然灾害链可能发生的情景进行推演，预测和模拟自然灾害引发的一系列连锁反应和次生灾害。首先，基于历史案例数据建立灾害链情景，然后通过分析不同的灾害情景，包括传播路径、影响范围和持续时间等。其次，对每个情景进行风险评估，包括可能的人员伤亡、财产损失和对社会经济的影响，以确定哪些情景对社区或地区构成的威胁最大。最后，根据情景分析结果，制定应对策略和紧急预案，以确保在自然灾害发生时能够迅速响应并减少损失。此外，还要确定所需资源，如救援队伍、医疗设备、食物和水等，并合理分配这些资源，以应对不同的灾害情景。政府、救援机构和社区通过模拟灾害情景，制定适当的预案和资源分配策略，从而更有效地规划和执行灾害管理和救援行动。

### 四、自然灾害链风险决策与处置

在灾害链风险评估与情景推演基础上，通过灾害链风险决策与处置，帮助政府找出自然灾害链处置的关键环节，为制定更加科学有效的应对措施提供依据。首先，需要明确灾害链风险管理目标，例如减少灾害损失、提高社会经济可持续发展能力等。其次，根据灾害链风险评估与推演的结果，结合灾害链风险管理决策理论与方法，科学制定相应的风险减缓措施方案。例如加强原生灾害监测预警、提高多灾种应急响应能力、加固或转移危险源和承灾体、改善或隔离危险环境等，以切断或削弱自然灾害链中各环节间的主要联系，防止或减缓次生灾害的发生发展，最终实现减少自然灾害链造成的损失的目标。此外，在决策中还需要考虑政治、经济、社会等多方面的因素，综合考虑不同措施的利弊得失。

西北地区自然灾害链风险管理是一项复杂而紧迫的任务。为构建科学高效的自然灾害链风险管理体系，需要跨学科合作来开展灾害链风险管理研究，包括灾害链识别与评估方法、推演技术以及决策处置措施优化等。此外，政府应加强各部门间的协调合作，采取科学、系统和全面的应对措施，包括加强多灾种监测预警体系建设、提高灾害链风险评估与沟通水平以及加强应急响应和灾后恢复能力等。因此，加强自然灾害链风险管理的研究与应用，建立符合中国国情的灾害链风险管理理论，提升中国在该领域的基础科学研究水平，对提升政府应对复合灾害的风险管理能力、保障社会安全稳定以及促进经济社会可持续发展具有重要现实意义。

# 第二章　自然灾害链风险管理
## 概念与理论

## 第一节　自然灾害链风险管理基本概念

### 一、自然灾害

#### （一）概念内涵

地球表面环境由大气圈、岩石圈、水圈和生物圈构成，它们之间相互作用产生了自然变异，外加人类的不合理活动使自然变异的程度和频率进一步增加。当然，这种自然变异一旦超出人类社会的承受能力，就会演变为自然灾害。自然灾害是人与自然矛盾的一种表现形式，它既是人类对自然环境的负面影响的结果，也是自然环境对人类社会的重大威胁的原因之一。自人类社会出现以来，自然灾害一直是人类所面对的最严峻的挑战之一。

从灾害学的视角来看，自然灾害是灾害学的核心概念之一。一直以来，学术界对自然灾害的概念有不同的理解和解释。延军平将自然灾害定义为危害人类生存的自然现象或过程。自然灾害是由自然异变和人为因素共同引起的，对人类生存、财产和社会发展有不利影响的现象。于良巨从6个组成要素分析了自然灾害的科学内涵，将自然灾害总结为发生在一定地理空间内，由异常或极端自然因素引发的，造成人类生命伤亡、财产损失、经济社会活动受阻，以及地球生态环境受损的现象。应急管理部制定的《自然灾害管理基本术语》（标准号：GB/T 26376-2010）[1]从管理角度给出自然灾害的定义：自然灾害是指由自然因素引起的，会对人类生命、财产、社会功能和生态环境等造成损害的事件或现象，涵盖了地震、气象、地质、海洋、生物、森林或草原火

---

[1]《自然灾害管理基本术语》(2011-06-01)，国家标准–全国标准信息公共服务平台：https://open-std.samr.gov.cn/bzgk/gb/newGbInfo?hcno=22C5BFA90F1A93675930A6DCF3955768。

灾等灾害，较为全面地反映了自然灾害概念的核心特征。

从以上的定义可以看出，自然灾害是一个复杂多维概念，它涉及自然界和人类社会的多个方面。自然灾害由"自然"和"灾害"两个基本概念共同构成。"自然"是表示概念主题对象的限定词，侧重于其自然属性，表示引发灾害的自然变异因子，即致灾因子。"灾害"是显示概念主要内涵的主词，侧重于其社会属性，强调因某种自然致灾因子造成的社会损害，如人员伤亡、经济社会损失和生态环境破坏等。因此，在自然灾害应对中不能过分强调其自然属性，将其简单地归为"天灾"，并认为人类在自然灾害面前无能为力，或者以此为借口为不适当的人类活动开脱，我们要清楚地认识到自然灾害同时具备社会属性的特点。尽管自然灾害是自然原因引起的有害自然现象或事件，但不可忽视人为因素在灾害发生和处置过程中的作用。一方面，自然灾害可能是由自然异变引发环境自身变化而形成的灾害，也可能是由于人类不正当活动所诱发的灾害，如人类过度的碳排放引起气候变暖而诱发更多极端的天气灾害，或者两者兼而有之；另一方面，人类在应对灾害时处置不当也会使灾害威胁范围扩大，从而造成更严重的伤亡和损失。此外，同样的灾害发生在不同地区，因其孕灾环境和承灾体不同，产生灾害的客观环境和承受灾害的客观环境也不同，其造成的损失可能截然不同，因此，造成灾害损失的大小不仅取决于致灾因子，也取决于其孕灾环境和承灾体。

根据以上观点，本书将自然灾害定义为：在特定的孕灾环境下，由自然或人为致灾因素引致的，对人类生命、财产、社会功能和生态环境等造成损害的灾害事件或现象。这个定义不仅涵盖了自然灾害的自然属性，也强调了其社会属性，更全面地反映了自然灾害的本质特征。

## （二）自然灾害的特征

近年来，学者们对自然灾害的特征进行了较为系统的总结[①]，综合来看，自然灾害具有如下特征。

**1. 突发性与破坏性**

自然灾害的突发性和破坏性是其显著特征之一。自然灾害的发生常常是意料之外的，很难提前预知或发现，具有时间短、速度快、影响大等特点。在极短的时间内，自然灾害就会给人类社会造成巨大的损失，导致灾情严重，如地震、洪水、山体滑坡等。自然灾害的破坏性主要表现在对人类生命和财产的损害，以及对社会正常运行的干扰，如通信设施中断、房屋倒塌、农作物减产、人员伤亡等。据统计，全球每年发生的已知的地震约有500万次，其中造成破坏性的5级以上的地震约1000次，造成的生

---

① 史培军、叶涛、王静爱，等：《论自然灾害风险的综合行政管理》，《北京师范大学学报》（社会科学版）2006年第5期，第130-136页。

命财产损失难以估量。

### 2.频发性与随机性

世界范围内每年发生的自然灾害数不胜数，而且灾害之间的时间间隔很短。以中国为例，中国疆域辽阔，地理环境复杂，如水灾、旱灾、地震、山体滑坡、台风、火灾等自然灾害几乎每年都会发生，体现出灾害的频发性特征。由于自然灾害是由自然力主导的对人类社会带来损失的现象或事件，其发生的时间、地点和强度具有随机性，所以人类无法对其进行精准的预测，这也加大了人类防灾减灾的难度。自然灾害之所以会给人类社会造成损失，重要原因之一就是因为其发生的时间、地点不确定，使人们难以预料，在短时间内无法有效预防。

### 3.广泛性与区域性

自然灾害的广泛性表现在两个方面：一是分布广泛，地球上几乎没有不受自然灾害影响的地方，无论是海洋、陆地、大气，还是平原、山地、高原，无论在城市，还是在农村，都可能遭遇各种类型的自然灾害；二是类型丰富，根据不同的分类标准，自然灾害可以划分为多个大类，每个大类下又有多个小类，构成了复杂的自然灾害分类体系。据统计，中国历史上发生过的自然灾害有百余种，其中以洪涝、干旱、地震、地质和海洋灾害为主要常见的灾害类型。自然灾害的区域性则是由于自然环境的地域差异所导致的。不同的自然灾害有其特定的发生条件和机制，只能在满足这些条件的地理区域内发生。例如，滑坡、泥石流等地质灾害多发生在地形陡峭、降雨充沛的山区，海啸、风暴潮等海洋灾害多发生在沿海或岛屿地区。

### 4.周期性与差异性

自然灾害的发生受到多种自然因素的影响，如太阳活动、地球自转和公转、板块运动、气候变化等。这些因素都有一定的周期性与循环性，从而导致与之相关的自然灾害也呈现出周期性特征。例如，火山喷发引起的自然灾害就与火山的活动周期密切相关，当火山进入活跃期时，火山喷发的频率和强度就会增加。然而，自然灾害的周期性并不等同于其规律性，因为自然灾害的发生还受到孕灾环境、致灾因子、承灾体等多方面因素的共同影响，这些因素在不同的时间和空间条件下都会发生变化，使得自然灾害的发生具有不可预测性和不可复制性。因此，自然灾害既有周期性，又有差异性，不会简单地重复发生。

### 5.不可避免性与可缓解性

自然灾害主要是由自然力引起的，当自然环境的物质与能量循环不平衡时，就会引起自然环境的异变，这种异变最终会造成自然灾害的发生。实质上，自然灾害就是自然环境的物质与能量循环系统重新取得平衡的一种途径。由于自然系统始终都处于平衡与非平衡的转化与循环过程中，所以自然灾害也会随之产生，无法通过外力永久消除。只要自然环境的物质与能量循环系统出现了不平衡，自然灾害就会发生，灾害过后，物质与能量的循环得到调整又重新恢复平衡。此外，地球处于运动之中，会受到太阳、月亮等天体的影响，其岩石圈、水圈、大气圈、生物圈极容易发生变异，从而打破自然系统的平衡，从这个角度来看自然灾害发生具有不可避免性。

虽然自然灾害无法根治，但随着人类社会的发展与进步，对自然灾害的认识不断深入，人类可以逐渐掌握自然灾害发生的规律与条件，提升应对与减轻自然灾害所造成损失的能力，并通过采取一系列的预防与治理手段将自然灾害的影响与破坏程度降到最低，这就反映出自然灾害具有可缓解性的特征。

**6.群体性与关联性**

自然灾害的群体性和关联性是其重要特征之一。自然灾害往往不是单一发生的，而是具有群发性的特点，即在同一时间或同一地区，可能发生多种自然灾害。同时，一种灾害的发生也可能诱发或加剧另一种灾害的发生，形成灾害链或灾害群。在灾害链中，各种自然灾害相互关联和影响，其中最先发生的称为原生灾害，由原生灾害引发的称为次生灾害。例如，甘肃陇南地区，由于地形陡峭、土壤疏松，暴雨后容易发生山体崩塌和滑坡，进而诱发泥石流灾害。

## （三）自然灾害分类

自然灾害的分类方法有很多，根据不同的考虑因素，可以从不同的角度进行划分。例如，根据致灾因素的不同，可以分为气象灾害、地质灾害、水文灾害、生物灾害、森林草原灾害等；根据因果关系的不同，可以分为原生灾害、次生灾害和衍生灾害；根据影响范围和影响对象的不同，可以分为全球性自然灾害和区域性自然灾害，以及公共自然灾害和个人自然灾害等；根据自然灾害形成所需时间长短的不同，可以分为突发性自然灾害和渐进性自然灾害，突发性自然灾害是指形成时间短的自然灾害，如火山喷发、地震、泥石流、暴雨等，渐进性自然灾害是指形成时间长的自然灾害，如水土流失、土地沙化、地面下沉等。本书采用我国于2012年制定的《自然灾害分类与代码》对自然灾害进行分类[1]，将其划分为五大类，即气象水文灾害、地质地震灾害、海洋灾害、生物灾害和生态环境灾害，通常简称为"灾类"。每个灾类下又包含39种不同类型的灾害，通常简称为"灾种"，同时还设有一个"其他"类别用于容纳不同类型的灾害（详见表2-1）。

---

[1] 《自然灾害分类与代码》(2013-02-01)，国家标准–全国标准信息公共服务平台：https://openstd. samr.gov.cn/bzgk/gb/newGbInfo?hcno=68752687342B46C370F984DAD03C49BA。

**表 2-1　自然灾害分类及代码**

| 灾类名称 | 灾害名称 | 含义 |
|---|---|---|
| 气象水文灾害 | 干旱灾害 | 由降水少等水资源短缺问题引起,对人类生产生活以及生态环境等造成影响的自然灾害 |
| | 洪涝灾害 | 因降水、融雪、冰凌、溃坝等引发的江河洪水、山洪以及溃涝等,对人类生命财产安全造成损害的自然灾害 |
| | 台风灾害 | 由热带或副热带洋面上的气旋性涡旋大范围活动引发的大风、暴雨、风暴潮、巨浪等,对人类生命财产等造成损害的自然灾害 |
| | 暴雨灾害 | 因每小时降雨量16毫米以上,或连续12小时降雨量30毫米以上,或连续24小时降雨量50毫米以上的降水,对人类生命财产等造成损害的自然灾害 |
| | 大风灾害 | 平均或瞬间风速达到一定速度或风力的风,对人类生命财产造成损害的自然灾害 |
| | 冰雹灾害 | 强对流天气控制下引发的冰雹,对人类生产生活造成损害的自然灾害 |
| | 雷电灾害 | 因雷雨云中的电能释放、直接击中或间接影响到人体或物体,对人类生命财产造成损害的自然灾害 |
| | 低温灾害 | 极端低温或寒冷天气条件引发的不利影响,并对生产生活等造成损害的自然灾害 |
| | 冰雪灾害 | 由极端寒冷天气引发的降雪、结冰等自然现象,严重影响人畜生存与健康,或对交通、电力通信系统等造成损害的自然灾害 |
| | 高温灾害 | 由较高温度对动植物和人体健康,并对生产、生态环境造成损害的自然灾害 |
| | 沙尘暴灾害 | 大风吹拂地表裸露的干燥土地,携带大量沙尘和颗粒物质形成的气象现象,对环境、健康和交通等造成不良影响的自然灾害 |
| | 大雾灾害 | 大气中水汽凝结成小水滴或冰晶,形成浓密的雾气,使能见度降低,对交通、航空和日常生活等造成不利影响的自然灾害 |
| | 其他气象水文灾害 | 除上述灾害以外的气象水文灾害 |
| 地质地震灾害 | 地震灾害 | 地球内部因板块运动引起的能量释放,导致地表晃动、地裂和可能引发海啸等灾害性现象,对人类生命财产和生态环境造成损害的自然灾害 |
| | 火山灾害 | 火山口喷发岩浆、火山灰和气体,可能引发火山爆发、熔岩流、火山灰降落等对人类生命财产、生态环境等造成损害的自然灾害 |

续表 2-1

| 灾类名称 | 灾害名称 | 含义 |
|---|---|---|
| | 崩塌灾害 | 陡崖前缘的不稳定部分在重力作用下突然下坠滚落,对人类生命财产造成损害的自然灾害 |
| | 滑坡灾害 | 斜坡部分岩(土)体主要在重力作用下发生整体下滑,对人类生命财产造成损害的自然灾害 |
| | 泥石流灾害 | 在陡峭山坡上,由暴雨、融雪或地震等因素引起的大量泥沙、石块和水混合物流动,具有强大破坏力,对人类生命财产造成损害的自然灾害 |
| | 地面塌陷灾害 | 因采空塌陷或岩溶塌陷,对人类生命财产造成损害的自然灾害 |
| | 地面沉降灾害 | 由于地下水过度抽取、沉积物压实或地下开采等因素导致地表下降,引发地面沉降现象,可能损害建筑、基础设施和生态环境,并对人类生命财产造成损害的自然灾害 |
| | 地裂缝灾害 | 岩体或土体中直达地表的线状开裂,对人类生命财产造成损害的自然灾害 |
| | 其他地质灾害 | 除上述灾害以外的地质灾害 |
| 海洋灾害 | 风暴潮灾害 | 强热带气旋、温带气旋、冷锋等强烈天气系统经过时,由强风和气压急剧变化引发的局部非周期性海面异常升降,导致沿岸涨水,对沿岸地区的人类生命和财产造成损害的自然灾害 |
| | 海浪灾害 | 海浪波高超过4米对海上船舶、海洋石油生产设施、海上渔业捕捞、沿岸及近海水产养殖业、港口码头、防波堤等海岸和海洋工程造成危害的自然灾害 |
| | 海冰灾害 | 因海冰对航道阻塞、船只损坏及海上设施和海岸工程损坏等造成损害的自然灾害 |
| | 海啸灾害 | 由海底地震、火山爆发和水下滑坡、塌陷所激发的海面波动,传播到滨海区域时岸边海水陡涨,形成"水墙",对人类生命财产造成损害的自然灾害 |
| | 赤潮灾害 | 海水中某些浮游生物或细菌在一定环境条件下,短时间内暴发性增值或高度聚集,引起水体变色,影响和危害其他海洋生物正常生存的海洋生态异常现象 |
| | 其他海洋灾害 | 除上述灾害之外的其他海洋灾害 |

| 灾类名称 | 灾害名称 | 含义 |
|---|---|---|
| 生物灾害 | 植物病虫害 | 致病微生物或害虫在一定环境下暴发,对种植业或林业等造成损害的自然灾害 |
| | 疫病灾害 | 由微生物或寄生虫引发的突发性重大疫病,在动物或人类中快速传播,造成高发病率或死亡率,对养殖业生产安全或人类身体健康与生命安全带来严重危害的自然灾害 |
| | 鼠害 | 鼠害在一定环境下暴发,对种植业、畜牧业、林业和财产设施等造成损害的自然灾害 |
| | 草害 | 杂草对种植业、养殖业或林业和人体健康等造成严重损害的自然灾害 |
| | 其他生物灾害 | 除上述灾害之外的其他生物灾害 |
| 生态环境灾害 | 水土流失灾害 | 在水力等外力作用下,土壤表层及其母质被剥蚀,冲刷搬运而流失,对水土资源和土地生产力造成损害的自然灾害 |
| | 风蚀沙化灾害 | 由于大风吹蚀导致天然沙漠扩张、植被破坏和沙土裸露等,导致土壤生产力下降和生态环境恶化的自然灾害 |
| | 盐渍化灾害 | 易溶性盐分在土壤表层积累的现象或过程对土壤和植被造成损害的灾害 |
| | 石漠化灾害 | 在热带、亚热带湿润、半湿润气候条件和岩溶极其发育的自然背景下,因地表植被遭到破坏,导致土壤严重流失,基岩大面积裸露,使土壤生产力严重下降的灾害 |
| | 其他生态环境灾害 | 除上述灾害之外的其他生态环境灾害 |

## 二、灾害链

### (一) 概念

纵观历史,我国西北地区自然灾害种类繁多。近年来,随着气候变化导致自然变异加剧,自然灾害活动也愈发强烈,使得西北地区成为我国自然灾害发生频繁且灾情较重的地区之一。众多灾害案例表明,自然灾害的发生并非孤立静止的事件,而是借助自然生态系统相互依存的关系,一种灾害的发生可能引发一系列次生灾害,产生灾害链条效应。多种灾害的连锁反应以及它们在时间、空间上的相互作用,共同造成了生命和财产的损失,其威胁远远超过单一灾害,给灾害的管理和应对带来了极大的挑战。以2008年中国汶川地震为例,该次地震引发了1701处山体滑坡和1844处岩石崩塌，形成了1093处不稳定斜坡和256个堰塞湖①。因此，各种自然灾害的群发性和关联性特征逐渐得到国内外学者的关注。联合国政府间气候变化专门委员会（IPCC）也将多灾害管理战略加入适应性政策中，使灾害链逐渐成为灾害研究领域的热点问题。

许多学者从不同的角度给出灾害链的定义。在国外，1973年，休伊特（Hewitt）和伯顿（Burton）提出了灾害链的概念，指出灾害链是在一定时间内发生在特定地区的所有灾害事件。卡皮尼亚诺（Carpignano）认为，灾害链是指由一连串的灾害事件构成的多米诺骨牌效应。卡普斯（Kappes）认为，灾害链是指复杂的自然灾害系统中，各种灾害过程相互作用。根据赫尔宾（Helbing）在 Nature 上的文章指出，灾害之间通常存在因果关系，这使得灾害系统更加复杂。另外，还有一些国外学者用连锁效应、诱发效应和级联效应等术语来表述灾害链。在我国，郭增建最早将灾害链作为一个灾害学的基本问题提出。他认为，灾害链是指一系列灾害接连发生的现象。史培军将灾害链定义为由某种致灾因子或生态环境变化引起的一系列灾害现象，并将其分为串发性和并发性灾害链两种。文传甲认为，灾害链是指一种灾害触发另一种灾害的现象，即前者为启动灾害链环，后者为被动灾害链环。肖盛燮则提出，"灾害链"这一概念只能描述灾害形成后的静态状态，不能准确反映灾害的链式演化状态，因此建议用"灾变链"来取代"灾害链"。他提出系统灾变理论认为，灾变链是指由自然或人为因素激发的各种灾害，这些因素被抽象为具有共同的特征载体，用于描述单一或多种灾害的形成、渗透、干涉、转化、分解、合成、耦合等物化流信息过程，最终导致各种灾害的发生，给人类社会带来破坏和损害的一系列关联现象。

灾害链是指因一种灾害发生而引起一系列其他灾害发生的现象，是某一种原生灾害发生后引起一系列次生灾害，进而形成一个复杂的灾情传递与放大过程。原生灾害是指由动力活动或环境异常变化直接造成的自然灾害，次生灾害是指由原生灾害触发的"连带性"或"延续性"灾害。"自然灾害链"是由"自然灾害"和"链"组成的复合词，"自然灾害"涵盖了致灾因子、承灾体和孕灾环境三个要素。因此，自然灾害链可以理解为，在特定的孕灾环境中，多个自然致灾因子相互作用，产生链式效应，并影响多个承灾体，对社会系统造成破坏。灾害链通常具有两个基本特征：一是灾害链中多种灾害之间存在复杂的关联关系，它们共同构成一个灾害系统，相互之间会产生连锁反应；二是灾害链在时间和空间上存在连续扩张，导致破坏程度不断累积和扩大。

---

① 张婧、黄尔：《汶川地震堰塞湖安全实例分析》，《四川大学学报》（工程科学版）2010年（S1），第107页。

## （二）灾害链结构特征

学者们通过对地震、洪涝、台风、暴雪等灾害链演变过程的研究发现：由于承灾体相互作用，灾害的链式演变变得错综复杂，往往形成灾害群和灾害网。这种演变过程在形式上没有固定性，实际上构成一个由不同形式的灾害链组合而成的复杂网络系统。因此，可以将灾害链的演化系统视为一个由 $n$ 个节点和相应的定向连接边组成的定向复杂网络。每个节点都代表灾害演化过程中某一特定的灾害事件，定向连接边则表示某一灾害事件诱发另一灾害的演化行为（如图2-1所示）。

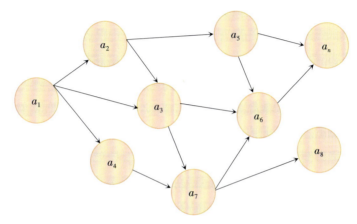

图2-1 灾害链结构特征

## （三）灾害链类型

灾害链类型的划分对揭示灾害链的形成机制、演变规律和相应的断链防灾策略具有重要的现实意义。由于研究视角不同，不同学者对灾害链类型划分也略有差异。以下是几种比较有代表性的灾害链划分方法。

**1.基于灾害性质的类型划分**

地球上存在岩石圈、水圈、大气圈和生物圈四个圈层，不同圈层之间的复杂运动与演化，使得灾害常常不独立发生，而是会相互诱发，形成灾害链。卢耀如院士基于灾害性质及灾害间关系，将灾害链划分为五种类型[1]，并认为这种由单一灾害诱发其他灾害甚至一系列灾害的效应，如果可以在早期进行识别，就可以预先采取相关措施，减少灾害链带来的一系列危害（见表2-2）。

---

[1]《地质灾害防治与城市安全》，《解放日报》2008年6月29日第8版。

表2-2　基于灾害性质的灾害链分类

| 灾害链类型 | 特点 |
| --- | --- |
| 气候灾害-地质灾害间的灾害链 | 气候灾害-地质灾害间的灾害链是指飓风、台风等气候灾害会诱发滑坡、泥石流等地质灾害 |
| 地震-其他地质灾害间的灾害链 | 地震-其他地质灾害间的灾害链是指地震作为一种破坏力巨大的突发性灾害会导致滑坡、泥石流、地面沉降等地质灾害 |
| 海洋-陆地间的灾害链 | 地震会引发海啸,某些海洋灾害也会引发地质灾害 |
| 河流上、下游间的地质灾害链 | 河流上游的地质灾害,如强烈的土壤侵蚀、荒漠化等,会造成河流下游过度沉积,降低河流下游及其周边湖泊的蓄洪能力,进而诱发洪水灾害 |
| 地质灾害-生物灾害间的灾害链 | 地震、滑坡、泥石流等地质灾害会形成堰塞湖,生物尸体未得到及时处理时,容易滋生细菌、病毒等,进而引发流行病 |

**2.基于灾害表现形式的类型划分**

根据灾害链的不同表现形式,郭建增将灾害链划分为因果型、同源型、重现型、互斥型和偶排型五种类型[①]（见表2-3）。

表2-3　基于表现形式的灾害链分类

| 灾害链类型 | 特点 |
| --- | --- |
| 因果型灾害链 | 连续发生的自然灾害在成因上有联系,如地震之后引起瘟疫、旱灾之后引起森林火灾等 |
| 同源型灾害链 | 灾害链中各个灾害的产生是由共同的因素导致的,例如太阳活动高峰年、磁暴或其他因素,地震也相对多,气候有时也有重大波动 |
| 重现型灾害链 | 同一种灾害多次出现,如台风的二次冲击、地震后的余震等 |
| 互斥型灾害链 | 一种灾害发生后,另一种灾害不再出现或者因此减弱,历史上曾有所谓大雨截震的记载,这也是互斥型灾害链的例子 |
| 偶排型灾害链 | 一些自然灾害在短时间内在相同或者相邻地区发生,例如大旱与大震、大水与地震、风暴潮与地震等 |

**3.基于形成机制的类型划分**

基于灾害链的形成机制,肖盛燮等人总结了8种不同的灾害链类型[②],并在《灾变链式演化跟踪技术》一书中进行了详细阐述。他认为,对灾害链类型特征的总结能够形象化地描述灾害链的形成机理、性态演变规律、灾害破坏形式和表现强度,以及

---

[①] 郭增建、秦保燕:《灾害物理学简论》,《灾害学》1987年第2期,第25–33页。

[②] 肖盛燮,等:《灾变链式演化跟踪技术》,科学出版社,2011,第245页。

不同类型灾害之间的本质区别，这是研究灾变链式演化的核心内容。这8种链式类型的影响因素、形成过程、性质形态以及其反映的灾害均有着严密的对应关系（见表2-4）。

表2-4　基于形成机制的灾害链类型分类

| 灾害链类型 | 特点 |
| --- | --- |
| 崩裂滑移链 | 此链式类型对应的是地势陡峭的山地或崎岖不平的丘陵地区发生的山体滑坡、泥石流和岩崩等灾害类型。在这些地形区，如果其岩石体或土壤层在水流、温度、大气等影响下发生破裂，就极易在重力作用下发生向下移动，形成滑体 |
| 周期循环链 | 这种链式类型反映的是其形成与发生过程具有强烈周期特征的灾害类型，如洪灾、地震、火山喷发等。由于太阳活动、地球自转公转、气候变化等都具有一定的周期变化规律，因而受其影响的有关自然灾害的链式反应也呈周期波动，如洪水发生的频率具有一定的周期性，一般会随着雨季的到来而发生 |
| 支干流域链 | 这种链式类型对应的是洪涝灾害，河流上游支流的水量增大，水位升高，将对中下游产生巨大影响，最终造成中下游发生洪涝灾害。在支干流域链中，各个分支系统在汇集成主干后，能量不断叠加，其灾害的破坏性不断增强 |
| 树枝叶脉链 | 这种链式类型与支干流域链恰好相反，它是由主干向若干分支系统扩展，直至到叶脉等最低层级 |
| 蔓延侵蚀链 | 这种链式类型描述的是从一个点或一个面向周围空间或内部逐渐扩展的关系，对应的是火灾的蔓延、腐蚀物的扩散、岩层风化等灾害类型 |
| 冲淤沉积链 | 这种链式类型的致灾因子是非独立的，而是其他灾害链式反映的一种延续，例如水土流失、泥沙淤积等就是山洪暴发、洪水冲刷淹没的结果 |
| 波动袭击链 | 这种链式类型对应的是地震、海啸等灾害。由震源发出的强烈冲击波经由传播媒介会形成巨大破坏力，如地壳运动产生的地震波、海啸的浪波等 |
| 放射杀伤链 | 这种链式类型是指那些放射性的灾害类型，一旦扩散将会产生巨大破坏力，如带有辐射的放射性元素、致病的病毒细菌等 |

## 三、风险

### （一）概念

"风险"一词最初来自腓尼基语，后出现在拉丁文resicum中，用以描述一种场景，即经历海上灾难后剩余的船只，超过海盗数量的船只，以及货物能够顺利到达目的地的概率。之后，希腊语用risa表示"风险"，意思是敢于冒险而获得机会。在意大利语中，risicare意为"风险"，含义是"敢于"。风险研究的历史可以追溯到19世纪末。美国学者海恩斯（Haynes）于1895年首次提出了风险的概念，将其定义为"损失或伤害的可能性"。1921年，美国学者奈特（F.H.Knight）在《风险、不确定性与利润》一书中将风险定义为"可度量的不确定性"，而不确定性通常是不可度量的。1964年，美国的威廉姆斯（Williams）和理查德（Richard）在《风险管理与保险》一书中，将风险定义为一种客观的状态，是指在给定条件下，在一定时期内发生结果的偏离。《韦氏词典》（Merriam-Webster）将风险定义为"遭受伤害或损失的可能性"，而保险行业将风险定义为"灾难或潜在的损失"。1983年，日本学者武井勋提出了风险的三个特点：风险与不确定性不同，风险是客观存在的，风险是可测量的。联合国国际减灾战略（United Nations International Strategy for Disaster Reduction，简称UNISDR）将风险定义为自然或人为灾害导致的人类生命、财产、经济和环境方面的预期损失，并给出了风险的公式，即"风险=危险×易损性"。简而言之，风险就是一个事件发生的概率和其负面影响的综合。

随着社会的发展，我们面临着越来越多的不确定性，"风险"一词的概念也随之拓宽，已经不再局限于"遇到危险"等狭窄含义，而被应用到更广泛的领域。1986年，德国学者乌尔里希·贝克（Ulrich Beck）首次用"风险社会"这一概念描述当代社会。随着全球性危机如金融危机、疯牛病、SARS、恐怖主义等的蔓延，风险社会理论成为东西方学者关注的焦点与重点。在传统社会中，风险大多是由自然因素引起的，与人类活动关系较小。然而，在今天的风险社会中，除了传统的自然风险外，还有更多是由现代社会发展所产生的新型风险，如交通事故、环境污染、食品安全、纵火和恐怖袭击等，其主要是人为造成的风险，并且风险社会的实践性后果就是公共危机、灾难和各类突发事件在我们的时代更加频繁地发生。

由于全球环境和人类行为的复杂性，"风险"一词已经被赋予了更加广泛和深刻的意义，涵盖自然科学、哲学、经济学、社会学，甚至文化领域，其与人们的决策和行为结果之间的联系变得日益紧密。为了更加清晰地展现现代风险概念的多元化特征，学者阿文（Aven）对过去三四十年的相关文献进行了系统梳理，并总结了风险的不同定义和具体阐释（见表2-5），为我们更全面地认识风险概念的变化提供了参考[1]。

---

[1] Aven T., "Risk Assessment and Risk Management: Review of Recent Advances on Their Foundation," *European Journal of Operational Research*, 253(2016):1-13.

**表2-5 现代风险概念的多元化**

| 风险定义 | 相关阐释 |
|---|---|
| 风险=预期价值/损失 | A)损失任何金额的风险与预期相反,其真正的衡量标准是风险金额与损失概率的乘积 |
| | B)风险=预期损失 |
| | C)风险=某个未来事件的概率和效用的乘积 |
| | D)风险=预期的无用性 |
| 风险=不良事件的概率 | A)风险是损坏或损失的可能性 |
| | B)风险等于发生不良事件的概率 |
| | C)风险是指特定危险在特定时间或特定情况下产生特定影响的可能性 |
| 风险=客观不确定性 | A)风险是主观不确定性的客观关联;是外部世界事件过程中体现的不确定性 |
| | B)风险是可测量的不确定性,即已知一组实例中结果分布的不确定性(通过先验计算或根据过去经验的统计数据所得) |
| 风险=不确定性 | A)风险是成本、损失或损害 |
| | B)风险是损失 |
| | C)风险是发生不利的意外事件 |
| | D)风险是一种结果、行动和事件 |
| 风险=潜在损失 | A)风险是发生不良事件的可能性 |
| | B)风险是指与预期发生不利偏差的可能性 |
| | C)风险是实现事件不必要的负面后果的可能性 |
| 风险=概率和情景/后果的严重性 | A)风险是以概率衡量的危害的组合,是一种世界的状态,而不是精神状态 |
| | B)风险是对不良影响的概率和严重程度的衡量 |
| | C)风险等于三元组$(s_i, p_i, c_i)$,其中$s_i$是第$i$个情景,$p_i$是该情景发生的概率,$c_i$是第$i$个情景的结果 |
| | D)风险是后果的概率和程度的组合 |
| 风险=事件或后果 | A)风险是指具有人类价值的东西(包括人类自身)处于危险之中,且结果不确定的后果或事件 |
| | B)风险是与人类重视的事物有关的事件或活动的不确定后果 |
| 风险=后果/损害/不确定性的严重性 | A)风险=不确定性+损害 |
| | B)风险等于事件和后果不确定性的二维组合 |
| | C)风险是一项活动的后果与人类重视的事物有关的不确定性和严重性 |
| | D)风险是指与参考水平(预期值、目标)的偏差和不确定性 |

## （二）特征

目前，国内外学者关于风险特征进行了广泛的讨论，认为风险主要包括以下特征：不确定性、损失性、客观性、普遍性、可预测性、可变性、二重性。

**1. 不确定性**

风险是指可能面临危险、受到伤害或遭受损失的一种不确定性，表现在风险发生的时间和地点以及造成的损失程度上的不确定。首先，不同地区面临着各种不同类型和强度的灾害，即便是在同一时空内，灾害发生的具体位置、影响范围和扩散速度也是无法确定的。其次，灾害所造成的损失程度即灾情也是不确定的，由于灾情是孕灾环境、承灾体、致灾因子三要素共同作用的结果，不同地区经济社会发展程度与人口分布密度存在差异，各种防灾减灾设施与技术存在差异，所以灾害带来的损害大小也是无法确定的。

**2. 损失性**

存在风险，就意味着有可能会出现损失，这些损失不仅包括财产损失、建筑物倒塌、设施损坏等可以用货币来衡量的损失，也包括人员伤亡、心理恐惧、社会混乱、生态环境恶化等无法用经济指标反映的损失。虽然风险表示发生损失的可能性，但它是客观存在的，一旦潜在的风险演化为现实的灾害，会给社会带来巨大损失。所以，我们要正视风险的存在，正确对待风险，改变轻视风险的做法，尽量降低灾害发生的风险，而不是在灾害来临后才采取被动的治理方式。

**3. 客观性**

风险是一种客观存在，不受人的意志或主观因素的影响。在一定的时间和空间范围内，人们只能改变风险存在和发生的条件，从而降低风险发生的频率和程度。综合来看，风险是不可消除或逆转的。

**4. 普遍性**

从遥远的原始社会开始，人类就面临着各种各样的风险，例如自然灾害、传染病、战争、饥荒、伤残等。只要有人生活的地方，就会伴随风险的存在。随着社会的发展与科学技术的进步，人们预测风险与应对风险的能力大大增强，降低了风险带来的损失，但是，这并不意味着人们从此就远离了风险。科学技术是一把双刃剑，在降低各种风险的同时，也给人类带来了新的风险。例如，核能的运用与开发，给人类提供了更加充足的能源支持，但是各种核泄漏事件又严重威胁着人类的生命健康，核弹的出现更是使人们一直处于恐怖的核威胁风险之下。

**5. 可预测性**

虽然风险发生的时间、空间以及造成的损失程度都具有不确定性，但是并不意味着风险是不可预测的。许多自然灾害的发生具有周期性特征，其形成与太阳活动、地球的自转公转、气候变化等自然现象具有一定关联性，因而自然现象都遵循一定规律。所以，与其有关的灾害发生的风险都是可以通过一定技术手段进行预测，概率论和数理统计等也为测算风险事故出现的概率提供了方法，使得风险估测成为可能。

### 6. 可变性

任何事物都具有两面性，如果运用恰当可以促进社会发展进步，反之，则会阻碍社会发展甚至危及人民生命安全。随着新事物的不断涌现，许多新的风险也层出不穷。风险会因为时间、空间的变化而变化。世界上任何事物都时刻处于变化之中，这种变化也必然会引起风险的变化，如科技发展与文明进步，都能够促使风险因素发生变化。

### 7. 二重性

风险的二重性是指风险既具有社会建构性，又具有客观实在性，二者统一于风险本身的结构，具有辩证统一关系。社会建构性风险指无差别的人类一般风险，是来自于对身体、财产等受到威胁而产生的一般性恐慌、担忧，反映了人们在生产生活之间的社会关系，是风险的社会属性。客观实在性风险指具有特定形态、作用对象、运动规律的特定风险，反映了人与自然之间的关系，是风险的自然属性。简而言之，社会建构性风险和客观实在性风险都不是独立的风险类型，而是从属于风险结构本身，与风险是一体两面的关系。

## 四、风险管理

风险管理涉及自然科学、社会科学和工程技术等多个学科的交叉研究领域。1916年，法国学者亨利·法约尔（Henri Fayol）提出了风险管理的概念，最初主要应用于企业安全管理，后来逐渐扩展到其他领域。风险管理是指一个组织用于指挥和控制风险的协调活动。这一过程的目标是应对可能影响社会公众生命、健康和财产安全的风险。1963年，美国学者梅尔（Mel）和海奇斯（Hedges）发表了题为《企业的风险管理》的论文，引起了欧美各国的广泛关注。这促使对风险管理的研究逐渐走向系统化和专业化，将其确立为企业管理领域中的一门独立学科。其目标在于运用管理科学的原理和方法，以规避风险、防范不良后果、减少各类损失，并降低风险的成本。1964年，威廉姆斯和理查德在《风险管理与保险》一书中强调，风险管理是通过对风险的辨识、评估和控制，以最小的成本将风险导致的损失降至最低水平的管理方法。风险管理不仅仅是一门技术、一种方法或一个管理过程，更是新兴的管理科学。风险管理的流程主要包括风险识别、风险评估、风险处置、风险决策、风险沟通等。

近些年来，随着全球环境的变迁和社会经济的进展，各类自然灾害风险逐渐升级。

联合国国际减灾战略提倡构建与风险共生的社会体系，强调通过提升社区对风险的抗衡能力，促进区域可持续发展。在这一背景下，自然灾害风险管理成为全面减灾的最为有效、主动的手段和途径。广泛认可的风险管理流程包括风险识别、风险分析、风险评估、风险管理（处理）等环节。进入21世纪以来，国际组织和相关学者对风险管理的关切程度日益上升。2004年，国际风险管理理事会（International Risk Governmence Council，简称IRGC）提出综合风险管理框架的核心内容。2009年，国际标准化组织（International Organization for Standardization，简称ISO）提出风险管理主要包括创建背景、沟通与咨询、风险评估、风险处理、监测与审查五个部分[1]。

中国自然灾害风险管理研究最初主要侧重于利用灾害风险评估为灾害预防决策提供支持，随后逐渐拓展至灾害风险管理阶段，如今风险管理理念已融入各类灾害的研究与实践中。自然灾害风险管理是防灾减灾工作的重要组成部分。党中央、国务院一直高度重视防灾减灾工作，将其纳入政府社会管理和公共服务的重要组成部分，减轻灾害风险也成为政府工作的优先事项。从21世纪开始，我国通过持续优化灾害管理的体制机制，积极推动综合减灾业务能力的建设，持续提高自然灾害的风险抵御与应急处置水平，使得自然灾害风险管理工作取得明显成效。新时期，我国的自然灾害形势呈现一些新的变化和特点，面对自然灾害风险加大、损失加剧的形势，如何破解防灾减灾中科技支撑能力不足、技术装备水平差、地区发展不平衡等突出问题，是进一步提升我国自然灾害风险管理水平的关键。

## 五、自然灾害链风险管理

自1987年12月11日联合国第42届大会宣布设立"国际减轻自然灾害十年"（International Decade for Natural Disaster Reduction，简称IDNDR）以来，科学界、商界以及相关政府和非政府组织等积极开展了多视角的灾害风险管理研究工作，并构建了各种减灾和风险管理框架。如《2015—2030年仙台减轻灾害风险框架》、IRGC灾害风险管理框架、全灾害风险管理框架等，该部分内容将在本书第三章中做详细介绍。综合考察以上国内外各种自然灾害风险管理框架，在风险管理活动中，研究者和实务操作者们普遍认同，风险管理流程至少应该包括风险识别、风险评估、风险处置、风险监测和风险沟通等关键环节。此外，需要强调的是，风险管理不仅仅是一种预测和应对灾害的手段，更是一种持续性、系统性的过程，需要不断地进行评估和改进，以适应不断变化的灾害环境和社会需求。

---

① Schneider F., Maurer C., Friedberg R. C., "International Organization for Standardization（ISO）15189,"*Annals of Laboratory Medicine* 37（2017）:365-370.

其中，自然灾害风险识别是对自然灾害事件可能导致的人身财产损失和生态破坏的风险进行识别；自然灾害风险评估是指对自然灾害发生的可能性、影响程度、风险水平等进行评估和预测；自然灾害风险处置是指通过采取一系列措施，包括风险评估、灾害预警、应急响应和恢复重建等，对自然灾害风险进行管理、控制和处置，以减少灾害损失和影响；自然灾害风险监测是指通过科学仪器、设备和方法，对自然灾害的特征要素和前兆信息进行持续、定时和系统的观测、记录和分析，以便及时掌握和预测灾害风险的发展趋势和危害程度；自然灾害风险沟通是指涉灾各方（包括政府、专家、媒体和公众等）就自然灾害相关信息、观点和意见进行交流、协商和分享，以促进灾害风险管理的科学性、有效性和公平性，同时提高社会的整体抗灾能力。

然而，灾害链的形成和演化受到多种因素的影响，具有不确定性、动态性和复杂性等特征，给灾害风险管理带来了新的挑战和需求。由于灾害链并非单一起源的灾害事件，而是一系列具有密切因果关系的灾害事件的链式组合，其风险状况需要考虑灾害之间的级联效应、受影响的承灾体以及其所处的孕灾环境等。因此，灾害链风险管理需要充分考虑灾害链的形成机制、传播路径、影响范围和程度等，建立灾害链风险的概念模型、数学模型和物理模型，采用多种方法和技术进行灾害链风险的识别、评估、处置、监测和沟通，实现灾害链风险的有效控制和降低。

借鉴自然灾害风险管理的思路，灾害链风险管理主要包含风险识别、评估、处置、监测和沟通等环节。具体来说，本文将灾害链风险管理分为以下几个步骤。

一是灾害链风险识别：通过收集和分析历史灾害数据、地理信息数据、气象数据、社会经济数据等，确定灾害链的构成要素，包括致灾因子、承灾体和孕灾环境，以及它们之间的因果关系、传播路径和触发因素等，构建灾害链的拓扑结构和逻辑关系，从而识别出灾害链的类型、特征和规律。

二是灾害链风险评估：通过建立灾害链风险概率模型、推演模型和损失效应模型，分析灾害链的发生概率、损失程度和影响范围等，综合考虑灾害链的级联效应、累积效应和反馈效应等，计算灾害链风险的大小和等级。

三是灾害链风险处置：通过制定灾害链风险的预防措施、减轻措施和应对措施，分析灾害链风险的可控性、可接受性和可转移性等，选择合适的风险处置策略，如避免、减少、转移或承担等，实施灾害链风险的控制和降低。

四是灾害链风险监测：通过建立灾害链风险的监测指标体系和监测平台，收集和更新灾害链相关的数据信息，利用多种传感器和遥感技术进行实时或定期的监测，监测灾害链的动态变化和异常情况，对可能发生的灾害链概率和影响路径进行预警。

五是灾害链风险沟通：通过建立灾害链风险的沟通机制和渠道，包括灾害链的信息收集、信息分析、信息发布和信息反馈等，向相关的决策者、管理者、执行者和受众等传递灾害链风险的信息，如风险源、风险水平、影响路径等，提高灾害链风险的认知度和理解度，促进灾害链风险信息的共享和协调。

# 第二节　自然灾害相关理论

自然灾害的相关理论，主要包括致灾因子论、孕灾环境论、承灾体论和区域灾害系统论。本节参考史培军教授的《再论灾害研究的理论与实践》①一文，并对这些理论进行重新梳理和总结。

## 一、致灾因子论

近年来，随着全球气候变暖，干旱、洪涝等极端天气事件的频率和强度不断增加。在这一背景下，致灾因子论成为自然灾害研究的基础理论之一，其核心在于揭示导致自然灾害发生的多种因素。该理论强调自然灾害并非偶然事件，而是由多个复杂因素相互作用所致。通过对这些因素的深入研究，揭示自然灾害的发生机制，为灾害的预测、减灾和应对提供科学依据。

致灾因子论的产生和发展与人类对自然灾害认知的深化和理论体系的完善密切相关。20世纪中期以后，随着对自然灾害研究的深入，学者们逐渐认识到自然灾害是多因素相互作用的复杂过程。致灾因子论的提出标志着自然灾害进入了分析性和综合性的研究阶段，不再局限于简单的描述性统计阶段。致灾因子论是人类对自然灾害本质认知的一次深刻反思，使得研究逐步从单一因素向多因素综合方向发展。根据致灾因子的性质和来源可以将其分为两大类，即自然因子和人为因子。自然因子包括地质、气象、水文等自然要素，如地震、风暴、暴雨等。人为因子包括城市化、土地开发、过度采伐等人类活动引起的因素。这两类因子的相互作用可能引发或加剧灾害的发生，因此在自然灾害中都占据重要位置。例如，在洪水灾害中，降雨是自然因子，而城市排水系统不完善是人为因子。当降雨量大于排水系统的承载能力时，这两者相互作用可能导致河水泛滥，形成城市洪水。致灾因子论重点研究了致灾因子的分类体系、相互作用和形成机制。致灾因子可以划分成自然致灾因子与人为致灾因子。根据致灾因子产生的环境可将自然致灾因子划分为大气圈、水圈所产生的致灾因子，如台风、暴雨、风暴潮、海啸、洪水等；岩石圈所产生的致灾因子，如地震、火山、滑坡、崩塌、

---

① 史培军：《再论灾害研究的理论与实践》，《自然灾害学报》1996年第4期，第8—19页。

泥石流等；生物圈所产生的致灾因子，如病害、虫害等。对人为致灾因子的分类，一般可以划分为技术事故致灾，如空难、海难、陆上交通事故、危险品爆炸、核外泄、计算机病毒等；管理失误致灾，如城市火灾、各种医疗事故等；国际或区域性政治冲突致灾，如战争、动乱等。致灾因子的形成机制不仅涉及各种因素的相互关系，还包括对地球系统各要素的深入理解，这为预测和防范自然灾害提供了理论基础。致灾因子论对风险评估起到了重要的指导作用。风险评估是通过对致灾因子的分析，评估某一区域或特定事件发生灾害的可能性和可能造成的损失程度。在评估过程中，需要综合考虑自然因子和人为因子的相互作用，利用物理模型和统计方法对潜在风险进行量化分析，为决策者提供科学依据，以制定合理的减灾和防灾政策。

致灾因子论作为自然灾害研究的基石，为深入理解自然灾害的发生机制提供了重要的理论支持。

## 二、孕灾环境论

孕灾环境论主要讨论自然灾害的环境条件及其时空分异规律。该理论不仅着眼于灾害的发生机制，更注重对环境要素之间相互作用和对灾害发生的理解。孕灾环境论认为自然灾害并非孤立事件，而是在特定的环境和条件下才可能发生，因此，通过对这些环境和条件的研究，可以更好地理解灾害的发生规律，为防范和减轻灾害提供依据。

孕灾环境论关注环境条件的时空分异规律，即不同地区、不同时间的环境差异对灾害发生具有的独特影响。孕灾环境包括自然环境和人文环境，二者共同孕育出不同的致灾因子。然而在不同的区域气候变暖所引发的灾害因子具有显著的差异性。沿海地区海平面上升会导致沿海低地洪涝频率增加，冰缘地区季节性冻土范围改变容易引发滑坡和泥石流，干旱地区相对湿度下降可能会增加干旱灾害范围和强度，病虫害分布范围改变将导致区域农作物、森林和牧草受害面积扩大。从孕灾环境演变的长期趋势来看，区域各种自然灾害组合及灾害链也将发生变化，导致区域发生的自然灾害时空分布与灾情程度随之发生变化。

孕灾环境论的一个重要应用领域是重建区域环境演变时空分异规律，并编制不同空间尺度的自然环境动态图件。在此基础上，建立环境变化与各种致灾因子时空分异规律的关系，即渐变过程与突变过程的相互联系，从而找出区域自然灾害空间分布规律在不同环境演变特征时期的变化，进而结合区域承灾体的变化，对未来灾情进行评估。简单来说，在自然灾害发生后，灾区的环境往往会经历一系列变化。孕灾环境论通过研究这些变化，分析灾害对环境的长期影响，从而为灾后重建提供科学依据。近年来，借助现代遥感技术和地面观测网络（包括气象、水文、地震等观测站）等方式，对孕育各种自然致灾因子的圈层中某些特征的变化进行监控的研究越来越多。例如对云量的变化进行监测，根据返回的动态数据可以判断可能的降水量和降雪量的分布和数量，通过构建模型预测洪涝灾害、雪灾和旱灾的产生与发展。这类研究有助于预测灾害后环境的演变趋势，为灾区可持续发展提供战略和政策建议。

总的来说，孕灾环境论是自然灾害研究的一项重要理论，通过对导致自然灾害的环境条件及其时空分异规律深入研究，为我们理解灾害发生机制提供了科学理论支持，也为制定区域减灾规划提供科学依据。

## 三、承灾体论

承灾体就是各种致灾因子作用的对象，是人类及其活动所在的社会与各种资源的集合。承灾体论的核心思想是通过对灾害发生影响区域内各个因素的系统性、综合性研究，深入理解灾害承受体系的组成、结构和功能，以期为灾害的评估、预测和减灾提供科学依据。该理论强调了在灾害管理和风险应对中，必须全面考虑和分析灾害承受体系的复杂性和多样性。

承灾体论着眼于灾害影响范围内各种要素之间的相互关系和作用，研究对灾害影响区域内灾害承受能力和脆弱性。强调灾害发生与灾害承受体系的耦合关系，认为灾害是由影响范围内各个因素相互作用所致，而这些因素构成了灾害的承受体系。在承灾体论中，承灾体通常被划分为物质承灾体和社会承灾体两大类。物质承灾体主要指灾害影响范围内的各种自然要素，如地形、地质、气候、水文等，它们的组合和相互作用构成了自然灾害的背景条件。而社会承灾体则包括人类社会经济、文化等各方面因素，诸如人口密度、经济结构、社会治理、灾害管理能力等。承灾体论的核心内容涉及对灾害承受体系的组成、结构和功能的深入研究。首先，它强调了物质承灾体和社会承灾体之间的相互联系和作用。这种联系不仅包括自然要素之间的关联，也包括自然要素与人类活动之间的互动关系。其次，承灾体论关注灾害承受体系的脆弱性和稳定性。通过分析灾害发生时不同因素的脆弱程度和对整体承受体系的影响，可以更好地评估和预测灾害的可能性和程度。最后，该理论致力于提出如何提升灾害承受体系稳定性和减少脆弱性的建议，包括加强对物质承灾体和社会承灾体的管理、改善自然环境、提高社会应对能力等方面。

承灾体论的主要研究包括承灾体的分类、承灾体脆弱性（易损性）评估和承灾体动态变化监测，其目的是为区域制定资源开发与减灾规划，为防灾抗灾工程建设提供科学依据。

## （一）承灾体的分类

我国于2016年发布并实施了《自然灾害承灾体分类与代码》，该标准由中华人民共和国国家质量监督检验检疫总局和中国国家标准化管理委员会共同发布[①]。该标准采用混合分类法，主要以线分类法为基础，辅以面分类法，将自然灾害承灾体分为人、财产、资源与环境三个大类。具体分类方式如表2-6所示。

**表2-6　自然灾害承灾体分类**

| 大类 | 中类 | 小类 | 说明 |
| --- | --- | --- | --- |
| 人 | | 男性 | |
| | | 女性 | |
| | | 儿童 | 0～18岁的人 |
| | | 青年人 | 19～44岁的人 |
| | | 中年人 | 45～59岁的人 |
| | | 老年人 | 60岁以上的人 |
| 财产 | 固定资产 | 房屋及构筑物 | 使用期限1年以上，单位价值在规定标准以上，并且在使用过程中基本保持原有物质形态的资产 |
| | | 设施设备 | |
| | | 其他固定资产 | |
| | 流动资产 | 产品及原料 | 可以在1年及以上的时限内变现或运用的资产 |
| | | 其他流动资产 | |
| | 家庭财产 | 房屋 | 家庭所拥有的财产 |
| | | 生产性固定资产 | |
| | | 耐用消费品 | |
| | | 其他家庭财产 | |

①《自然灾害承灾体分类与代码》（2016-11-01），国家标准–全国标准信息公共服务平台：https://openstd.samr.gov.cn/bzgk/gb/newGbInfo?hcno=CF8AEB0BD3B2B9CA847FCDE0A2E94F15。

续表2-6

| 大类 | 中类 | 小类 | 说明 |
|------|------|------|------|
| | 公共财产 | 房屋 | 除了家庭之外的财产,包括国有财产、劳动群众集体所有财产、用于公益事业的社会捐助或者专项基金的财产等 |
| | | 基础设施 | |
| | | 交通运输设施、设备 | |
| | | 通信设施、设备 | |
| | | 能源设施、设备 | |
| | | 市政设施、设备 | |
| | | 水利设施、设备 | |
| | | 其他基础设施、设备 | |
| | | 公共服务设施、设备 | |
| | | 医疗卫生设施、设备 | |
| | | 科技设施、设备 | |
| | | 文化设施、设备 | |
| | | 广电设施、设备 | |
| | | 体育设施、设备 | |
| | | 社会保障与公共管理设施、设备 | |
| | | 其他公共服务设施、设备 | |
| | | 三次产业设施、设备、产品及原料 | |
| | | 农林牧渔业设施设备及产品 | |
| | | 工业设施、设备、产品及原料 | |
| | | 服务业设施、设备、产品及原料 | |
| 资源与环境 | 土地资源 | | 资源是人类可以利用的、自然生成的物质与能量;环境是影响人类生存和发展的各种天然的和经过人工改造的自然因素的总称 |
| | 矿产资源 | | |
| | 水资源 | | |
| | 生物资源 | | |
| | 生态环境 | | |

### （二）承灾体脆弱性（易损性）评估

联合国国际减灾战略认为，脆弱性是社区面临灾害敏感性增强的综合因素，包括自然、社会、经济和环境等方面。脆弱性并非对现状的描述，而是更加具有前瞻性与预测性，所描述的多为特定人群在具体灾害和风险条件下所遭受的损害。环境和人类安全协会则提出了一个新颖且全面的概念：脆弱性是风险受体（如社区、区域、国家、基础设施和环境）的内部和动力学特征，决定了特定灾害下的预期损失，其由自然、社会、经济和环境因素共同决定，并随时间变化。根据现有定义可以看出，自然科学与社会科学虽然都强调脆弱性的前瞻性特征，但自然科学更加注重受灾个体或系统在受灾后的后果，社会科学更加关注社会、经济等方面的脆弱性。目前，学术界对脆弱性的定义仍然没有定论，受到广泛认可的关于自然灾害脆弱性的概念可以从两个角度加以解读：一是从系统与个体的角度分析承灾体的脆弱性；二是从承灾体本身自带物理属性和社会属性来分析研究脆弱性的根源。

目前，关于脆弱性研究主要涉及三个方面：（1）物理脆弱性。各类承灾体的脆弱性表现为灾害造成承灾体的损失率，侧重于承灾体的物理脆弱性。（2）社会脆弱性。挖掘承灾体及群体脆弱性更深层次上的社会根源。（3）系统脆弱性。例如，分析全球、大洲、国家、地方、社区等不同空间尺度面临灾害时的脆弱性。

## 四、灾害系统论

灾害系统论突显了由灾害系统内部各元素相互作用引起的损失。伯顿（Burton）和维斯纳（Wisner）分别在著作 *The Environment as Hazard* 和 *At Risk，Natural Hazards，People's Vulnerability and Disasters* 中详细诠释了灾害系统的理念。前者从人类行为的视角系统探析了资源开发与自然灾害的相互联系，后者则着重强调了自然致灾因子与社会、政治、经济环境的复合作用，分析自然事件如何演变为人类灾害的因果关联。这两部著作被广泛认为是国际灾害系统论研究基础。

国内有代表性的灾害系统理论——区域灾害系统论[①]，是史培军教授提出的。他认为区域灾害系统构成了一个包含致灾因子、孕灾环境和承灾体的系统结构体系，以及由致灾因子的危险性、孕灾环境的不稳定性和承灾体的脆弱性组成的系统功能体系。在一个特定孕灾环境中，致灾因子与承灾体之间的相互作用主要表现为区域灾害系统中致灾因子危险性与承灾体脆弱性和可恢复性之间的相互转换机制。孕灾环境是指能

---

① 史培军：《再论灾害研究的理论与实践》，《自然灾害学报》1996年第4期，第8—19页。

够产生致灾因子的环境系统，包括自然环境和人文环境构成的复杂地球表层系统。致灾因子是指可能导致财产损失、人员伤亡、环境破坏或社会系统混乱的孕灾环境中的变异因子。这些因子不仅包括地震、台风等自然致灾因子，还包括战争、动乱等人为致灾因子。承灾体是致灾因子作用的对象，是人类及其活动所在的社会与各种资源的集合，包括人类本身、人类生存的建筑环境以及各类自然资源。灾情则是指孕灾环境内的承灾体在受到致灾因子影响后产生的灾害后果，包括人员伤亡及心理创伤、建筑物破坏、生态环境和资源破坏，以及直接经济损失和间接经济损失等。实际上，这三种因素在不同时空条件下，对灾情形成的作用会发生改变，灾情的时空分布和程度取决于致灾因子、孕灾环境与承灾体的相互作用。由此，本书认为灾害发生是地球表层异变过程的产物，是承灾体在致灾因子作用下不能适应环境变化而造成的灾难性后果。

# 第三节　灾害链相关理论

## 一、灾害链式理论

链式理论将由自然或人类活动引发的自然灾害，抽象为带有载体共性反应特征来描述单一或多种灾害的物化信息过程，包括形成、渗透、干涉、转化、分解、合成和耦合等，总结了灾害对人类社会造成损失和破坏等各种链式关系[1]。

在国外，梅诺尼（Menoni）最先提出了用损失破坏链的概念来代替灾害简单耦合的观点。伯克霍尔德（Burkholder）指出自然灾害并非纯粹的自然现象，而是自然物理系统内部和社会之间相互作用的结果，他还强调了灾害的演化扩散的特点。灾害的发生受到地域、环境、气候等因素的影响，呈现出不同的模式和趋势，但它们都有一个共同的特征，就是灾害的形成是一个渐进的过程。这个过程反映了自然环境状态向着对人类社会不利的方向偏移，其背后的机制说明灾害形成具有持续性，其过程可以用一定的物质、能量等信息来描述，这就是灾害链的载体表现，展示了由量变到质变的内涵变化，这种变化可以用"链式关系"或"链式效应"来概括。肖盛燮基于灾害的载体表现和变化，建立了"灾害链式理论"，并对自然灾害的链式规律和结构特征进行了深入分析，针对不同类型的链式特征构建了理论模型，提出了从源头上阻断灾害传

---

① 梅涛、肖盛燮：《基于链式理论的单灾种向多灾种演绎》，《灾害学》2012年第3期，第19—21页。

播的孕源断链减灾模式，形成了灾变链式理论及应用的新学科方向[①]。

因此，自然灾害的生成过程可通过链式关系或效应来描述，不同类型的灾害能够用统一的链式影响关系来表示。在灾变初期从源头上孕源断链减灾，最大限度地控制其扩散和蔓延，从而消除灾害于萌发阶段。

### （一）链式载体规律

灾害链式关系的载体反应，是对灾害链式规律的客观认识，也是深入探究灾害及其链式效应的基础。

从物质层面看，灾害链的载体多样，包括固态、液态与气态等。相应地，灾害链的形成和演变过程也展现出不同物质形态的单体演化或多形态的集聚、耦合与叠加特性。这种形态的多样性和演化复杂性，进一步加剧了灾害链式关系的复杂性和多样性。除了物质形态，载体反映的另一重要特征是能量的传输与转换。在灾害形成和演变过程中，不同程度的能量转换导致灾害破坏作用的力度各异。此外，以物质为基础的信息也是灾害链中不可忽视的载体反映。光、电、声、磁、波等信息形式，伴随着链式载体发挥辐射、传播、转化、吸斥与干涉等多重作用。例如，地震灾害常伴随着声波和地震波，雷雨则伴随着声、光与电，电、磁场的链式反应也对灾害起重要的伴生作用。

除了物质、能量和信息这三大基础条件外，灾害链的演化过程中还呈现出延续性、周期性、间断性和潜存性等规律。延续性是链式关系的主要规律，体现了链式关系的客观存在性和链的本性。周期性、间断性取决于客观因素具有明暗起伏的反映特征或潜存性规律，它们可能将灾害表现形式隐蔽或潜存起来，使其不易显露。

灾害的演化阶段可以反映灾害发育过程和程度，是物质和能量信息聚集和转化状态的标志，也是人们认识灾害并控制灾变发育的突破口。通过对灾害链演化阶段的研究与划分，可以帮助我们掌握灾害的形成与发育规律，为进一步的断链防灾工作提供重要的理论依据，以便根据灾害的不同发育情况采取相应对策，减轻灾害的群发性现象对人类社会造成的破坏影响。

灾害链演化一般在时间维度上可以划分为早期、中期、晚期三个阶段，每个阶段的特性、破坏力、能量状态、时间占比、防灾措施均有不同（见表2-7）。早期阶段是灾害的孕育阶段，此时致灾因子能量尚处于蓄积状态，尚未形成破坏力，若从源头切断灾害链，可以起到事半功倍的效果。中期阶段是灾害的激发阶段，多个致灾因子之前已经构成链式效应，且致灾因子之间以物质和能量为载体在进行转化中，能量处于

---

① 肖盛燮,等:《灾变链式演化跟踪技术》,科学出版社,2011,第227-235页。

蓄势待发的状态，破坏力逐渐增强，但灾害尚未暴发，防御的基本原则以避让为主，尽可能避免或减轻灾害暴发所带来的损失。晚期阶段是灾害链的暴发阶段，此时灾害之间已形成链式反映，一切灾情参数指标均达到临界或极限状态，具有极强的破坏力，此时灾害已无法阻止，只能做好应急救援和恢复重建工作。

表2-7　链式阶段划分

| 阶段 | 特征 | 破坏程度 | 载体信息 | 时间占比 | 措施 |
|------|------|----------|----------|----------|------|
| 早期 | 孕育 | 破坏力尚未形成 | 物质与势能聚集 | 较长，70%以上 | 孕源断链 |
| 中期 | 激发 | 形成潜在破坏力 | 物质与势能储存 | 短暂，25%左右 | 识别避让 |
| 晚期 | 暴发 | 破坏力强烈暴发 | 物态扩散动能暴发 | 瞬时，5%以下 | 应急救援 |

## （二）灾害链式演化方式

对灾害链演化方式的研究有助于我们认识灾害链的形成规律和演化机制，为建立有效的断链模式提供依据。本节在总结前人研究的基础上，将灾害链分为以下5种类型。

### 1. 单链式灾害链

单链式灾害链是指各灾害保持单向链发的演化状态。如图2-2所示，原生灾害 $S_1$ 在孕灾环境以及致灾因子的作用下发生，随着时间的推移，原生灾害传递的能量达到引发次生灾害暴发的阈值时，次生灾害 $S_2$ 发生，以此类推，次生灾害继续向链发灾害演化，最终演化为灾害 $S_n$。例如，暴雨引发堤坝垮塌，导致洪灾，造成人员伤亡。

图2-2　单链式灾害链演化图

在单链式灾害过程中，次生灾害的发生是由其父灾害和灾害演化连接边决定的。其中任意一个条件不发生，子灾害事件则一定不发生。整个灾害链的演化是以原生灾害发生为前提，原生灾害不发生，将不会形成灾害链。

### 2. 发散式灾害链

发散式灾害链演化是指一个原生灾害以发散的方式引发多个次生灾害的演化状态。由图2-3可知，随着原生灾害 $S_1$ 的发生，根据不同的演化条件，当其达到次生灾害发生的临界值时，则会形成灾害 $S_2$, $S_3$, …, $S_n$ 并发。如地震同时引发房屋倒塌、路面塌陷、人员伤亡、水电设施破坏等。

在发散式灾害演化过程中，次生灾害的发生同样与其父灾害和灾害演化连接边有关。但是在发散式灾害演化方式中，任意演化条件不发生都不会影响其他次生灾害的出现。因此，发散式灾害演化方式不仅反映了次生灾害的共源性，也反映了灾害的多向传递性，在发散式演化灾害链中，有效控制原生灾害的发生能大幅降低链式灾害带来的影响。

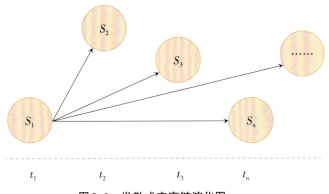

图2-3  发散式灾害链演化图

**3. 汇集式灾害链**

汇集式灾害链是指由多个灾害在演化过程中集成演化引发某一新灾害的汇聚式演化状态。如图2-4所示，灾害 $S_2$，$S_3$，…，$S_n$ 在各自孕灾环境和致灾因子的作用下发生，产生的破坏力作用在某一承灾体上引发同一灾害 $S_{n+1}$。由此可见，在汇集式灾害演化过程中，任一父灾害发生都会导致子灾害发生。

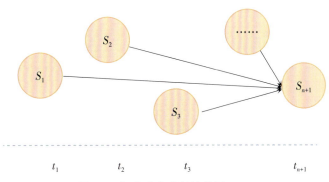

图2-4  汇集式灾害链演化图

**4. 循环式灾害链**

循环式灾害链演化是指原生灾害引发次生灾害，灾害链不断演化，最终因某种原因，次生灾害又诱发原生灾害的圆环状灾害演化状态。如图2-5所示，原生灾害 $S_1$ 不断链化引发灾害 $S_n$，随后灾害 $S_n$ 因某些作用关系又诱发灾害 $S_1$。由此可见，循环式灾害链演化过程中，各灾害能量释放所产生的破坏力呈现一定的循环规律，每个灾害都会直接或间接收到其他灾害的影响。

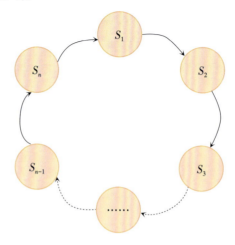

图 2-5　循环式灾害链演化图

### 5. 网络式灾害链

网络式灾害链演化是指原生灾害与链发的各种灾害之间相互交叉传递呈现出复杂的网状演化状态。由图 2-6 所示，灾害 $S_1$ 在满足某个特定灾害传递关系后诱发出次生灾害 $S_2$，$S_3$，随着时间的变化又进一步导致灾害 $S_4$，$S_5$，……，$S_n$ 的发生，各灾害之间彼此连接进而形成一个错综复杂的网络传递演绎过程。例如，台风、暴雨、洪水等灾害常常相互影响形成复杂的灾害链演绎过程。在网络式灾害演化过程中，次生灾害的发生过程相对复杂，在其演化过程中受很多因素的影响。在实际生活中，灾害链的演化多以网络式为主。

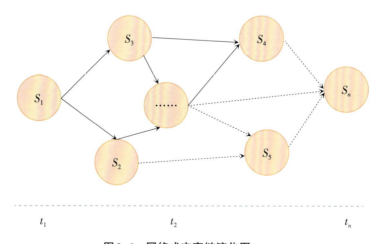

图 2-6　网络式灾害链演化图

### （三）灾害链数学模型

结合灾害链的演化机理，灾害链的数学模型表达式[①]为：

$$S(n) = \left\{ S_G(n),\ R,\ E \right\} \tag{2-1}$$

式（2-1）中，$S(n)$ 为灾害链系统；$S$ 为灾害链系统内的原生及次生灾害；$R$ 代表各灾害之间的链发关系；$E$ 为灾害链之外的与其有相互联系的环境，即孕灾环境。

灾害链是随着时间不断发展构成的，灾害链的形成是一个动态的过程，灾害链系统随着时间 $t$ 的变化而不断发展，因此各灾害之间的演化关系可表述为：

$$f\left\{ S_{Gi}(n,\ t),\ R_{i,\ j}(t),\ S_{Gj}(n,\ t) \right\} = 0 \tag{2-2}$$

式（2-2）中，$S_{Gi}(n,\ t)$，$S_{Gj}(n,\ t)$，分别表示 $t$ 时刻灾害链中第 $i$ 个灾害事件和第 $j$ 个灾害事件；$R_{i,\ j}(t)$ 表示在 $t$ 时刻灾害链中第 $i$ 个灾害事件对第 $j$ 个灾害事件的链发关系。

## 二、复杂性科学理论

复杂性科学是一门研究复杂系统的跨学科新兴科学。复杂系统是指由许多相互作用的组成部分构成的系统，它们的行为和性质不再遵循线性、均衡、简单还原的传统范式，而是探索非线性、非均衡和复杂性所产生的各种新现象。复杂系统通常具有非线性、不确定性、自组织性、涌现性等特征，例如生态系统、社会系统、经济系统、神经系统等，涉及多种学科，如数学、物理、计算机、生物及社会科学等诸学科，是当代科学发展的前沿领域之一[②]。

复杂性科学的方法论超越了还原论，强调系统的整体性、动态性、适应性和进化性。在复杂性科学的范畴内，研究者使用各种工具和方法，包括混沌理论、网络理论、自组织理论、非线性动力学等，来揭示系统的行为规律和演变趋势。复杂性科学的核心思想在于系统的整体性质不仅由其各个组成部分决定，还受到它们之间相互作用的影响，从而呈现出一种新的、不易预测的整体性质。复杂性科学正处于蓬勃发展的时期，吸引了越来越多国内外学者的关注。近年来，有关复杂性科学的会议和论文数量暴发式增长，相关研究在全球范围内引发了高度关注。复杂性科学的出现极大地推动了科学研究的深入开展，引导人类对于客观事物的理解由线性过渡至非线性，由简单

---

① 孟令晗：《城市综合体灾害链风险评估及断链减灾研究》，硕士学位论文，首都经济贸易大学安全科学与工程系，2023，第26—28页。

② 刘涛、陈忠、陈晓荣：《复杂网络理论及其应用研究概述》，《系统工程》2005年第6期，第1—7页。

均衡演变为非均衡，由简单的还原论演变为较为复杂的整体论。

## （一）复杂性、复杂系统与复杂性科学[①]

### 1.复杂性

复杂性的范畴包括生物学上的复杂性、生态系统的复杂性、演化过程的复杂性、经济系统的复杂性以及社会结构的复杂性等。需要注意的是，通常学界所提及的"复杂性"或者"复杂"并非指涉与混沌、分形和非线性相关的科学研究领域中的"复杂性"，而更多是指一种混乱、纷繁、反复的特质。根据前人研究，可以简要地将复杂性定义为由系统内元素之间的非线性相互作用引发的外在行为的无序表现。然而，关于"复杂性"和"非线性"的研究跨足自然科学、工程技术、管理学以及人文社会科学等领域，这表明复杂性是涉及多学科领域的共同问题。总体而言，由于复杂性概念在各学科领域中的研究对象和分析方法存在差异，因此目前尚未形成统一的严格定义。

### 2.复杂系统

同样地，目前关于复杂系统的定义也尚未统一，其中有代表性的定义认为：复杂系统是一种动态非线性演化系统，具备自适应能力，由多个层次结构和反馈环组成，其行为无法通过传统理论和方法解释。虽然目前学术界对于复杂系统的认知和定义尚未达成一致，但在其基本特征方面却存在一些共识，一般认为，复杂系统具有以下特征。

（1）非线性（不可叠加性）与动态性

复杂系统是指由大量相互关联的元素组成的系统，其内部结构和行为呈现出非线性、相互作用复杂以及难以预测的特性。复杂系统的非线性特征在于其组成部分之间的相互作用产生的非线性效应，使得系统整体行为难以通过简单的线性叠加来描述。这些系统通常呈现出自组织、混沌和适应性等复杂现象，其演化过程不仅受到内部动力学的影响，还受到外部环境和其他系统的影响，表现为非确定性的特性。复杂系统的动态性是指系统的状态随时间而变化，而且这种变化可能是不可逆的。通过自组织的过程，系统经历各种阶段和过程，逐渐演化向更高级的有序状态，形成独特的整体行为和特征。

（2）非周期性与开放性

复杂系统的行为呈现非周期性，反映了系统演化的不规则和混沌。系统的进化缺乏明显的规律，其运动过程不会沿着原有轨迹再次出现，时间轨迹也不会回到之前的

---

① 参见宋学锋：《复杂性、复杂系统与复杂性科学》，《中国科学基金》2003年第5期，第8-15页。

任何点，而是在有限区域内呈现通常是高度"混乱"的震荡行为。

这些开放系统与外界密切相关，持续进行物质、能量和信息的交换。系统的存在和演化在没有这种交换的情况下是不可能的。仅在开放的环境下，复杂系统才能形成并保持生存。开放系统还具备自组织能力，能够通过反馈机制进行自我控制和调整，以适应外界的变化，进而确保系统的结构和功能保持稳定，并具备一定的抵抗干扰的能力。在与环境的互动中，复杂系统可以持续不断地完善自身，展现出进化的潜力。

（3）积累性（初值敏感性）

初值敏感性，即所谓的"蝴蝶效应"或积累效应，是指在混沌系统的运动过程中，只要初始状态稍有微小改变，这种变化就会在系统演化过程中快速积累和扩大，最终带来系统行为的巨大变化。这种敏感性使我们无法对系统进行长期且准确的预测。

（4）奇怪吸引性

复杂系统的奇怪吸引性是指在系统动力学中出现的一种非周期性、复杂多样的吸引子结构。相较于传统吸引子，奇怪吸引性更为复杂，通常表现出同时稳定和不稳定的现象，位于稳定区域和不稳定区域之间的边缘。这种奇怪吸引性的存在是由于复杂系统内在的非线性特性和混沌行为。复杂系统中微小的初始条件变化可能引发系统演化出完全不同的轨迹，这些轨迹在相空间中展现出奇异、错综复杂的特性。虽然奇怪吸引性的轨迹看似随机，却同时展现出一定的有序性和规律性。

研究复杂系统的奇怪吸引性有助于深入理解这些系统的演化过程和动力学行为。它揭示了复杂系统内部的混沌和非确定性特性，为我们理解复杂系统的行为提供了新的视角。在动力学和非线性系统理论中，奇怪吸引性的探究也为解释和预测复杂系统的行为提供了重要依据。

（5）结构自相似性

当系统的组成部分以某种方式类似于整体时，被称为自相似性。分形的两个基本特性是缺乏特征尺度和所表现出的自相似性。对于经济系统来说，这种自相似性不仅可以在时间序列的自相似性中看到，还可以在空间模式（结构自相似性）中观察到。一般而言，复杂系统往往具有自相似的结构，或者在它们的几何表征中具有分数维。

**3.复杂性科学**

复杂性科学的基本原理主要有：（1）整体性原理。由于复杂性科学的研究对象是非线性系统，传统的叠加原理失效，因此，需要运用整体性的概念，而不是将系统解剖成小系统进行研究，然后再将结果叠加。（2）动态性原理。复杂系统是与时间变量有关的动态系统，没有时间的变化，就没有系统的演化。（3）时间与空间相统一原理。复杂性科学不但研究系统在时间方向上的复杂演化轨迹，而且还试图说明系统演化的空间模式。（4）宏观与微观相统一的原理。复杂性科学认为，系统的宏观变量大的波动可能来自组成系统的元素的微小变化。因此，需要对微观过程进行深入研究，以探讨复杂系统中宏观变量的变化规律。但由于非线性机制的作用，又不能将系统进行分解，所以必须将宏观与微观相统一。（5）确定性与随机性相统一原理。复杂性科学理论表明，一个确定性的系统中可以出现类似于随机的行为过程，它是系统"内在"随机性的一种表现，与具有外在随机项的非线性系统的不规则结果有着本质差别。对于复杂系统而言，结构是确定的，短期行为可以比较精确地预测，而长期行为却变得不规则，初始条件的微小变化会导致系统的运行轨迹出现巨大偏差。

## （二）复杂性科学研究方法

### 1. 理论分析方法

在复杂系统的研究中，理论分析是一项不可或缺的重要方法，涵盖了对系统的前期、中期和后期的全面分析。在这个过程中，系统的判定被视为事前理论分析的核心。

### 2. 复杂系统的模型分析方法

模型分析方法是研究复杂系统的重要途径之一。目前，有重要影响的模型分析方法有：

（1）混沌动力学模型法（Chaos Dynamics）；

（2）符号动力学方法（Symbolic Dynamics）；

（3）结构解释模型法（Interpretative Structrural Modeling）；

（4）系统动力学方法（System Dynamics）；

（5）复杂适应系统方法（Complex Adaptive System）。

## （三）自然灾害与自然灾害链的复杂性

自然灾害作为复杂系统的一个重要子领域，展现了其本质的非线性、相互关联和难以预测的特征。这些特征使得传统的理论和方法难以满足日益复杂的自然灾害系统的研究需求。20世纪70年代末，自然灾害研究中引入了系统论、信息论和控制论，这为该领域注入了新的活力。80年代中后期，自然灾害研究中引入了突变理论、协同论、耗散结构理论和分形理论等。到了90年代，分形、非线性和混沌等理论成为自然灾害研究的热点，即开始对自然灾害复杂性进行研究。正如1987年美国科学院与工程院的报告所指出的：当自然物质的运动变异到足以对人类的生存和物质财富造成一定程度的危害和破坏时，便会产生自然灾害[1]。自然物质以多种形式运动，并相互关联，形成

---

[1] Anderson A., "Confronting Natural Disasters," *Nature*, no.329(1987):575.

的自然灾害也不是孤立存在的。它们之间相互作用、相互联系、相互影响，塑造了一个具有独特结构、功能、环境和特性的整体，即自然灾害系统。这个系统在发生和演化过程中，对人类社会施加着影响。与此同时，人类社会的经济活动也与自然灾害系统形成相互反馈，双方相互促进，共同推动自然环境的演变。

自然灾害链式效应复杂性不仅是外部环境复杂性所致，更主要是自然灾害系统支配层次上的链式关系环引起的，即自然灾害系统支配层次上的链式关系环是自然灾害复杂性的主要根源。

在探讨自然灾害链的理论基础时，复杂性科学中的自组织临界性（Self-Organized Criticality，简称SOC）理论为我们提供了一个富有洞察力的视角。该理论揭示了开放、动力学、远离平衡态且由众多相互关联的单元构成的复杂系统如何自发地演化至一种高度敏感的临界状态。在这一状态下，即便是系统内部微小的局域扰动，也能通过类似"多米诺骨牌"般的连锁反应机制被急剧放大，其影响范围迅速扩展至整个系统，引发所谓的"雪崩"事件。这些事件在规模、时间、跨度与空间范围上展现出幂律分布的特性，即大事件与小事件并存，且发生频率遵循特定的数学规律。

自然界中的大型复杂系统，在多种内外因素交织作用下，能够无须外界直接干预而自行调整至这一临界稳定状态。在这一框架下，即便是微不足道的事件，也可能成为触发大规模灾害甚至系统突变的导火索，即所谓的初始效应。因此，SOC理论不仅革新了我们观察自然界的方式，更深刻地指出自然界本质上是一个持续动态、非绝对平衡的系统，其内部要素的相互作用是推动系统向临界态演化的根本动力。

自组织临界性理论为理解自然灾害链的复杂性和连锁反应机制提供了坚实的理论基础。它揭示了灾害事件之间并非孤立存在，而是通过系统内各组分间的非线性相互作用紧密相连，形成复杂的灾害网络。在这一网络中，系统的亚临界、临界和超临界状态分别对应灾害孕育、暴发与失控的不同阶段。正常情况下，系统倾向于向临界状态自然演进，维持一种微妙的平衡；然而，一旦系统运行机制受到严重干扰或破坏，如极端气候事件、地质活动加剧等，就可能促使系统跨越临界阈值，进入超临界状态，从而引发一系列连锁的、大规模的灾害"雪崩"。

自组织临界性理论与混沌边缘理论共同为我们提供了一种科学的方法论工具，用于分析复杂系统（包括自然灾害链）的状态突变、预测灾害发展趋势以及制定有效的防灾减灾策略。通过这些理论，我们能够更加深刻地认识到自然灾害的复杂性和不确定性，从而在应对自然灾害挑战时，采取更加积极主动、科学有效的措施。

# 三、复杂网络理论

## （一）复杂网络理论研究现状

复杂网络理论是复杂性科学的理论分支。复杂网络理论起源于18世纪中期数学家欧拉对七桥问题的研究。国内对复杂网络理论的研究相对较晚，直到2002年，汪小帆对国外关于复杂网络理论研究的最新进展和一些重要成果进行了总结，并重点研讨了复杂网络的动力学与网络拓扑学之间的关系，由此引起了国内研究复杂网络理论的热潮。周涛等人对复杂网络的统计特征进行了概述，并简略分析了网络拓扑性质对某些典型物理过程的影响，最后展望了复杂网络领域未来的发展方向。王建伟等人依据网络中节点的局域特征提出了研究方法。该方法主要针对的是在网络全局拓扑结构不明确的情况下，通过分析节点自身的度数和相邻节点的度数来判断节点的重要性，并研究发现节点及其相邻节点的度数越大，该节点就越重要。刘军从网络拓扑构造开始，通过分析节点和边的相互影响关系，提出了一种基于边重要性的节点重要性排列方式。该方式主要基于节点的连边数和各连边对节点重要性的贡献值来判断节点的重要性，进而确定网络中的重要节点。克拉皮夫斯基（P. L. Krapivsky）使用统计物理学的方法来研究网络模型的结构，分析了异构网络的度分布、相邻节点度之间的相关性以及全局网络属性。尤克（Yook）等通过分析复杂网络中各节点之间不同的相互作用强度，提出了更加符合实际系统情况的复杂加权网络。聂廷元（Tingyuan Nie）等通过模拟无标度网络和小世界网络在节点故障或攻击下的崩溃情况，研究度和介数中心性在攻击过程中的动态关系，发现了其在小世界网络不规则地呈现，而在无标度网络中二者服从幂律分布。

目前，复杂网络的应用主要涉及运输物流网络、轨道交通网络、电力网络、供应链网络、信息传播网络等，这些应用主要是基于对复杂网络模型拓扑结构分析以及结构鲁棒性、抗毁性的评价。戴维 C. 欧内斯特（David C. Earnest）等通过计算网络节点移除后的网络连通效率、鲁棒指数等指标，来分析国家在多大程度上易受贸易网络中断的影响，研究结果发现，无论何种规模的海运网络，网络连通效率越高，其网络的脆弱度也就越高。鲜佳军通过研究复杂网络系统中信息的传播机制和规律，建立了合理的信息传播模型，并提出依赖于网络节点和连接边中心性指标的虚假信息传播干预策略。

复杂网络理论的广泛应用，对解决自然灾害链等复杂系统的问题具有重要借鉴意义。复杂网络理论已成为研究灾害链演化特性及网络拓扑结构的一种重要理论方法。

## （二）复杂网络基本特性

在复杂网络被发现之前，科学家们企图用一种通用的结构来表示现实世界中的各种系统。各种对实际网络的研究发现，真实网络是一种既不完全随机也不完全规则的复杂网络。总结过去对复杂网络的研究成果，可以发现复杂网络通常具有小世界特性、鲁棒性和无标度特性。

### 1.小世界特性

复杂网络的小世界特性兼顾了随机网络和规则网络的特点，它描述了许多真实世界网络中的一个普遍现象。小世界特性表明，尽管一个网络可能很大，但通过较少的步骤就可以从一个节点到达另一个节点。这个概念最早由社会学家斯坦利·米尔格拉姆（Stanley Milgram）在20世纪60年代的"六度分隔"实验中引入，该实验表明，人们之间平均只需要通过6个中间人就可以建立联系。

复杂网络的小世界特性具有以下几个关键特点：

（1）平均最短路径长度。即使网络很大，任意两个节点之间的平均最短路径长度也相对较短。这使得信息或影响可以很快传播到网络中的其他节点。

（2）高聚类系数。尽管整个网络中的节点连接结构较为稀疏，但网络中的子图（节点的邻居之间的连接）往往会形成紧密相连的小团体。这种高度聚类的特性使得信息在网络内更容易扩散。

（3）随机性。复杂网络的连接结构既包含一些局部紧密相连的子图，又包含一些较为疏离的长距离连接。这种混合结构使得网络既具有局部的高聚类性，又具有全局的短路径长度。

（4）小世界模型。小世界模型是一种用来模拟具有小世界特性的网络的数学模型。其中的节点之间同时存在短距离连接和长距离连接，通过调整模型的参数，可以生成具有类似于真实世界网络的小世界特性的网络结构。

1998年，瓦特（Watts D. J.）和斯特罗加茨（Strogatz S. H.）首次定义了 WS（Watts-Strogatz）小世界网络模型，该模型在规则网络的基础上，通过节点随机化重连构成小世界网络[1]。1999年，科学家纽曼（Newman）与瓦特将 WS 小世界网络模型中的"随机重连"改进为"随机加边"，构建了新的小世界模型 NW（Newman-Watts）[2]。

---

[1] Watts D. J.，Strogatz S. H.，"Collective Dynamics of 'Small-World' Networks," *Nature*，no.393（1998）：440-442.

[2] Newman M. E. J.，Watts D. J.，"Renormalization Group Analysis of the Small-World Network Model," *Physics Letters A*，No. 263（1999）：341-346.

**2. 鲁棒性**

所谓鲁棒性就是系统的稳健性，反映了控制系统在遭受外部攻击或内部故障后，维持结构完整性和某些性能的特性。复杂网络的鲁棒性是其中一个特性，指的是在网络中移除一些节点或连接边后，网络结构仍然相对完整，大部分节点仍然保持连通状态。网络遭受攻击通常有两种方式，即随机攻击和蓄意攻击。随机攻击是指以一定概率随机破坏网络中的节点或连接边，面对随机攻击时，复杂网络具有非常强大的鲁棒性，即使对大部分节点或连接边进行攻击也不一定导致网络的中断。蓄意攻击是对关键节点进行有针对性的攻击，当攻击众多重要节点或连接边时，整个网络将会崩溃。复杂网络的鲁棒性与其网络拓扑结构密切相关，其结构本身的特点决定了鲁棒性的强弱。因此，通过分析网络拓扑结构特性，寻找自然灾害链网络中的重要节点进行攻击，以此破坏网络系统的连通性，减轻灾害蔓延造成的影响。

**3. 无标度特性**

无标度性是指大量复杂网络系统整体上存在严重异质性。这一特性说明，网络中节点度的分布呈现极不均匀的状态，即大部分节点只有少量边与之相连，而少数节点具有较大的度值。国外学者巴拉巴西（Barabási）等[1]提出了一种新型复杂网络，被称为无标度网络，其中节点的连接度以幂律分布的形式体现，并且网络呈现动态性。幂律分布的形成是由于无标度网络模型中新加入的节点更倾向于与网络模型中具有较大度的节点相连。随着研究的深入，学者们发现许多现实中的网络，如万维网、运输网络等，节点的度分布都服从幂律分布，复杂网络的无标度特性与鲁棒性具有密不可分的关系。由于无标度网络中节点的分布服从幂律分布，这一特性使得无标度网络中度数较高的节点居多，这种高度数节点的存在极大地削弱了网络的鲁棒性，因此，无标度网络在面对蓄意攻击时抗击能力较差，但在受到随机攻击时具有较好的鲁棒性。

## 四、"情景-应对"理论

随着人类社会的不断发展进步，社会生态耦合系统也受到了一系列由人类社会自身引发的冲击。回溯至我国改革开放初期，社会政治、经济等都经历了巨大的变革，各种问题和矛盾也逐渐凸显。当前，全球政治经济呈现多样化发展的趋势，世界格局多种多样，非常规突发事件不断增加，给社会经济和人民生活带来了严重的伤害和威胁。例如，"5·12"汶川地震、非典型肺炎、"7·23"动车事故、H1N1禽流感以及近年来的全球新冠肺炎疫情等，无一例外地具有非常规突发事件的突发性和难以预测性等

---

① Barabási A. L., Albert R., "Emergence of Scaling in Random Networks," *Science* 286(1999):509-512.

特点。由于非常规突发事件表现出"情景依赖"的特征，事件是由情景来表现的，"情景-应对"模式是应对非常规突发事件的有效模式。传统的"预测-应对"应急决策模式已不再适用于非常规突发事件的应急管理，需要向"情景-应对"的应急管理模式转变。

"情景-应对"方法强调利用事件的内部组织和影响因素作为风险评估和预测的基础。非常规突发事件应急管理模式的转变，更加强调对情景演化展开深度剖析，并通过已发生的事件和模拟的事件及数据，对情景进行复盘与重构。值得注意的是，通过实施灾前模拟或建立相应情景，我们能够更为精准和高效地对灾情进行模拟评估。因此，基于情景分析的方法逐渐在国内外学术界赢得广泛认可，为灾害管理领域提供了新的思路和方法[1][2][3]。

## （一）情景的定义

情景具有多样性和不确定性，是构建愿景的一种方式。愿景提供各种潜在的发展方向以及导致不同的结果。情景勾勒了未来可能性的轮廓，是对现状或过程性解释的描述，涵盖了从开始到结束的全过程。情景虽然包含了预测的内容，但不等同于预测，两者侧重点不同。预测是根据实际数据或情况进行未来推断，而情景强调的是预测可能得到的一系列可能出现的状态的集合。它通过一系列图像表达的假设来描绘未来，以对整个过程做判断，通过概率来界定和判断未来可能出现的一系列状态。情景本身所具备的不确定性，使其对未来可能出现的每种状态进行提炼，其本身是对未来每一种可能的假设或判断。情景同样具有很强的预见性，强调在整个过程中的因果关系层层相扣，在真实细节的基础上把握可能的未来状况，是关于未来可能实现状态的内部一致的叙述[4][5]。

情景可以被看作对整个灾害过程可能出现和发展的一种不确定情况的揭示或描述。其主要内容涵盖了从定性到定量角度呈现的各种情况，总结了各个层次因果关系相关的不确定性结果。情景是在对已发生事件及其内在演化规律总结的基础上，对应急管理中每个问题和状况的重构形成的情景；情景可以被看作一组参数的汇集，分别代表不同的状况或节点。通过函数关系，这些情景节点相互连接，形成了整体的情景结构。

---

① Schoemaker P.,"When and How to Use Scenario Planning: A Heuristic Approach with Illustration,"*Journal of Forecasting* 10,no.6(1991):549–564.

② 宗蓓华：《战略预测中的情景分析法》，《预测》1994年第2期，第50-51页。

③ 刘铁民：《重大突发事件情景规划与构建研究》，《中国应急管理》2012年第4期，第18-23页。

④ Gershuny J.,"The Choice of Scenarios," *Futures*, no.8 (1976):496–508.

⑤ Schnaars S. P.,"How to Develop and Use Scenarios," *Long Range Planning* 20,no.1 (1987):105–114.

各参数和函数所反映的情景各具特性，它们不仅是对过去经历的总结，同时也是对现实情况的深入分析，考虑外部环境变化因素，按时间和逻辑对情景展开分析。在应对非常规突发事件应急决策中，情景被视为对事件发展和未来传播演化趋势进行评估和分析的手段。情境更侧重于强调决策主体的主观意愿过程，而状况则更多地描述各种各样的情形，反映出在不同主体意愿下的表现，由此形成了多样化的情景。

### （二）情景要素

要素是构成事物的必要因素和组成部分，反映了事物的实质及关系，是组成系统的基本单元。情景是由要素组成的，要素是情景的组成单元，也是分析情景间关系的重要依据。灾害情景要素是指描述非常规突发事件演进状态与未来趋势的核心参数。以地震为例，涵盖震源中心位置、地震震级、震源深度、波及区域范围、人员伤亡与受困人数统计、房屋及建筑物损毁状况、基础设施破坏程度，以及灾区特有的地理与气候条件等。情景结构则进一步描绘了这些要素间的内在组成、相互作用及动态关系网络，即要素间复杂的关联性。

非常规突发事件情景融合了主观认知与客观事实，体现了静态特征与动态演变结合，横跨时间与空间维度，并为应急决策与管理体系提供关键参照。本书在区域灾害系统论基础上提出整合致灾因子、承灾体与孕灾环境的三元框架，旨在系统性剖析非常规事件的演化机理。

基于情景分析视角，探究灾害链的演化规律，重点在于：一是高效汇集多源异构数据；二是实现这些数据的有效融合；三是运用知识与智能驱动的数据挖掘技术，深入发掘、精确识别并科学评估影响事件进程的各类因素，特别是那些对事件发展起决定性作用的关键因素。同时，深入分析这些影响因素之间的复杂关联与作用机制，这既包括对同一维度内要素间相互作用的精确刻画，也涵盖跨维度要素间关系的综合解析，以全面揭示要素间的作用类型、作用路径及内在机理。

## 五、多米诺骨牌理论

多米诺骨牌理论也称多米诺骨牌效应，是由经济学者考什克·巴瑟罗（Kaushik Bartholomew）提出的一种经济学理论。该理论以意大利著名的纸牌游戏"多米诺骨牌"为比喻，解释了经济系统中不同个体之间的相互依赖性。多米诺骨牌理论广泛应用于风险管理和灾害研究，其起源可追溯至20世纪中叶，当时社会科学家开始研究社会经济系统中不同部分之间的相互依赖关系。该理论从意大利纸牌游戏"多米诺"中汲取灵感，将经济社会视为一个由多个相互关联的部分组成的复杂系统。

多米诺骨牌理论的内涵在于，它强调了经济社会中的各个部分，如个人、家庭、企业、政府等，在风险和灾害面前的相互连通性和脆弱性。当一个部分发生变动时，其影响会沿着这些相互关联的路径传播，并对其他部分产生直接或间接的影响。这与传统的灾害风险管理方法不同，后者往往只关注单一的灾害事件和独立的个体或部门。在自然灾害的链式传播中，自然灾害不仅会对环境造成破坏，也会对社会经济安全造成负面影响，从而加剧了多米诺骨牌链的演变[①]。

表2-8显示了多米诺骨牌链演化建模代表性研究概述，我们从中可以看出，当前关于多米诺骨牌理论在灾害研究中的应用，特别是在火灾事故演变领域的应用已经相对成熟，这为预防和控制类似灾害提供了宝贵的理论依据和实践指导。然而，对于如地震、洪水、飓风等自然灾害引发的多米诺骨牌效应的时空演化研究，尚需进一步深入探索。自然灾害链往往具有突发性、连锁性和广泛影响性。一个小的初始能量或事件，如地震中的微小震源，可能引发一系列复杂的多米诺骨牌效应连锁反应，最终导致大范围的灾害后果。因而，自然灾害链可以被看作多米诺骨牌效应的表现形式。

表2-8　模拟多米诺骨牌链演化的代表性研究综述

| 作者 | 场景 | 主要研究 |
|---|---|---|
| 哈克扎德（Khakzad） | 火灾引发的多米诺骨牌事故 | 通过有向图中的介数、外紧度和内紧度以及无向图中的紧度等图度量来分析加工厂的脆弱性。采用外部接近度来模拟安装单元对多米诺骨牌链演化的重要性 |
| 陈超（Chen Chao）等 | 火灾引发的多米诺骨牌事故 | 提出了一种基于多米诺骨牌演化图模型和最小演化时间算法的火灾多米诺骨牌事故时空演化模型 |
| 卡米尔（Kamil）等 | 火灾引发的多米诺骨牌事故 | 建立了一种广义随机Petri网模型来模拟多米诺骨牌效应的可拓可能性。该模型可以处理应急组织和流程在组合加载过程中随时间变化的失效行为 |
| 曾涛（Zeng Tao）等 | 火灾引发的多米诺骨牌事故 | 采用动态贝叶斯网络对多米诺骨牌效应的时空传播模式进行了建模 |
| 黄凯（Huang Kai）等 | 地震引发的多米诺骨牌事故 | 采用蒙特卡罗模拟方法对地震作用下复杂的多米诺事故情景进行了模拟。针对特定的主要场景和总体场景，分析了不同级别的多米诺概率 |

① Misuri A., Landucci G., Cozzani V., "Assessment of Safety Barrier Performance in the Mitigation of Domino Scenarios Caused by Natech Events," *Reliability Engineering & System Safety* 205(2021):107278.

续表2-8

| 作者 | 场景 | 主要研究 |
|---|---|---|
| 奥维迪<br>(Ovidi)等 | 火灾引发的<br>多米诺骨牌事故 | 提出了一种基于智能体的随机仿真方法来模拟附加保护环境下多米诺骨牌效应的演化 |
| 黄凯<br>(Huang Kai)等 | 火灾引发的<br>多米诺骨牌事故 | 提出了一种基于矩阵计算的蒙特卡罗仿真方法来分析多米诺骨牌效应的动态演化过程 |
| 陈超<br>(Chen Chao)等 | 多重危害事故情景<br>（火灾、爆炸和有毒气体扩散） | 提出了一种动态图蒙特卡罗方法来模拟多灾害事故情景的演变，并评估暴露在这些灾害中的人员和设施的脆弱性，特别关注爆炸在事故演变过程中的潜在贡献 |
| 曾涛<br>(Zeng Tao)等 | 洪水引发的<br>多米诺骨牌事故 | 基于洪水引发的多米诺骨牌效应的特点，将脆弱性模型、流量干扰模拟、升级概率估计和风险重组相结合，建立了综合分析程序 |
| 兰梦<br>(Lan Meng)等 | 飓风引发的<br>多米诺骨牌事故 | 提出了一种基于网络的方法来模拟多米诺骨牌效应。该方法采用了升级和概率阈值来降低计算复杂度 |
| 门金坤<br>(Men Jinkun)等 | 自然灾害引发的<br>多米诺骨牌事故 | 受多米诺骨牌链多源多层次传播模式的启发，提出了一种基于马尔可夫过程的事故传播模型，以应对自然灾害引发的多米诺骨牌链演化过程中存在的不确定性和复杂事故场景 |

# 第三章 自然灾害链风险管理

1987年12月11日，联合国第42届大会宣布1990年至2000年为"国际减轻自然灾害十年"（IDNDR），学术界、商界、政界以及非政府组织等积极展开了一系列关于灾害风险管理的研究与实践工作，建立了各种减灾和风险管理框架。本章将介绍国内外具有代表性的灾害风险管理框架，并在此基础上提出自然灾害链风险管理框架。

## 第一节 国际和有关国家自然灾害风险管理框架

本节将从国际和有关国家自然灾害风险管理框架两方面介绍，其中包括4个国际自然灾害风险管理框架和5个国家的自然灾害风险管理框架。在国际自然灾害风险管理框架中，首先最具代表性的是联合国举办的3次世界减轻灾害风险大会和《2015—2030年仙台减轻灾害风险框架》，这一框架为全球性的灾害风险管理和减灾提出倡议，代表了国际社会对减轻自然灾害风险的承诺和决心。其次是国际风险管理理事会（IR-GC）提出的灾害风险管理框架，这一框架汇集了各种风险管理方法和最佳实践，提供了一个全面、系统的灾害风险管理途径。再次是国际标准化组织（ISO）推出的风险管理国际标准ISO 31000《风险管理原则与实施指南》，这一标准提供了通用的风险管理框架和实施指南，旨在帮助组织有效地管理和减轻各种潜在风险。最后是亚洲减灾中心（ADRC）和联合国人道主义事务协调办公室（UN/OCHA）建立的全灾害风险管理框架（TDRM），这一框架强调在灾害风险管理中采取全面、整体的方法。此外，有关国家也在实践中推动灾害风险管理框架的建立与应用。一是美国联邦应急管理局（FE-MA）制定并实施了危害识别和风险评估（Threat and Hazard Identification and Risk Assessment，简称THIRA）框架，这一框架强调跨部门、跨领域的协作，以及在灾害风险管理全过程中公众的参与。二是澳大利亚、新西兰建立了《澳大利亚–新西兰风险管理标准》（AS/NZS 4360），并在滑坡灾害中应用，这一框架提供了针对特定灾害类型的风险评估和管理方法，具有较强的实用性和针对性。三是德国技术合作公司提出的以风险评估为核心的灾害风险管理框架，强调在灾害风险管理全过程中风险评估的重要性，并将风险评估贯穿于整个管理过程。四是加拿大温哥华滑坡风险管理国际会议中提出的温哥华滑坡风险管理框架，这一框架明确了应对滑坡灾害的风险管理框架。五是中国学者提出的具有代表性的综合灾害风险防范模式，这一模式强调跨部门、跨领域的综合协调，以实现对灾害风险的有效管理和预防。

# 一、国际自然灾害风险管理框架

## （一）世界减灾大会与仙台减灾框架

自20世纪末以来，联合国一直在积极推动国际减灾的进程。1987年12月11日，联合国第42届大会宣布从1990年到2000年为"国际减轻自然灾害十年"（IDNDR）[①]。为了实现国际减灾十年的目标，联合国于1994年召开了首届世界减少灾害风险大会（简称"世界减灾大会"），并制定了《让世界更安全的横滨战略与行动计划》（Yokohama Strategy and Plan of Action for a Safer World）[②]，呼吁动员各种可用的资源进行减灾。在国际减灾十年结束后，联合国又推动了"国际减灾战略"（International Strategy for Disaster Reduction，简称ISDR）[③]，目的是构建一个能够应对风险的社会系统，提升社区的减灾意识和抵御风险的能力，从而降低自然灾害以及相关技术和环境因素对人类社会的影响。在评估横滨战略与行动计划的执行情况后，第二届世界减灾大会通过了《2005—2015兵库行动纲领：加强国家和社区的抗灾能力》（简称《兵库行动框架》），明确提出要将减灾和综合风险防范与可持续发展紧密结合，并关注全球气候变化背景下灾害风险的增长趋势及其对全球可持续发展目标的负面影响。2015年，第三届世界减灾大会制定了《2015—2030年仙台减轻灾害风险框架》[④]（简称《仙台框架》），作为《兵库行动框架》的延续，这一框架充分借鉴了先前框架的经验与原则，确定了2015—2030年减灾工作四个方面的优先行动领域，包括更好地理解灾害风险、强化灾害风险治理与管理、投资以减少灾害风险提高抗灾能力和加强灾前准备。三次世界减

---

① "International Decade for Natural Disaster Reduction," UNDRR, accessed January 26, 2024, https://www.undrr.org/publication/international-decade-natural-disaster-reduction.

② "Yokohama Strategy and Plan of Action for a Safer World: guidelines for natural disaster prevention, preparedness and mitigation," UNDRR, accessed October 25, 2023, https://www.ifrc.org/Docs/idrl/I248EN.pdf.

③ "UN International Strategy for Disaster Reduction (UNISDR)," Department of Economic and Social Affairs, accessed October 25, 2023, https://sdgs.un.org/statements/un-international-strategy-disaster-reduction-unisdr-8377.

④ "Sendai Framework for Disaster Risk Reduction 2015-2030," UNDRR, accessed October 25, 2023, https://www.undrr.org/publication/sendai-framework-disaster-risk-reduction-2015-2030.

灾大会的基本情况见表3-1。

**表3-1　世界减灾大会简介**

| 会议名称 | 第一届世界减灾大会 | 第二届世界减灾大会 | 第三届世界减灾大会 |
|---|---|---|---|
| 时间 | 1994年 | 2005年 | 2015年 |
| 地点 | 日本横滨 | 日本神户 | 日本仙台 |
| 参会人数 | 2000多人 | 4000多人 | 6000多人 |
| 行动框架 | 《让世界更安全的横滨战略与行动计划》 | 《2005—2015年兵库行动纲领：加强国家和社区的抗灾能力》 | 《2015—2030年仙台减轻灾害风险框架》 |
| 执行机构 | 国际减灾十年秘书处（1999年前）；联合国国际减灾战略（UNISDR）秘书处（1999年后） | 联合国国际减灾战略（UNISDR）秘书处 | 联合国减灾署（UNISDR） |

　　与第一届世界减灾大会提出的《让世界更安全的横滨战略与行动计划》和第二届世界减灾大会提出的《兵库行动框架》相比，第三届世界减灾大会提出的《2015—2030年仙台减轻灾害风险框架》在多个方面取得了显著进展。首先，它明确了2015—2030年的预期成果。其次，该框架确定了7个量化目标，以及理解灾害风险、强化灾害风险治理与管理、投资以减少灾害风险和提高抗灾能力、加强灾前准备等4个优先行动领域。框架更为简明扼要、重点突出，并具有前瞻性，同时强调操作性，为实施提供了明确的指导方针和目标。因此，这一框架在推动国际减灾工作方面具有更大的实际效用和指导意义。

　　其中，《仙台框架》特别指出加强灾害风险治理和管理灾害风险是接下来的优先领域之一。2023年，《2015—2030年仙台减轻灾害风险框架》中期审议高级别会议上通过的《政治宣言》再次强调，各国肩负着预防和减轻灾害风险的首要责任，全社会共同参与减灾规划具有重要意义。为了实现这一目标，该宣言敦促各国进一步加强国家多灾种风险治理，支持地方政府制定减灾战略，确保灾害风险治理得到法律和监管框架的支持。同时，在减灾政策规划的制定和实施过程中，需要促进充分、平等、切实、包容的多方参与。此外，该宣言还强调将减灾纳入其他相关政策领域的执行工作，并在各级推广基于自然和生态系统的解决方案。总之，为了实现减轻灾害风险的目标，各国需要进一步加强合作，共同承担责任，制定有效的减灾战略和政策，并确保全民共同参与减灾规划的实施。

　　此外，为了进一步贯彻落实减灾大会提出的框架，推动各方加强交流与合作，提升综合灾害风险防控能力，联合国国际减灾战略秘书处于2007年6月5日至7日在日内瓦召开了一次成员国代表会议，探讨建立减轻灾害风险全球平台（Global Platform for Disaster Risk Reduction，简称GPDRR）。该全球平台自2007年建立以来，相关组织已经举行了7届会议。2022的会议议程围绕《仙台框架》的目标、行动重点和具体目标任务展开，参考了前一届全球平台在2019年瑞士日内瓦召开时确定的关键优先事项，以及区域平台会议产生的关键优先事项。会议的主要任务之一是评估《仙台框架》的执行情况，为政策制定者提供可行的建议，同时强调优秀实践并提高公众认识水平。此外，该全球平台对于《仙台框架》政府间中期审查具有积极推动作用，有助于以风险感知的方式实施和监测当前的《仙台框架》。该全球平台的主要目标是鼓励个体更深入地参与，分享经验，并对联合国国际减灾战略的实施提供指导；同时，该全球平台致力于将相关的区域会议和减灾进程有机地整合到其框架内。这一综合性的全球平台为促进知识共享、战略协同和实践一体化提供了有力支持，有助于加强全球减灾网络建设，更好地应对不断增加的自然和人为灾害风险。

## （二）国际风险管理理事会（IRGC）灾害风险管理框架

国际风险管理理事会（IRGC）在2005年的《风险治理白皮书》中首次提出了IR-GC模型，也就是IRGC风险分析框架[①]（见图3-1）。该框架注重对多种风险的识别，采

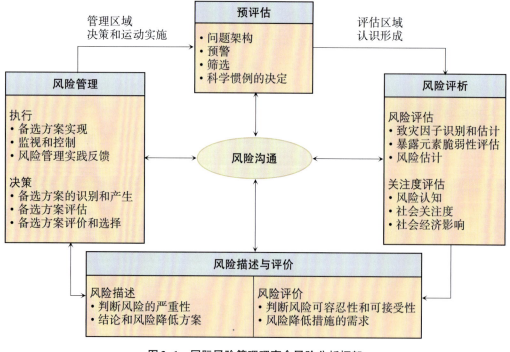

图3-1　国际风险管理理事会风险分析框架

---

① "IRGC Risk Governance Framework，"IRGC，accessed October 25，2023，https://irgc.org/risk-governance/irgc-risk-governance-framework/.

用跨学科和一体化的方法进行风险治理，并重视风险沟通和各利益相关者的积极参与。自 2005 年发布以来，IRGC 风险分析框架已在多个领域得到广泛应用，成为一种跨越边界、全面整合的风险治理方法。

国际风险管理理事会提出了一个具体的风险管理框架，该框架包括五个相互关联的阶段：预评估阶段、风险评析阶段、风险描述阶段与评价阶段、风险管理阶段和风险沟通阶段，同时重视利益相关者的参与。这五个阶段可以分为两个主要部分：评估区域和管理区域。评估区域的核心是风险评析，包括风险评估与关注度评估。下面分别介绍这五个阶段和利益相关者参与的具体内容。

### 1. 预评估阶段

在对风险相关活动进行系统审查时，首先要对社会参与者的风险认知进行分析。这些社会参与者也可以称为利益相关者，如政府、企业、科学界和公众等。这一过程被称为风险架构，它在预评估阶段发挥着重要作用。风险架构涉及对与风险主题相关问题进行筛选和阐释。在建立风险架构的过程中，不同参与者的观点可能存在差异，甚至可能发生冲突，因此，预评估阶段的一个重要环节是不同利益相关者对同一风险的理解达成共识。举例来说，对于纳米技术，不同利益相关者有不同的看法，一部分人认为纳米技术将在医学、环保、国防等领域具有重要应用价值，而另一部分人则对纳米技术可能对环境和人类健康造成的风险表示深切关注，甚至认为纳米技术与核技术和转基因产品一样，具有全球性的风险。

其次是预警和监控。即使在风险架构方面已有共识，监控风险信号仍可能面临问题。这往往源于体制原因，导致风险信号的供给、收集、解释和沟通不足。

再次是风险信息的筛选和分流。在多数风险管理流程中，根据风险信息的不同，会选择不同的评估和管理路径。在企业风险管理流程中，风险经理通常会寻找最高效的应对策略，如制定优先政策、规范类似风险应对方式以及建立最佳的降低风险的保险措施。相对而言，公共风险管理者的常用方法是预筛选，即将风险分配给不同机构或采用特定程序进行处理。这两者在风险管理策略上存在显著差异，公共风险管理者更注重预防和风险的预先分配。在某些风险程度较低的情况下，可能不需要进行风险评估和关注度评估。而在紧急情况下，有可能会先实施风险管理措施，然后再进行评估工作。

### 2. 风险评析阶段

风险评析（Risk appraisal）是风险描述和评价的信息，为风险管理系统所需的知识及信息。除了科学意义上的风险评估结果，还需要收集风险感知信息、风险的直接后果及其社会影响、社会反应等信息，以深刻理解不同利益相关者和公共机构的关注点，其中包括某种行为是否可能引发社会的反对和抗议。因此，风险评析包括两个主要方面：风险评估和关注度评估。在国际风险管理理事会模型的风险管理流程中，除了风险评估，还纳入了社会科学和经济学的评估内容，与传统的风险管理模型有所不同。

（1）风险评估

风险评估的目的是确定并量化风险结果（通常是不期望的）的种类、程度和发生概率。该过程会根据风险源和组织文化的差异开展三个基本评估工作部分：识别和评估致灾因子、评估暴露和脆弱性以及估计风险（见图3-2）。风险评估需要系统地运用各种不断完善的分析方法，尤其是概率分析方法，得到以概率分布形式表达的风险估计值。

（2）关注度评估

国际风险管理理事会在其风险管理框架中，特别强调关注度评估的重要性。不仅评估风险的物理属性，更深入地评估探讨不同个体和社群对风险的独特认知和情感反应。这提醒决策者，在制定策略时，必须充分考虑到各类人群对风险的差异化理解。关注度评估的核心在于识别与风险评估个体和社群的关切点之间的关联。这不仅涉及对风险的经济和社会影响的研究，还特别强调财政、法律及社会层面的考量。这些影响有时会被放大，超越了风险的初始效应，这种现象被称为"风险的社会放大效应"。风险的社会放大效应描述了公众对风险或风险相关活动的关注如何导致风险的严重性被过高估计或低估的现象。这一概念进一步揭示了灾害事件与心理、社会、制度和文化因素之间的复杂互动，这些因素共同塑造了人们对风险的感知。此外，风险行为不仅对健康和环境产生直接影响，还可能引发一系列次生社会和经济后果。这些后果远比表面看起来复杂，可能导致如债务累积、非保险成本增加以及对制度失去信心等连锁反应。

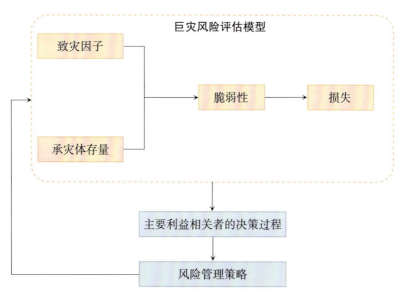

图3-2 巨灾风险评估模型

### 3. 风险描述与评价阶段

风险评估完成后，风险管理者需将结果分为三类：无法容忍、可以容忍和可以接受。无法容忍的风险一旦发生，会造成难以承受的社会和民众损失，因此应尽量避免或降低其危害。可以容忍的风险可以在控制范围内进行减缓或处理。可以接受的风险由于很低或可以忽略，因此无须过多努力去减少。

在评估风险的可容忍性和可接受性时，需要经过风险描述和风险评价两个关键阶段。风险描述阶段基于确凿证据来确定风险的可容忍性和可接受性，这是建立在实际数据和事实基础上的；而风险评价阶段则涉及价值导向的判断。在风险描述阶段，对于风险的估计、剩余不确定性以及潜在结果的考量是必不可少的。这些因素直接影响风险的可容忍性和可接受性，并需据此提出相应的应对策略。对于任何风险的评估，都需要深入探究其可能产生的社会和经济影响，并考虑这些影响在不同发展措施下的变化。风险评价的主要目标是明确风险的可容忍性和可接受性。为了实现这一目标，我们需要进行利弊权衡，评估风险对生活质量的影响，并在此基础上讨论不同经济和社会发展措施的优缺点。此外，观点和证据的权衡也是风险评价过程中不可或缺的一环，这有助于我们作出更加全面和客观的决策。需要指出的是，虽然在功能上有区别，但风险描述与风险评价在组织上并不完全分离。事实上，这两个阶段是密切相关、相互依赖的，将它们结合起来可能更加合理。

**4. 风险管理阶段**

风险管理，其实质是设计风险管理措施与方案，评估备选方案，调整人们的行为或社会结构，以实现增加社会净收益和防止对人类生命财产造成危害的目标。其主要步骤如下：

（1）制定风险管理备选方案，包括风险规避、风险转移和风险自留等方案；

（2）按照预先设定的标准对风险管理备选方案进行评估，考虑每个方案可能导致的期望和非期望的结果，遵循有效性、效率、最小化外部负面影响等标准；

（3）评价风险管理备选方案，整合执行方式与价值判断的证据，需要专家和决策者紧密合作；

（4）选择风险管理备选方案，根据方案的优势作出决策或在方案之间进行权衡；

（5）实施风险管理备选方案；

（6）监测备选方案的实施效果。

**5. 风险沟通阶段**

风险沟通在处理风险的过程中扮演关键角色。它确保所有利益相关者和公民社会团体理解风险的管理方式、决策流程和结果。同时，在涉及利益和价值观方面，风险沟通能够提供有效信息，平衡现实中的冲突。有效的风险沟通有助于培养包容冲突的观念，为解决问题提供基础，并建立信任的制度性工具。此外，它不仅确保与利益相关者和公民社会团体的良好沟通与理解，还能帮助风险评估者、管理者、科学家和政策制定者掌握和理解外部的声音和关切。因此，风险沟通是一项重要工作，它不是在管理者完成风险评估和决策，得出结论后才试图说服和教育公众，而事实上，这种非沟通的态度往往是引发冲突或不信任的根源。

**6. 利益相关者的参与**

国际风险管理理事会（IRGC）特别重视利益相关者和公众团体的积极参与，认为这种参与对于提高风险决策的合法性和质量至关重要。IRGC认为，风险决策不应仅由专家或决策者单方面作出，而应由所有受影响的利益相关者和公众团体共同参与。针对不同的风险问题，IRGC采取相应的合作策略。对于单一的风险问题，IRGC运用工具性论述来影响利益相关者，使他们合作解决风险问题。通过特定的目的或解释性的论述观点，为参与者的判断和合作提供基础。对于复杂的风险问题，IRGC认识到处理这些问题的复杂性，采取一种更为深入的认识论论述方式。由于风险问题往往涉及多个学科领域和多个利益相关者，具有不确定性，因此需要综合考虑多种观点和信息。IRGC鼓励科学专家和公众的参与，通过不同观点的碰撞和交融，更全面地理解风险的复杂性和治理目标的多元性。这种参与方式有助于打破学科壁垒，促进跨学科合作与交流，从而更准确地识别和评估风险。对于高度不确定性的风险问题，人们在未知或高度不确定的状态下难以判断，因此IRGC需要集体反思和反省，用反省性论述来决定何种安全程度或不确定性和忽略程度是可接受的。针对高度模糊的风险问题，由于科学解释与价值观念之间存在冲突，对这类风险问题进行评估和管理的决策更加困难。IRGC采用参与式的论述方式，旨在寻求多元共识、比较风险与收益，并平衡各方正反意见。这一方法的核心在于促进广泛的参与和合作，确保利益相关者和公众能够充分参与风险决策过程。为了实现这一目标，IRGC采取了一系列参与管理的方式，其中包括公民讨论小组、公民陪审团、共识会议和市民监督委员会等。这些参与方式为利益相关者和公众提供了一个平台，使他们能够充分表达自己的观点、经验和需求。

综合而言，IRGC的风险治理框架是一个完整的系统方案，其中每个阶段之间相互影响和相互制约。通过遵循这一框架，组织可以更加科学、系统和有效地管理风险，降低潜在风险的影响，并为组织的可持续发展提供保障。

## （三）国际标准化组织（ISO）灾害风险管理框架

为了提高组织管理风险的效率和效果，国际社会开始在风险管理领域建立统一的术语和流程。在这一背景下，国际标准化组织（ISO）于2005年9月成立了技术管理局风险管理工作组，并于2009年11月发布了首个ISO 31000《风险管理指南》。该版本指南在国际上受到广泛认可，被学界公认为现代风险管理理论的典范，许多国家以此为基础制定了本国的风险管理框架。该指南的目标是制定一套适用于各类规模和类型组织的指导文件，旨在规范风险管理活动，并推动组织全面开展风险管理工作。通过提升风险管理意识，优化资源配置和利用，该指南期望能够降低组织面临的风险损失，并增强组织的生存和持续发展能力。2018年2月15日，国际标准化组织发布了最新版本的风险管理标准，即 ISO 31000《风险管理指南》（*Risk management-Guidelines*）[①]。新版本的《风险管理指南》考虑了各国在经济、社会、技术等各方面出现的变化，尤其是新兴风险的涌现，提出了新的改革思路，对原有风险管理体系的许多内容进行了重大改革。这一更新有助于确保风险管理标准与时俱进，适应不断变化的全球风险环境，提高组织的风险管理能力。

ISO 31000《风险管理指南》强调风险管理的目标在于创造和保护价值。它指出风险管理有助于提升绩效、激励创新并支持组织目标的实现。该指南包含八项原则，包括整合性、结构化和全面性、定制化、包容性、动态性、最佳可用信息、人和文化因素以及持续改进。这些原则为风险管理提供了指导，明确了风险管理的意图、目的和价值。这些原则是风险管理的基础，有助于了解组织管理不确定性对目标的影响，应在确立组织风险管理框架和过程时考虑。ISO 31000《风险管理指南》构建的风险管理框架将政策、程序和实践应用于沟通和咨询，涵盖了环境和评估、应对、监督、审查、记录、沟通和报告风险等多个方面，具体可见图3-3。

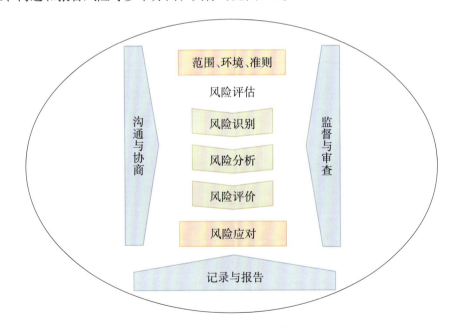

**图3-3　国际标准组织风险管理框架**

---

① "ISO 31000: 2018（en），Risk Management-Guidelines，"ISO，accessed October 25，2023，https://www.iso.org/standard/65694.html.

**1.沟通与协商**

沟通与协商在风险管理中扮演着至关重要的角色。它们是利益相关方了解风险、进行决策和采取行动的关键手段。沟通与协商的目的各有侧重。沟通旨在确保信息的真实、及时、相关、准确且易于理解，从而促进各方之间的理解和共识。协商咨询则更注重获取专业意见和建议，以支持决策的制定和实施。为了实现这些目的，沟通与协商应当密切协调，确保信息的连贯性和一致性。在沟通与协商的过程中，还需要注意信息的保密性和完整性。某些信息可能涉及机密或敏感内容，需要采取适当的措施予以保护。同时，为了确保信息的准确性和可靠性，应当采取适当的措施保障信息的完整性，防止信息被篡改或破坏。此外，个人的隐私权也是值得关注的重要方面。在沟通与协商过程中，应当尊重个人的隐私权，避免收集、使用或披露个人敏感信息，除非有明确的法律或伦理依据。应在风险管理的各个步骤和整个流程中，保持与内外部利益相关方的沟通和协商。沟通和协商的目的有以下几点：

（1）为风险管理流程的每一步提供不同领域的专业知识。

（2）在确定风险准则和评估风险时，考虑不同的观点至关重要。这是因为风险是一个复杂的概念，涉及多个因素和不同的利益相关方。考虑不同的观点有助于全面地理解风险，并制定更公正、合理和有效的风险准则和应对策略。

（3）提供促进风险监督和决策的信息。

（4）在受风险影响的利益相关方中建立包容性和责任感。

**2.范围、环境和准则**

为了实现有效的风险评估和风险应对，需要有针对性地设置风险管理流程，而确定范围、环境和准则正是为了实现这一目标。范围、环境和准则的设定涉及明确定义流程的范围并全面理解内外部环境。在风险管理中，组织需要明确界定风险管理活动的范围，以确保风险管理流程能够全面覆盖各个层面，包括战略、运营、计划、项目和其他相关活动。界定风险管理活动的边界，明确考虑的范围、相关目标以及与组织目标的协调一致性。同时，还应充分考虑外部和内部环境对风险管理流程的影响。外部环境包括政策法规、市场竞争、技术发展等方面，而内部环境则涉及组织结构、资源分配、企业文化等方面。对内外部环境的深入理解有助于组织更好地制定和实施风险管理策略，确保风险管理流程与组织的实际运营情况相匹配。在确定风险管理流程的环境时，组织应根据对内外部环境的综合分析，明确风险管理流程所适用的具体活动和情境。这一过程需要综合考虑组织的战略目标、特点以及风险偏好等因素，以确保风险管理流程的针对性和有效性。

除了明确风险管理活动的范围，组织还应确定自身所承担的风险数量和类型。针对不同风险，组织需要设定评估其重要性的标准，以便在决策过程中提供明确依据。

这些评估标准应直接关联到组织的目标，确保风险管理策略与组织战略方向紧密相连。风险准则的制定应与组织的风险管理框架相协调，确保准则能够在各种风险管理活动中得到一致应用。同时，风险准则应根据具体活动的目的和范围进行个性化设计，确保其在实际操作中的有效性和实用性。此外，风险准则还应深刻反映组织的价值观、目标和资源状况。组织的价值观和目标为风险管理提供了基本导向，而资源状况则决定了组织风险管理的实际能力。因此，风险准则的制定应综合考虑这些因素，确保其既符合组织的文化理念，又能适应组织的实际风险管理需求。同时，风险准则还应与组织的风险管理政策和声明保持高度一致。风险管理政策和声明是组织对风险管理的总体规划和要求，为风险管理活动提供了基本遵循。风险准则作为风险管理政策和声明的具体体现，应确保其内容和精神与风险管理政策和声明保持一致，共同构建组织完善的风险管理体系。此外，风险准则是动态的，应在风险评估流程开始时制定，必要时应不断审查和修订。

**3.风险评估**

风险评估是一个系统性过程，包括风险识别、风险分析和风险评价三个关键步骤。在开展风险评估时，应充分借鉴利益相关方的知识和观点，确保评估过程的系统性和持续性，并促进多方协作。风险识别是评估过程的起始阶段，主要任务是发现、识别和描述潜在的风险源。在这一阶段，关键是要确保风险来源不受组织控制，并全面考虑各种可能的风险表现形式及潜在后果。通过风险识别，组织能够全面了解自身所面临的风险状况，为后续的风险管理提供基础。风险分析的目标是深入了解风险的性质和特征，包括不确定性、后果、可能性和事件情景等。根据评估的目的、可用的信息和资源，风险分析可以采用不同的技术方法，包括定性分析、定量分析或混合方法。通过风险分析，组织能够更准确地了解风险的性质和影响程度，为制定有效的风险管理策略提供依据。风险评价是在完成风险分析和风险识别之后进行的，旨在支持决策过程。在这一阶段，将风险分析的结果与既定的风险准则进行比较，综合考虑更广泛的环境和背景情况，以及利益相关方的影响。评价结果应在组织内部的相应层级进行记录、传达和验证，以确保风险管理策略的有效性和可行性。通过系统化、持续优化的风险评估过程，组织能够全面了解自身所面临的风险状况，制定科学的风险管理策略，并有效降低潜在风险对组织目标的影响。同时，借助利益相关方的知识和观点，以及准确的信息和深入的调查，组织能够提高风险评估的准确性和可靠性，为风险管理提供有力支持。

**4.风险应对**

风险应对的主要目标是选择并实施最适合的风险应对策略。在挑选最佳方案时，组织需权衡潜在收益与实施成本及潜在的不利因素。值得注意的是，各种应对方案并非相互排斥或完全适用。即使经过精心设计和实施，风险应对方案仍可能无法达到预期效果，甚至产生意想不到的后果。因此，监督和审查是风险应对实施过程中不可或缺的一部分，以确保各种应对方案持续有效。此外，风险应对可能引发新风险，需加以管理。

风险应对计划旨在清晰阐述如何执行选定的对策方案，以确保相关人员了解计划细节并进行监测。风险应对计划应当具体规定实施风险应对方案的步骤和顺序。在策划过程中，应与利益相关方进行充分咨询，并将其整合到组织的管理计划和流程中。

**5.监督和审查**

监督与审查主要目标是确保风险管理流程设计和实施的有效性。为了实现这一目标，组织在规划风险管理流程之初就应考虑持续监督和定期审查的安排，并明确相关职责。持续监督与定期审查有助于确保风险管理流程的准确性和一致性。通过监督流程的各阶段，包括计划、信息收集与分析、结果记录及反馈等环节，组织能够及时发现潜在的问题和偏差，并进行相应的调整和优化。这种监督与审查机制能够促进风险管理流程的不断改进和优化，从而提高组织的抗风险能力。明确相关职责是监督与审查机制的关键要素之一。组织应确保每个环节都有明确的责任人，并确保他们具备足够的权限和资源来履行职责。同时，组织还应建立健全沟通机制，以便相关责任人之间能够及时传递信息、协作解决问题。监督与审查的结果应被纳入组织绩效的管理、评估及报告活动中。通过将监督与审查结果与组织绩效挂钩，组织能够更好地衡量风险管理流程的有效性，并为改进和优化流程提供依据。此外，这些结果还可以作为组织决策的重要参考，帮助组织更好地应对风险，提高整体运营水平。

**6.记录和报告**

为确保风险管理的流程及成果得以完整记录与汇报，应建立适当的记录机制。在制定记录与报告决策时，需充分考虑信息的敏感性及组织内外的环境因素。报告作为组织治理的关键环节，在提升与利益相关方的沟通质量和支持高级管理层及监督机构履行职责方面发挥着不可替代的作用。通过加强报告的透明度、准确性和及时性，组织能够建立起与利益相关方之间的互信关系，并确保监督的有效性和决策的科学性。这有助于提高组织的整体运营水平和社会声誉，实现可持续发展目标。

## （四）全灾害风险管理框架（TDRM）

亚洲减灾中心（ADRC）与联合国人道主义事务协调办公室（OCHA）共同构建的全灾害风险管理框架（TDRM）[①]是结合多年来在亚洲等地区积累的减灾经验所制定的。

---

① "Participation in the APEC Vietnam Workshop," ADRC, accessed October 25, 2023, https://www.adrc.asia/project/.

该框架主要基于两点原则：一是全面考虑所有利益相关方，强调在灾害风险管理过程中融入各方的观点和需求，包括政府、社区、非政府组织、企业和居民等；二是将灾害风险管理贯彻到全程，全灾害风险管理框架视灾害风险管理为一个连续且跨阶段的过程，涵盖预防/减灾、备灾、应急响应和恢复/重建四个环节，而且这些环节构成一个循环，在风险管理的整个周期内持续应用。

全灾害风险管理框架认为，灾害风险管理进程是制定良好决策并确保有限资源得到最佳利用的过程。它把风险管理的标准原则、过程和技术应用到灾害管理。该框架将灾害风险管理分为六个步骤（见图3-4）：

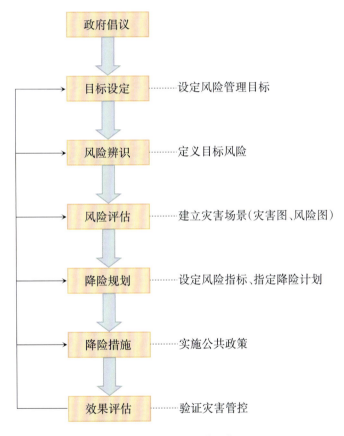

**图3-4　全灾害风险管理框架**

**1.政府倡议**

灾害风险管理始于强有力的政府倡议。

**2.目标设定**

风险管理指导方针应反映保护生命和财产免受自然灾害影响的社会需求，并应明确通过实施风险管理系统所要达到的目标。这些目标还包括中央和地方政府以及其他非政府组织的承诺。

**3.风险识别**

在风险识别过程中，根据以往的灾害经验以及在国内和其他国家的灾害事件中观察到的损失和严重程度，将目标风险分离出来。由于需要应对的风险具有很大的不确定性，容易被忽视，因此应与专家合作，采用多种不同的方法进行风险识别。

**4.风险评估（风险分析）**

风险评估是为了估算自然灾害可能造成的定量损失及其对社会的影响。如果无法进行定量估算，则通过定性评估对风险进行排序。风险评估一般由技术人员或工程师进行评估。根据评估的损失情况制定灾害情景。

**5.规划**

通过评估制定具体的目标和政策，明确需要管理的目标风险（如灾害类型、需要保护的区域），并制定有效的应对措施。在这一过程中，要确定目标风险标准、预算、项目期限和优先事项。然后制定灾害风险管理总体计划，并充分考虑总体计划内容的连续性、适当的程序、审查机制和责任分配等问题。

**6.应对措施（风险处理）**

在此过程中，根据政策执行对策。灾害风险管理对策包括四个要素：风险规避、风险降低、风险转移和风险保持。这些对策是根据总体规划制定的公共政策。政策应向公众公开，以增进政府与公民之间的相互理解（风险沟通的必要性）。

**7.评估/重新审查**

需要对风险管理的绩效（即计划和对策的执行情况）和效果（如目标的实现、整个项目及其组成部分的有效性）进行评估。例如，对风险标准的评估对于确认成果非常重要。在这一过程中，关键是要不断审查风险识别和评估过程，以便针对环境、地理特征、社会结构、地方和其他因素的频繁变化采取适当的对策。

## 二、有关国家自然灾害风险管理框架

### （一）美国危害识别和风险评估（THIRA）框架

1996年，美国联邦应急管理局（FEMA）提出建设减灾型社区[1]。这一举措是在美国经历了一系列自然灾害，如雨果飓风、安德鲁飓风和西部洪灾后的回应。这推动了社区灾害风险管理的发展。然而，2005年卡特里娜飓风的严重灾难揭示了社区与政府在救灾和恢复方面合作的不足，这导致一些社区在五年后仍未完全重建。为了提高社

---

[1] "Planning Guides", FEMA, accessed October 25, 2023, https://www.fema.gov/emergency-managers/national-preparedness/plan.

区的应急能力，美国在2011年提出了全社区应急管理模式。该模式强调了多种灾害类型的风险，并特别注重利益相关方的共同参与。FEMA的社区风险管理模式旨在帮助社区更好地了解和减轻灾害风险，同时提高应急响应和恢复的能力。这一方法强调了风险评估和社区参与的重要性，以确保社区在面对各种潜在威胁时能够更加自信和有准备。

在这一模式的基础上，FEMA进一步详细说明了社区风险管理模式，包括两个主要部分。其一是危害识别和风险评估（THIRA），这是一种风险评估方法，用于识别和分析社区面临的最重大的威胁和危害，以及制定应对这些威胁和危害所需的能力目标。社区需要识别可能对其造成威胁的各种自然和人为灾害，评估这些威胁的可能性和严重性，并确定可能的后果。这有助于社区制定相应的风险减轻计划，以应对各种潜在的灾害。其二是利益相关者准备审查（SPR），这一部分主要涉及对社区应急能力的分析。社区需要评估其现有资源、设施、人员和协作机制，以确定是否有能力应对各种灾害情景。此外，利益相关者准备审查还强调了利益相关方的参与，即社区成员、政府机构、非政府组织和私营部门等各方需要共同努力，以确保社区的综合应急能力。危害识别与风险评估框架有三个主要步骤（见图3-5）：

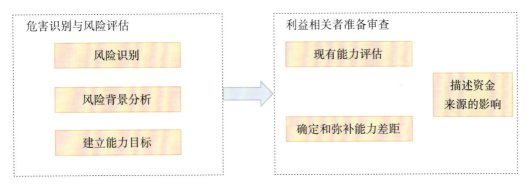

图3-5　美国社区风险管理框架

第一步是识别威胁和危害。这一步骤要求社区确定可能对其造成影响的自然、技术或人为的威胁和危害，并根据其发生的可能性和严重性进行优先排序。

第二步是描述威胁和危害的影响。这一步骤要求社区使用标准化的语言来描述每个威胁和危害可能导致的不同方面的影响，例如人员伤亡、基础设施损坏、经济损失等。

第三步是确定能力目标。这一步骤要求社区根据每个威胁和危害的影响，确定在预防、保护、缓解、应对和恢复五个任务领域中所需达到的32个核心能力的水平，并将其量化为具体的目标。

该框架还有一个可选的第四步，即估计所需资源。这一步骤要求社区估计实现每个能力目标所需的资源类型和数量，例如人员、设备、培训、资金等，并考虑现有资源和潜在缺口。

## （二）澳大利亚–新西兰风险管理标准（AS/NZS 4360）

澳大利亚–新西兰风险管理标准（AS/NZS 4360）[①]是于1995年发布的首个国家层面的风险管理标准，旨在为澳大利亚和新西兰的上市公司和私有企业提供统一的风险管理准则和协助。该标准的制定参考了1993年的《澳洲新南威尔士州风险管理指南》，两者在结构上具有相似性。AS/NZS 4360已经过多次修订，分别于1999年和2004年更新，已成为澳大利亚政府采用的标准。澳大利亚和新西兰的许多行业协会根据AS/NZS 4360标准和各自行业的特点，制定了适用于本行业的风险管理标准，提高了行业整体的风险管理水平。该标准的制定和应用为澳大利亚和新西兰的风险管理提供了一个重要的框架，有助于其更好地理解、评估和管理各种风险。

该标准尽可能选用在风险和风险管理学科中广为接受的术语，而那些在风险管理学科中含义稍有不同的词汇已避免使用，采用目前实际上可能不太常用，但可以被定义为具有精确的共通含义的词来代替。例如"风险处理"这一术语，其定义所涵盖的内容比"风险控制（Risk control）"这一术语的含义要多。

根据AS/NZS 4360标准，风险管理被视为一个系统化的过程，包括七个关键步骤：沟通和咨询、建立环境、风险识别、风险分析、风险评价、风险处置以及风险监控与回顾。这些步骤在机构的风险管理架构内相互关联，共同构成了整个风险管理过程（如图3-6所示）。

**1.通信和咨询**

在风险管理的每一步中，良好的内部和外部沟通至关重要。因此，在风险管理的初期阶段，组织应制定一个通信计划，以促进对风险本身及应对措施的更深理解。有效的内部和外部沟通可以确保风险管理的顺利实施。

**2.建立环境**

确立风险管理环境是整个风险管理过程的基础。主要工作包括：

（1）确定风险管理的战略、目标、范围以及管理团队及其职责。

（2）分析并确认与风险相关的各方，包括组织内的员工、管理者、志愿者，以及外部的商业伙伴、监管机构、环保组织、消费者和媒体等。

（3）制定风险评估标准。这是风险管理过程中至关重要的一环，包括风险承受能力和风险处置方式两个主要方面。这些标准受到技术、经济、法律、社会和操作可行

---

① "AS/NZS 4360（2004）：Risk Management,"Prevention Web, accessed October 25, 2023, https://www.preventionweb.net/publication/nzs-43602004-risk-management.

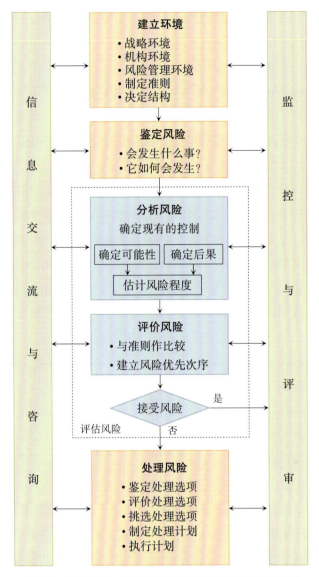

**图3-6　澳大利亚-新西兰风险管理标准（AS/NZS 4360）**

性的影响，并需根据企业的风险管理策略和目标进行调整。

（4）明确风险识别过程中的重要因素，通过将信息安全项目分解为一系列元素，使其更易于进行风险分析。确保全面考虑所有关键问题，以保证重大风险不被遗漏。

**3.风险识别**

为了进一步理解和处理关键要素，需要对风险进行全面的系统审查。这一过程的目标是识别特定事件，并生成详尽的安全事件清单，同时探究这些事件发生的原因。在风险识别过程中，可以采用多种专业方法，例如团队内部讨论、使用检查清单、借鉴过往项目经验、发放调查问卷以及进行系统工程分析等。团队内部讨论作为一种高效的风险识别手段，能够充分激发团队成员的创造力，并促使他们关注新出现的问题。

虽然使用检查清单相对简便，但其效用会随着时间的推移而降低，因此需要定期更新以覆盖所有潜在的风险。

**4. 风险分析**

风险分析的目标是区分可接受的小风险和不可接受的大风险，为随后的风险评估和处理提供数据支持。风险分析的内容涵盖安全事件的后果、风险发生的可能性和风险产生的影响程度，以及对现有管理措施和技术措施的安全性评估。

**5. 风险评价**

经过第四步的风险分析后，需将所得风险与第二步中确定的风险评估标准进行对比，以判定特定风险是否属于可接受范围，或是否需要采取额外的风险处置措施。借助风险评估的结果，建立一个包含不同等级风险的列表，对于低风险或可接受的风险，可采取最低程度的管理措施，但必须定期监测和复查，确保其风险水平一直在可接受范围内；对于不可接受的风险，必须采取降低风险或转移风险的应对措施。在评估风险时，务必综合考虑风险管理目标、管理成本，以及不采取任何处置措施可能带来的后果。

**6. 风险处置**

风险处置的目标在于采取适当的措施处理已经识别的风险，并根据可行性、成本以及风险管理目标选择最合适、最实际的方法，以将风险降低到可容忍的水平。处置方法主要包括：

（1）回避风险：采取积极的预防措施，以消除潜在风险。

（2）降低风险：减少安全事件发生的可能性或减轻其后果。

（3）转移风险：通过外包或保险转移责任。

（4）接受风险：明确组织能够承受的风险水平，无须进一步处理。

为确保风险处置的有效性，应制定详细的风险处置计划，明确责任人、时间表、预算以及预期处置效果等方面的内容。同时，还应建立一种机制，用于评估实施风险处置方法的性能标准、个人责任和其他目标。

**7. 风险监控与回顾**

随着环境的变化和新技术的应用，原先评估的风险可能会发生变化。因此，应定期对上述六个步骤的结果进行回顾和监控，以确保新风险的及时发现和管理，实现风险处置计划的执行以及管理者和利益相关方对当前状况的了解。定期公布风险相关信息有助于识别风险的演变趋势、潜在问题以及出现的任何其他变化。

这一风险管理框架在澳大利亚滑坡灾害风险管理中得到了实践应用。2000年，澳大利亚地质力学学会（AGS）提出了一个风险管理的框架（见图3-7）。该框架将风险管理划分为三个部分，即风险分析、风险评价与风险控制，并规定了相应的流程。首

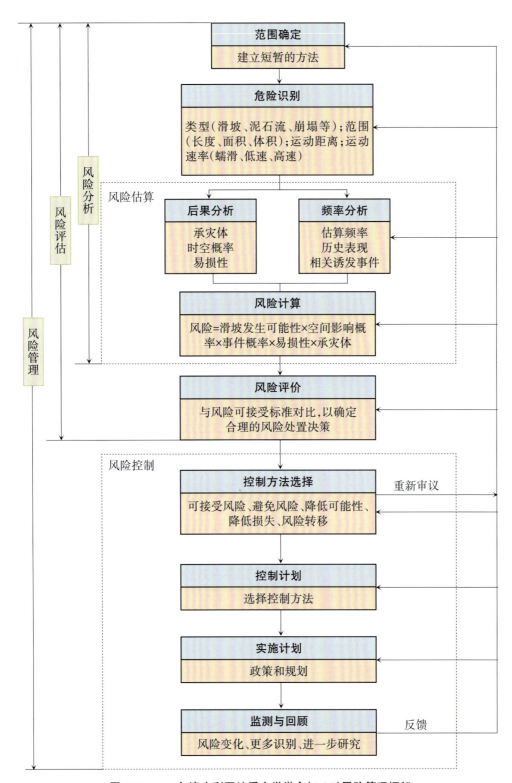

图3-7　2000年澳大利亚地质力学学会（AGS）风险管理框架

先，确定管理的范围，进行危险源的识别工作和风险估算。然后，进行风险评价，并根据评价结果采取相应的风险控制措施。

（1）明确范围。在进行风险分析前，首先需要明确分析的范围，以避免产生误解并确保分析的准确性。

（2）识别危险因素。在进行危险识别时，需要了解地质灾害的特征以及灾害发生过程中各阶段与地貌、地质、水文、断裂与滑动机制、气候和植被状况之间的关系。

（3）风险估算。风险估算包括频率分析、后果分析与风险计算三个部分，通过对这些方面的综合分析，可以更准确地评估风险。

（4）风险评价。风险评价是对比风险分析结果与价值判断和风险容忍标准的过程，旨在确定风险的可接受性。在评价过程中，需综合考虑政治、法律、环境、政策和社会等多方面因素，为决策提供依据。其主要目标在于确定是否接受或控制风险，并确定相应的优先级。在此基础上，将评价结果与可接受和可容忍的风险（涉及财产和生命安全）进行比较，探讨风险控制方案和风险管理流程。同时，还需要考虑风险叠加效应、风险局限性和效率等因素。

（5）风险控制。风险控制是评估过程的最后环节，标志着评估工作的完成。在这一阶段，决策者需决定是否接受风险或是否需要进行更深入的研究。风险分析可以为决策者提供背景资料和可接受的限制条件，但这些信息应作为参考而非强制性的依据。专家建议可以识别风险控制选项和方法。风险控制措施包括风险接受、风险规避、降低风险可能性、减少损失、风险转移以及延迟决策等。

## （三）德国技术合作公司（GTZ）灾害风险管理框架

德国技术合作公司（Deutsche Gesellschaft für Technische Zusammenarbeit，简称GTZ），是一家德国政府拥有的国际合作机构，专门从事可持续发展项目。GTZ灾害风险管理框架是一种用于评估和规划灾害风险管理措施的工具，旨在提高社区和机构的抗灾能力[1]。GTZ灾害风险管理框架包括以下四个步骤：

第一步，风险分析。这一步骤要求识别可能发生的灾害类型、频率、强度和影响范围，以及分析社区和机构的脆弱性和应对能力。

第二步，风险管理目标。这一步骤要求根据风险分析的结果，确定减少灾害风险和提高抗灾能力的具体目标和指标。

第三步，风险管理措施。这一步骤要求选择和设计适合当地情况和需求的风险管

---

[1] "Guidelines: Risk Analysis – A Basis for Disaster Risk Management (2004)," Deutsche Gesellschaft für Technische Zusammenarbeit (GTZ) GmbH, accessed September 1, 2024, https://www.unisdr.org/files/1085_enriskanalysischs16.pdf.

理措施，包括预防、减轻、准备、应对和恢复等方面。

第四步，实施和监测。这一步骤要求制定实施计划和监测机制，以确保风险管理措施的有效执行和持续改进。

GTZ灾害风险管理框架强调了风险评估的核心地位，并将风险概念贯穿于灾害管理的各个环节，包括防灾、减灾、备灾、恢复和重建，从而形成了一套完整的减灾方案和技术体系（见图3-8）。

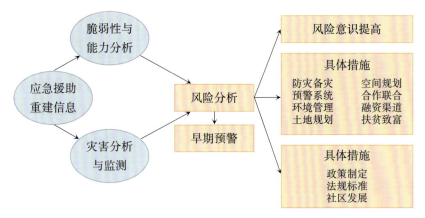

图3-8 德国技术合作公司（GTZ）灾害风险管理框架

## （四）温哥华滑坡风险管理框架

2005年，在加拿大温哥华召开的滑坡风险管理国际会议中，对滑坡风险管理的框架进行了进一步明确。会议提出，风险管理是由相互关联且部分重叠的三个过程构成的，分别是风险分析、风险评估和风险管理。将风险管理的流程划分为五个关键部分，分别是危险特征、危险性分析、风险分析、风险评价以及风险减缓和控制。该会议所提出的滑坡风险管理框架见图3-9。

在风险分析阶段，需要对危险性进行分析，包括描述滑坡的特性，如类型、位置、体积、速度和滑移距离，以及估计其发生的概率。同时，还需要进行结果分析，识别并量化可能受到影响的承灾体（包括财产和人口），评估其在时间和空间上的概率和易损性。

风险评估是风险分析的后续步骤，当明确了风险的大小后，需要将其与风险可接受标准、风险允许标准和不可接受标准进行比较，以判断是否可以接受这种风险或需要采取何种程度的措施来应对。

最后，根据风险评估的结果，需要制定相应的风险管理策略，可能包括建立持续的监测和预警系统，制定撤退方案或采取其他措施转移风险。还需要考虑如何降低风险发生的可能性，减轻风险发生后的后果，并制定一套缓解风险的方案以及可以实施的调整控制措施。此外，对风险结果的持续监测以及根据需要进行反馈和复查也是风险管理的重要环节。

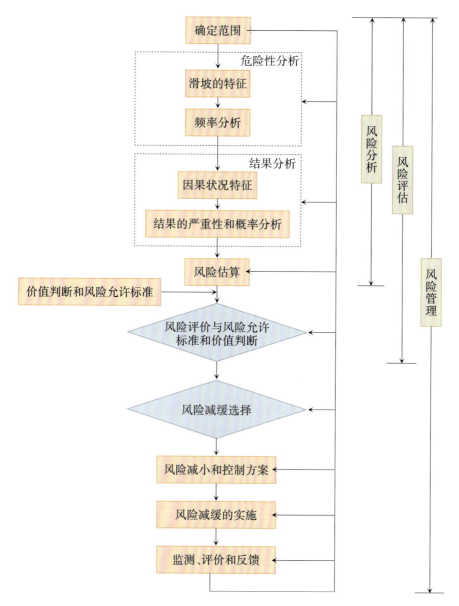

图3-9　2005年加拿大温哥华滑坡风险管理国际会议
提出的风险管理框架

## （五）中国综合灾害风险防范模式

针对不同灾害类型，国内学者开展了大量有关灾害风险管理的研究与应用工作。其中，具有代表性的有史培军提出的综合灾害风险防范模式、黄崇福提出的综合风险管理梯形架构和张茂省提出的地质灾害防治管理框架等。

**1.综合灾害风险防范模式**

史培军等[1]认为，为了应对全球变化引起的灾害风险，需要在纵向和横向两个维度深化对区域灾害形成机制的理解。在纵向维度上，需要全面了解灾害风险的产生和扩散过程，从区域到全球范围，构建一个综合的灾害风险防范体系。在横向维度上，需要整合政府、企业和社区等各方资源，构建一个涉及利益相关者共同参与的风险防范系统。通过整合这两个维度的过程和机制，可以形成一种集综合灾害防范体系和系统为一体的地方、区域和全球综合灾害风险防范模式，更有效地应对全球变化带来的灾害风险。

图3-10呈现了综合灾害风险防范模式，该模式从时空、属性、机构和管理等多个方面揭示了综合灾害风险防范的复杂性。在空间层面，图中清晰划分了高风险、中风险和低风险的区域；在时间维度上，需要考虑灾前、灾中和灾后不同阶段的特征；在属性维度上，需要关注灾害区域、受灾民众和具体灾情的关联；从机构角度看，应明确政府、企业和社区在减灾中的作用；在管理层面，需明确中央、部门和地方的责任。综合灾害风险防范模式将这些相关要素有机地结合起来，形成强大的协同效应，最大限度地提高减灾资源的利用效率和效益。

综合灾害风险防范模式致力于构建一个分工明确、全面覆盖的"纵向到底、横向到边"的一体化模式，从灾害风险管理的角度进行优化。该模式强调灾前、灾中、灾后连续的统筹规划，实现"备灾、应急与恢复重建"的一体化，确保对灾害的有效响应。此外，该模式着眼于整合政府、企业和社区的减灾资源，构建"能力建设、保险与救助"的一体化模式，以提升灾害恢复力。其核心在于促进政府、企业与社区形成减灾的凝聚力，进而协同作战，共同提升灾害应对能力。

**2.综合风险管理梯形架构**

黄崇福提出的综合风险管理框架，旨在提升风险管理中的合作效率，构建对风险保持警觉的工作团队，并创造一个环境以促进风险科学和技术的创新。该框架旨在分担风险、确保行动合法性，以保护公众利益、维护公共信任并确保相关组织或个人恪尽职守。基于此框架，黄崇福提出了综合风险管理的梯形架构（见图3-11）。该架构从上至下由风险意识块、量化分析块和优化决策块构成[2]。

---

① 史培军、邵利铎、赵智国,等:《论综合灾害风险防范模式——寻求全球变化影响的适应性对策》,《地学前缘》2007年第6期,第43-53页。

② 黄崇福:《综合风险管理的梯形架构》,《自然灾害学报》2005年第6期,第8-14页。

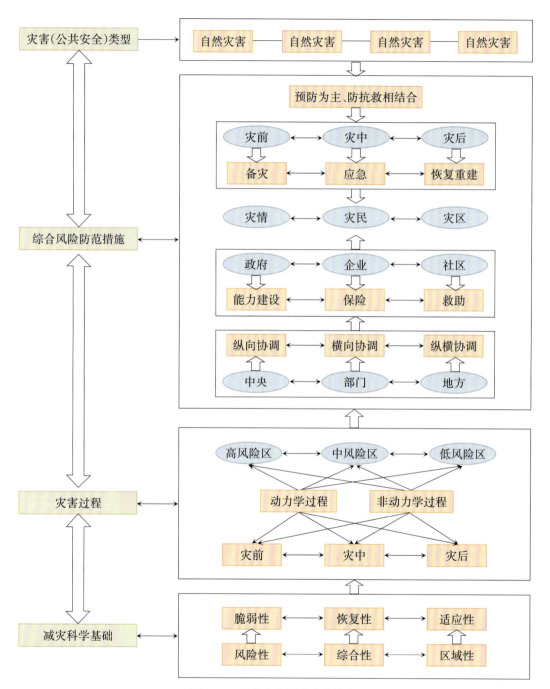

图 3-10 综合灾害风险防范模式

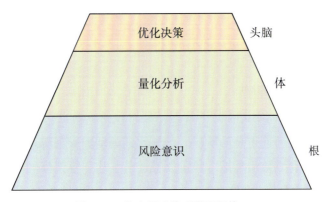

**图3-11　综合风险管理梯形架构**

　　风险意识是综合风险管理的根本。综合风险管理需要建立在人民和政府具备高度风险意识的基础之上。在这种有利的环境中，安全文化氛围能够支持风险管理的进行，社会结构能够更加协同合作，而法制体系的不足则可能阻碍综合风险管理的有效实施。

　　量化分析是综合风险管理的身体部分。综合风险管理的基本技术包括对风险系统进行监测、分析和量化分析技术。这些技术是实现有效风险管理的基础，尤其在处理高度复杂和极不确定的风险系统时。首先，对风险系统进行监测是关键。通过持续的监测，可以及时识别和评估潜在的风险因素，确保在风险发生或即将发生时采取适当的应对措施。其次，风险分析是综合风险管理的核心。这不仅包括对风险水平的定性分析，更需要通过量化分析技术进行深入探讨。通过定性和定量的结合，可以对风险发生的概率、可能的影响范围和程度进行科学评估，为决策提供有力依据。然而，仅仅依赖经验认知风险系统或仅进行定性分析是不够的，在面对高度复杂和极不确定的风险系统时，这些方法往往无法准确理解和把握风险的本质。过于基础的防灾减灾技术和装备也难以应对现代风险的多样性和复杂性。为了更有效地实施防灾减灾工作，需要采用先进的技术和装备，包括利用大数据、人工智能等科技手段进行风险评估和预警，以及采用先进的救援设备和技术提高应对灾害的能力和效率。

　　优化决策是综合风险管理的头脑部分。综合风险管理的根本目的是在于通过规避风险来进行优化决策，并随后采取相应的行动。这一过程需要建立在坚实的法理依据和风险系统认知事实基础之上。首先，法理依据是实现优化目标的前提。没有明确的法理依据，组织或个人在进行决策时可能会迷失方向，导致决策的合理性和可行性受到质疑。因此，在综合风险管理中，确立优化目标的首要任务是寻找和确定合适的法理依据。这有助于确保所有行动都符合法律法规和伦理标准，从而减少不必要的风险和冲突。其次，对风险系统的认知事实基础是实现优化目标的必要条件。没有对风险系统的深入了解和认知，组织或个人很难制定出有效的风险管理策略，也难以实施有针对性的行动。通过了解风险的性质、影响范围和程度，以及风险之间的相互作用关系，可以更好地制定风险管理方案，有效地规避潜在风险，从而更好地实现优化目标。

**3.地质灾害防治管理框架**

张茂省等[1]提出的地质灾害防治管理框架，包括早期识别/风险分析、风险评估和风险管理三个递进且部分重叠的阶段。该框架强调地质灾害调查评价体系，同时将监测预警、应急防治和综合治理纳入风险管控环节。这一框架体现了"以防为主，防治救相结合"的指导思想（见图3-12）。

在地质灾害防治管理框架中，早期识别/风险分析阶段主要包括确定评估对象与范围、危险性分析和风险估算。评估对象与范围主要划分为单体、重要场地和区域三种类型。在确定所需空间尺度后，研究应采用的初步方法。

风险评估阶段是在早期识别的基础上，针对单体或重要场地采用单体风险估算方法进行风险估算或风险叠加估算，而对于区域则采用风险区划的方式进行风险估算。将风险估算结果与风险允许标准进行对照，以确定风险是否可接受，并对现有防灾减灾措施进行评估。

风险管理阶段则是在风险评估的基础上，若风险评价结果为不可接受风险，结合我国现行地质灾害防治体系，对风险减缓与控制方案进行细化，主要包括搬迁避让、监测预警应急处置、工程治理、政策法规与科普宣传、效果评价和信息反馈等措施。

此外，还有很多学者提出不同的灾害风险管理框架。例如，向喜琼等提出的地质灾害风险评价和风险管理的基本步骤包括明确风险源、评估风险大小、确定风险阈值、采取风险控制措施、实施风险管理策略等[2]。刘希林等则认为泥石流风险管理的核心目的是降低风险或转移风险，提出的方法包括降低灾害发生概率、减轻灾害损失和灾害保险等[3]。这些研究均强调了风险评估与风险管理的紧密联系，为后续研究提供了重要的理论支撑和实践指导。

---

[1] 张茂省、薛强、贾俊，等：《地质灾害风险管理理论方法与实践》，科学出版社，2021，第64-65页。

[2] 向喜琼、黄润秋：《地质灾害风险评价与风险管理》，《地质灾害与环境保护》2000年第1期，第38-41页。

[3] 刘希林、莫多闻：《泥石流风险管理和土地规划》，《干旱区地理》2002年第2期，第155-159页。

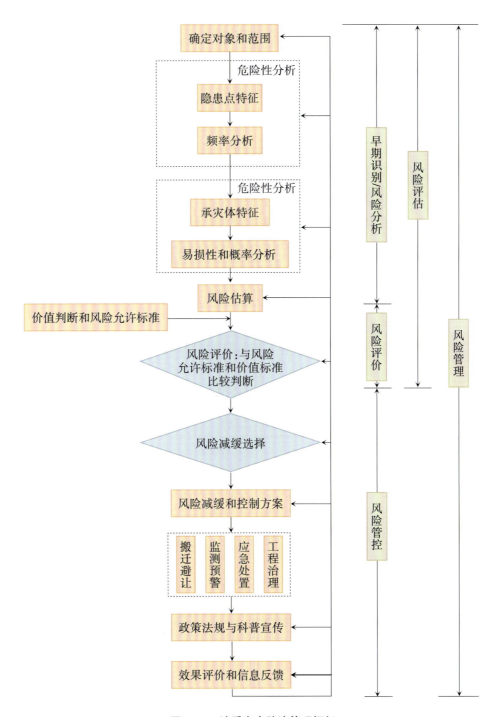

**图3-12 地质灾害防治管理框架**

# 第二节　自然灾害链风险管理框架

综合分析国内外各种自然灾害风险管理框架可以发现，尽管不同国家或国际组织的风险管理起点和流程环节存在差异，但研究者和实际操作人员普遍认为，风险管理框架至少应包括风险识别、风险评估、风险处置、风险监测和风险沟通等关键环节。因此，自然灾害链风险管理也应包含这些环节。

但是由于自然灾害链并不是某一灾害本身，而是由一系列具有密切因果关系的灾害组成的链条，其风险要考虑到灾害之间的级联效应，因而自然灾害链风险管理也要考虑到这种特殊性与复杂性。本书将在此节简要论述自然灾害链风险管理框架（见图3-13），在第四章到第六章将从灾害链风险识别、风险评估与风险处置三个方面对此框架的详细内容展开具体讨论。

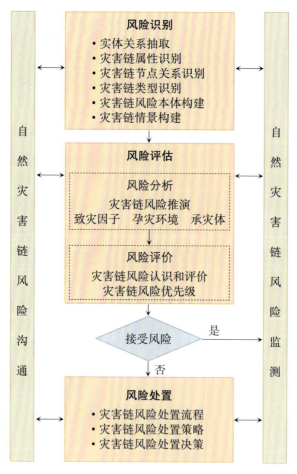

**图3-13　自然灾害链风险管理框架**

## 一、自然灾害链风险识别

自然灾害链风险识别是风险管理工作的起点，是通过收集和分析历史灾害、地理信息、气象以及社会经济等数据，确定灾害链的构成要素，包括致灾因子、承灾体和孕灾环境，以及它们之间的因果关系、传播路径和触发因素，构建灾害链的拓扑结构和逻辑关系，从而识别出灾害链的类型、特征和规律。自然灾害链的风险识别结果可表现为一种特定的风险情景，通过构建这种情景可以全面了解灾害链中的风险要素、关系以及其动态演化过程，包括自然灾害链要素提取、属性识别、节点关系识别、类型识别以及情景构建等。

## 二、自然灾害链风险评估

自然灾害链风险评估是指在自然灾害风险识别的基础上，分析灾害链发生的频率和损失程度，并依据风险单位的风险态度和承受能力，对风险的相对重要性进行评价。自然灾害链风险评估涉及两个关键过程，即风险分析和风险评价。

自然灾害链风险评估的方法主要包括基于数据的概率方法、复杂网络方法和遥感实测方法等，能够对区域典型灾害链的形成演化过程与灾害间扩散传播机制特征进行定量化估算。此外，自然灾害链风险评估必须考虑原生灾害与次生灾害之间的相互关系和相互作用，并在此基础上提出灾害链风险演化推演模型。本书在灾害链风险评估阶段增加了灾害链风险推演，不仅能够分析灾害发生时的短期影响，还能够预测与评估长期连锁反应可能带来的影响，为风险管理和防范提供指导。

灾害链与单灾种及多灾种叠加不同，它具有诱发性、时间延续性及空间扩展性，以灾害链为中心进行区域灾害综合风险评估，能厘清各灾种之间的相互作用关系，并更加真实地刻画出灾害链式演变过程所带来的风险。

## 三、自然灾害链风险处置

自然灾害链风险处置是风险识别与评估后的关键环节，旨在降低或消除灾害链发生的风险和可能造成的损失。它涵盖了方案制定、风险决策、方案实施等多个步骤，需要针对现有信息提出可行的风险处理方案，并分析、评估和选择这些方案以最大程度地减少风险。灾害链风险处置的核心目标是确保群众的安全和利益，该目标贯穿灾害链的全生命周期。

自然灾害链风险处置主要包括两大方面：一是风险规避和防御，旨在降低灾害链风险的频率，即所谓的防灾；二是减少灾害风险的损失程度，通过减轻灾害发生后的影响来降低风险，即减灾。风险处置措施主要分为两大类，即工程措施和非工程措施。综合运用工程和非工程措施可以更全面地应对灾害链风险，实现有效的事前预防和事后应对。通过多维度、多层次的风险管理策略，可以降低灾害链风险对人类社会和经济造成的损失。

考虑到灾害链的发生阶段和特征，灾害链风险处理的策略包括"孕源断链"减灾和"弱势环节断链"。最后在风险决策过程中，决策者需要根据风险评价的结果进行排序，从各种备选方案中选择最优的方案组合。

## 四、自然灾害链风险监测

长期以来，联合国持续倡导各国构建多灾种早期预警系统（Multi-Hazard Early Warning Systems，简称MHEWS）。在全球多灾种早期预警系统的探索中，预警系统的精确度及对弱势群体的有效覆盖仍是核心难题。在构建全方位、多维度的灾害链监测系统中，监测网络不仅需要对单一灾害进行监测，还需要关注灾害链中各环节之间的相互作用和演化过程。因此，监测网络的建设应涵盖气象、地质、水文等多个领域，形成全方位、多维度的监测体系。数据处理与分析中心是灾害链预警系统的核心部分，它负责接收、处理和分析来自监测网络的海量数据，构建科学的预警模型与算法，实现灾害风险的自动识别和预警信号的生成，实现精准、高效的预警信息传播与反馈。预警信息发布平台是灾害链预警系统将预警信息及时、准确地传达给政府、企业和公众，并收集和分析公众反馈信息的工作平台。因此，提出构建多元化信息发布机制，有效解决预警发布"最后一公里"难题，可以提升预警信息的覆盖面与实效性。此外，构建一个高效的多灾种早期预警系统，不仅要求国际组织与各国政府间的紧密合作，还离不开多学科、跨领域的技术革新，以及充足的资金与物资保障。

## 五、自然灾害链风险沟通

自然灾害链风险沟通是指决策者需要与利益相关者共享关于灾害链风险的信息，包括原生灾害引发次生灾害风险的可能性、严重性、可接受度、处理措施等。这个过程贯穿于灾害链风险管理的全过程。由于普通公众、政府部门以及专家学者等利益相关者对风险的关注点不同，因此在风险评估标准制定过程中，需要及时交换信息和看法，以便形成统一标准来进行风险评估。灾害链风险沟通体系一般是指在风险管理过程中，因为不同主体之间的沟通所形成的沟通主体、沟通客体、沟通渠道、沟通载体等要素构成的有机整体及相互关系，需要政府、专业专家、公众和媒体之间的密切合作和持续的沟通。通过建立和完善自然灾害链风险沟通整合性框架，可以提高各方对灾害风险的认知和理解，促进合作和共同行动，从而有效地减少灾害的影响和损失。自然灾害链风险沟通流程包括灾害链风险信息的收集与分析、传递与共享、解读与解释，以及灾害链风险沟通与公众参与。

有效的风险沟通能防止自然灾害风险的社会放大。风险的社会放大理论认为在风险信息传播的过程中，个人和群体都会成为风险的"放大站"，使一些在专家看来并不严重的风险产生重大影响，并造成涟漪效果，产生远远超过风险直接损害的影响。因此，风险的社会放大会加剧承灾体的脆弱性。而良好的风险沟通强调个人、群体或组织之间互动，围绕风险状况达成共识，降低承灾体的脆弱性，有助于降低风险放大效应。

# 第四章　自然灾害链风险识别

如前所述，风险识别、风险评估、风险处置和风险沟通是灾害链风险管理的基本环节或关键功能节点。自然灾害链风险识别是风险管理工作的起点，是指通过收集和分析历史灾害、地理信息、气象以及社会经济等数据，确定灾害链的构成要素及其因果关系、传播路径和触发因素，构建灾害链的拓扑结构和逻辑关系，从而识别出灾害链的类型、特征和规律。本章首先从历史发展的角度对古代和近代自然灾害风险识别方法进行梳理总结，然后重点提出自然灾害链风险识别方法及流程，主要包括自然灾害链要素提取、属性识别、节点关系识别、类型识别以及情景构建等。

## 第一节　传统的自然灾害风险识别

风险识别是风险管理过程的起始阶段，主要任务是发现、识别和描述潜在的风险源。这一阶段，关键是全面考虑各种可能的风险表现形式及其潜在后果。通过风险识别，组织能够全面了解自身所面临的风险状况，为后续的风险管理提供基础。

本节将从历史角度分别对古代和近代的自然灾害风险识别方法进行梳理和简要评述。

### 一、古代的自然灾害风险识别

在古代，人们主要依靠观察自然现象来识别天灾。这些自然现象包括天象、河流、动物行为的变化等。例如，古人认为天象的异变与地面的灾害有关联，动物的异常行为则是灾害即将发生的征兆。总之，古代社会对天灾的识别主要基于人们的经验和观察。下面将简要介绍洪灾、旱灾、地震、海啸和蝗灾的识别方法。

#### （一）洪灾

洪水灾害识别在世界各国悠久的历史长河中积累了丰富的经验。例如，古埃及人判别洪水发生前兆的方法主要是观察尼罗河的水位变化。尼罗河是古埃及文明的命脉，因此对尼罗河的观测和记录至关重要。古埃及人通过观察尼罗河的水位变化，预测洪水是否即将来临。他们注意到，在洪水季节来临之前，尼罗河的水位会明显上升，河水会变得浑浊，这可能是洪水即将发生的信号。古埃及人还通过观察天空中星座的变化、动物行为的变化等方式来预测洪水。例如，一些鸟类可能会在洪水暴发前表现出异常的行为，如聚集在一起鸣叫、迁徙等。此外，天狼星在古埃及文化中占有重要的地位，被视为"尼罗河之星"，具有特殊的象征意义。古埃及人观察到，当天狼星于黎明时刻从东方地平线升起时（这种现象在天文学上称为"偕日升"），正是一年一度尼罗河水泛滥之际。他们发现，每当天狼星偕日升不久，尼罗河的汛期就会到来，此时洪水会淹没两岸的大片良田。

中国先民的洪水预测方法则更加体系化，并伴随不同朝代更迭而与时俱进。首先，水位观测是古代人们预测洪水的一种重要方法。例如，在黄河上游的甘肃皋兰城西，清代就设有水位观测设施，通过观测河水水位的变化来预测洪水。这种通过水位变化来预测洪水的做法，在古代是非常有效的。由于洪水往往是由降雨、冰川融雪等导致的，这些因素变化会影响河流水位，因此通过观测水位的变化，人们可以提前知道洪水是否即将来临。

到了宋代，官方水文观测设施变得更加完善，技术手段也更加先进。此时，除了沿用唐代"刻石记事"的方法来记录水位情况以外，朝廷还建立了一套完整的水位观测制度。比如，当时宋廷为监测太湖流域的水位情况，于宣和二年（1120）在吴江县长桥垂虹亭旁立起了"水则碑"（古代的水尺）。水则碑分为"左水则碑"和"右水则碑"，其中"左水则碑"用于记录历年的最高水位，"右水则碑"则用于记录一年中各旬、各月的最高水位。当时，朝廷就是根据立于吴江县的水则碑，来判断太湖流域附近是否会发生特大洪水。碑上文书曰："一则，水在此高低田俱无恙；二则，水在此极低田淹；三则，水在此稍低田淹；四则，水在此下中田淹；五则，水在此上中田淹；六则，水在此稍高田淹；七则，水在此极高田俱淹。"上述这段碑文的大意是说当水位还是处于一画时，无论高田低田都不会有受灾的危险；快到两画时，极低田地就有受灾的危险；快到三画时，低田就有受灾的危险；快到画划时，下中田就有受灾的危险；快到五画时，上中田就有受灾的危险；快到六画时，高田就有受灾的危险；快到七画时，极高的田地就会有受灾的危险。如若有一年水位特别高，超出七画，则会在碑上刻上："该年水至此。"此后，朝廷就会根据江河水在水则碑的变化来进行相应的抗洪准备，快要到哪个刻度，就进行哪方面的预防。

这些方法的出现和应用不仅体现了古人在应对自然灾害时的智慧和勇气，也为后来的洪水预警工作提供了宝贵的经验和借鉴作用。

## （二）旱灾

在古代中国，地方政府通过分析旬月雨泽（雪）的数量和米粮价格，进行水旱灾荒的预测。汉朝时，各郡国需在春、夏、秋三季报告降雨量，若降雨不足，则需祭神求雨；若发生旱灾，则天子诸侯需举行雩礼。这种做法旨在缓解民众焦虑、动员社会抗旱备荒和进行灾害预警。自汉至清，地方政府需奏报雨泽（雪），其目的是提前了解水旱情况，从而实施恤民政策。古人还根据长时段的水旱灾荒周期和农业丰歉循环规律，提出了如10年、12年、30年、60年等气候周期，这为旱灾的风险识别提供了时间上的参考。例如，春秋时期著名谋士计然根据太岁所在位置的不同，提出了"天下六岁一穰，六岁一康，凡十二岁一饥，是以民相离也。故圣人早知天地之反，为之预备"的观点。清朝康熙五十五年（1716），关中学者王心敬也指出，既然气候变化有周期，农业有丰歉，那么提前预备救灾物资就变得尤为重要。

## （三）地震

在古代，各国人民大多通过占卜、观星、观察动物行为以及运用一些仪器等方法来预测地震。在自然科学并不发达的古代社会，人们将地震看作上天的警示，因此地震预测往往和占星术或者占卜联系在一起。例如，日本的僧侣和学者认为彗星等天文现象是地震发生的前兆，因为在他们看来，彗星的出现意味着"天地异象"，预示着即将发生重大事件。我国也有许多类似识别地震前兆的方法。战国初期的《晏子春秋》中记载，齐国大臣柏常骞看到星辰异象，预测出了地震的发生。古人认为地震的发生与星星和天象的变化有着密切的关系，因此，他们不断地观察和记录星星与天象的变化，并以此来预测地震的发生。例如，当出现"维星绝、枢星散，地其动"等异常现象，就可能预示着地震将要发生。此外，古人们还通过制作一些仪器来观测地震。例如，东汉科学家张衡发明了地动仪来观测和识别地震。该仪器能够准确地检测到地震发生的方向和位置，为地震预测提供了重要依据。其后，又出现了多种类似的地震观测仪器，如地动仪、验震器等。这些仪器不仅对地震的预测有重要意义，也为后来的地震学研究奠定了基础。

明代中后期，意大利地震学家龙华民来访中国，其编写的《地震解》一书对我国古代地震预测方法的改进起到了重要作用。该书总结了各种观测自然界异常现象的方法，用来预测和识别地震。例如，在地震发生前，自然界会出现一些异常现象，如井水突然变浑、发恶臭，或者风平浪静时海水突然汹涌异常等；同时，动物也会有异常反应，如家禽家畜会躁动不安，不愿待在家中，蛇虫鼠蚁会到处乱窜、集体搬迁等。这些现象被称为"地震前兆"，是古代地震预测的重要依据之一。

古代识别地震灾害来临的方法多种多样，这些方法的出现和应用不仅体现了古人应对自然灾害时的智慧和勇气，也为后来地震学研究提供了重要的启示和借鉴。虽然现代地震预测技术已经有了很大发展，但古人使用的预测地震的方法仍然值得我们深入研究和探讨。

### （四）海啸

古代对于海啸的认知和预警方法主要基于经验和个人观察。我们可以从古代文献记载中找到一些古人对海啸前兆认知和预警的方法。

首先，古人通过观察海水的涨落情况来识别海啸的前兆。例如，古代日本人通过观察地震现象来判断是否会发生海啸。因为当地震发生时，海面会发生波动，可能会演变成一场大规模海啸。其次，古人也通过观察海水的颜色变化来识别海啸的前兆。因为海底地震会导致海水中的泥沙和有机物上浮，使海水的颜色发生变化。另外，古人还通过观察船只的状态来预测海啸。当船只在浅海区遇到海啸时，船体会感到剧烈地上下颠簸，这是因为海啸产生的巨浪会使海底的地形发生变化，导致船只失去平衡；当船只在海上听到巨大的响声时，也可能是海啸即将发生的征兆。

古代人们对海啸的认知和预警方法虽然存在一些局限性，但也有其合理性和可取之处。我们应该从中吸取经验和教训，加强对自然灾害的防范意识，提高预警能力，以更好地保护生命财产安全。

### （五）蝗灾

在我国历史上，蝗灾作为一种长期存在的自然灾害，对农业生产和经济社会发展产生了深远影响。古代人们对蝗灾风险的识别方法多种多样，这些方法不仅展现了古人的智慧，也显示了古人对自然灾害的关注和应对策略。为了更好地了解古代人们对蝗灾的认识和应对方式，本小节将对这些方法进行梳理和介绍。

首先是占卜法。虽然这种方法没有科学依据，但是在古代社会却被广泛使用。一些术士或方士通过观察天象、占卜蓍草等方法来预测自然灾害。这种方法主要是基于对神秘力量的信仰和对未知事物的探求。其次是观察土壤法。观察土壤法也是一种预测蝗灾风险的方法。在蝗灾发生前，土壤中会有一些异常现象，比如虫卵孵化、蚂蚁搬家等。这些现象都可以作为预测蝗灾的线索。例如，如果发现蚂蚁搬家，则可能是即将发生蝗灾的一个信号，因为蚂蚁对土壤湿度和温度的变化非常敏感，当土壤湿度和温度发生变化时，蚂蚁就会开始寻找新的居所。再如，虫卵孵化也有一定的时间，需要特定的湿度和温度，如果虫卵孵化的时间发生变化，也可能是即将发生蝗灾的一个信号。综合来看，古人在识别蝗灾风险方面积累了丰富的经验，这些方法在一定程度上能够帮助古人及时发现蝗灾风险，并采取相应的措施进行预防和治理。

总体而言，古代人们对自然灾害的辨识主要依赖于主观经验判断和对异常现象的观察。尽管这些方法存在局限性，无法准确预测所有灾害的发生，但依然在古代预防灾害中发挥了重要作用。他们对各类自然灾害的预测和对策，一部分源自实际经验的积累，另一部分则基于哲学或宗教理论的解释。例如，在气象水文灾害方面，他们通过观察天气变化、云彩形态和风向等来预测降雨和洪水。对于地震地质灾害，他们通过观察地面裂痕、泉水水位以及动物行为的变化等来预测地震。直到近代，随着西方科学的发展和传入，推广基于实证和实验的科学方法，人们对自然现象的解释和理解才逐渐走向了科学。这一点在气象、地震、海洋等自然科学领域都有明显的体现。

## 二、现代的自然灾害风险识别

现代的自然灾害风险识别主要依赖于先进的科技和设备，包括自然灾害探测感知技术和自然灾害风险识别方法两个方面。这两个方面相辅相成，共同构成了现代自然灾害风险识别的主要内容。现代自然灾害风险识别的重要性主要体现在以下两个方面：首先，通过探测和感知自然灾害的各种现象，可以更好地了解灾害的特性、形成机制以及演变规律，进而提高对未来可能发生的灾害的预测精度。其次，详尽的灾害历史信息能够帮助我们识别灾害可能造成的损失，预测其发展趋势，以及确定需要采取的应对措施。例如，通过分析气象卫星图像，可以预测暴雨、飓风等极端天气事件的发生，从而提前采取防范措施以减少潜在的损失。

自然灾害探测感知技术是通过使用先进的技术和设备来监测和感知自然灾害的发生。例如，可以通过卫星图像、地面基站等手段，在自然灾害即将发生、有自然灾害风险或自然灾害正在发生但未造成严重破坏时发布及时的预警信息。除此之外，人工智能在地震监测方面也发挥着关键作用。研究人员发现，通过深度学习算法，人工智能系统可在不到1秒的时间内准确估算地震记录的震源参数。同时，可充分利用物联网、工业互联网、遥感技术、视频识别、第五代移动通信技术（5G）等提升灾害监测感知能力。

自然灾害风险识别方法是通过分析历史数据和现场观察来识别可能发生自然灾害的风险。例如，通过收集、整理和分析历史灾害的资料，掌握灾害的分布规律、发生规律和演化规律。此外，还可以通过对特定区域的环境条件、地质结构、气候变化等因素的综合分析，判断可能发生的自然灾害类型和可能受影响的区域。

现代自然灾害风险识别在风险管理过程中扮演着至关重要的角色，它为风险识别和风险评估等过程提供了关键的原始数据。通过及时的探测和感知，我们可以获取有关自然灾害发生、发展以及可能影响范围等方面的详尽信息，从而为自然灾害的风险识别提供具体的数据支持。同时，自然灾害的探测感知也贯穿于自然灾害管理的全过程，为各个阶段的管理工作提供支持和依据，有助于提高自然灾害管理的科学性和实效性。只有加强自然灾害的探测感知能力，完善相应的技术手段和政策支持体系，才能更好地应对自然灾害的挑战，保障人民生命财产安全和社会稳定。

## （一）自然灾害风险探测技术

自然灾害的探测感知是自然灾害风险识别过程中的核心内容，它提供了关键的原始数据，为风险识别和风险评估等后续过程提供了重要的数据支持。通过运用各种技术和方法，探测和感知自然灾害的各种现象，可以获取有关灾害发生的时间、地点、强度以及可能影响的范围等信息。这些信息不仅对准确评估灾害风险十分必要，也对制定有效的应对策略至关重要。

从大数据、物联网和云计算等技术迅速发展的角度出发，物理感知是对自然灾害的致灾因子、基础设施、环境参数等"物"的数据进行获取和处理，感知对象包括地表、堤坝、道路交通、公共区域、危化品、周界、水资源、食品生产环节以及疫情等容易引起公共安全事故发生的源头、场所和环节；感知内容包括震动、压力、流量、图像、声音、光线、气体、温湿度、浓度、化学成分、标签信息、酶、抗体、抗原、微生物、细胞、组织、核酸等物理、化学、生物信息。而社会感知是从不断发展的现代医学技术、社会媒体和知识创造产生的数据出发，感知对象是人和人类活动，感知内容包括个人以及群体的个性特征、情绪表征、认知决策、压力应对、迁移流动、社交等心理与行为状态。物理和社会感知的目的就是要准确获取感知对象的异常变化，结合相关统计分析技术和可视化技术，发现传统研究中难以发现的公共安全风险、关联风险以及风险的扩张演化特征，实现公共安全风险识别的大数据应用和价值挖掘，推动公共安全风险监测、识别和预警水平的全面提升。

目前，探测感知技术从载人航天工程、探月工程、火星探测到地球战略资源和能源开发利用及地下管网等基础设施建设，再到深海空间站及"雪鹰"号、"雪龙"号极地探测，已经在"深空深地深海和极地探测"方面获得巨大突破。探测感知技术的发展将促进风险探测感知的维度进一步拓展。下面将从物理探测感知技术角度对自然灾害探测感知进行阐释。

如前所述，自然灾害风险的物理感知是对自然灾害的致灾因子、基础设施、环境参数等"物"的数据进行获取和处理，通过物理、化学、生物型传感器等采集并识别数据，利用光纤、物联网、卫星通信、量子通信等有线或无线的方式将数据传输至带有相应数据处理技术的终端，通过可视化分析或警报等方式发布信息，这一感知过程包含探测感知技术的数据采集技术、通信技术及数据处理技术等。数据处理技术在探测感知中常与传感器信息融合方法有关。信息融合涉及多学科综合理论和方法，包括数学、计算机科学、信号处理、通信技术、自动控制理论、优化技术、不确定性理论、决策理论、人工智能、模式识别和神经网络等。下面将重点介绍遥感、GPS、GIS 等物理探测感知技术及其在灾害探测中的应用。

**1. 遥感（RS）技术**

遥感（Remote Sensing，简称 RS）技术，是 20 世纪 60 年代兴起的一种探测技术，顾名思义，遥感是一门从遥远地方感知、测量并识别目标特性的技术。遥感利用仪器，如红外相机、辐射计、多光谱扫描计等，记录、分析和处理物体的特征，从而获取所需的信息。具体而言，遥感是指空对地的遥感，即通过对电磁波敏感的仪器（传感器）从远离地面的不同工作台上探测地球表面的电磁波（辐射）信息。通过信息的传输、处理和判读分析，遥感技术可以综合探测和监测地球的资源与环境。这门技术的发展依赖于光学技术、红外技术、激光技术、计算机技术以及信息处理技术，也与国家的工业化程度密切相关。遥感技术的发展将人们研究地表地物的能力由陆地延伸到天空，目前在气象、海洋、地质、军事等领域都得到广泛应用。

按照不同标准，遥感可分为多种类别（见表 4-1）。遥感具有多重优势：第一，由于不受地形阻碍等限制，遥感能够实现大范围的同步观测。第二，遥感探测可在短时间内对同一地区进行重复观测，捕捉地球上许多事物的动态变化，具有卓越的时效性。第三，遥感数据具备综合性和可比性。第四，与传统方法相比，遥感在费用投入与所获收益方面表现出色，可显著节省人力、物力、财力和时间，带来较高的经济效益和社会效益。然而，目前遥感技术所使用的电磁波谱仍相对有限，已使用的电磁波对地物某些特征的反映尚不够准确，仍需进一步的技术发展支持。遥感技术在地质灾害和气象灾害风险识别领域有着广泛的应用。遥感技术可以通过卫星、航空等手段获取大范围地面信息，并通过图像处理和分析技术，提取与地质灾害相关的信息，如地质构造、地形地貌、植被覆盖等，也可以提取大气中的温度、湿度、风速等信息，从而识别出可能发生地质与气象灾害的区域和概率，预测未来灾害发生的可能性，并识别出可能受影响的区域和程度。

表 4-1　遥感的分类

| 分类标准 | 分类 |
| --- | --- |
| 按平台空间层次和比例尺分类 | 航天遥感；航空遥感；地面遥感 |
| 根据所利用的电磁波的光谱段分类 | 可见光/反射红外遥感；热红外遥感；微波遥感 |
| 按研究对象分类 | 资源遥感；环境遥感 |
| 按空间尺度分类 | 全球遥感；区域遥感；城市遥感 |

### 2. 全球定位系统（GPS）技术

全球定位系统（Global Positioning System，简称GPS）是一种基于卫星导航技术的定位系统，其可以利用一组卫星通过精确的测量和计算，为地球上的任何地点提供准确的三维位置信息。GPS的应用广泛而深远，首先，它在导航领域发挥了关键作用，为车辆、船只、飞机等提供了高精度的导航和定位服务，使得交通运输更加安全和高效。其次，GPS在测绘和地理信息系统中得到了广泛应用，支持地图制作、土地测量和资源管理。此外，GPS技术在军事、科学研究、气象预测等领域也发挥着重要作用。

GPS导航系统的基本原理是通过测量已知位置的卫星到用户接收机之间的距离，然后综合多颗卫星的数据确定接收机的具体位置。该系统具有全球、全天候工作的能力，提供高精度、高效率、多功能、简便操作的定位服务。其组成包括GPS卫星星座、地面监控系统和信号接收系统，主要应用于船舶、汽车、飞机、行人等运动物体的定位导航和控制。

GPS技术在灾害风险识别方面有着广泛的应用。地震、滑坡、泥石流等地质灾害的发生都与地形、地质条件等因素有关，通过GPS技术，可以对这些灾害进行精确定位和监测。例如，在滑坡灾害中，GPS技术可以了解滑坡变形的范围、位移的方向和速度，分析滑坡的分级等，为认识滑坡和防灾减灾提供数据。台风、暴雨、洪涝等气象灾害的发生与气候条件、气象要素等有关，通过GPS技术，可以对这些灾害进行准确的定位和监测。例如，在洪涝灾害中，GPS技术可以实时监测洪水的水位、流速、淹没范围等，为防汛决策和救援提供数据支持。此外，GPS技术还可以用于生物灾害监测。例如蝗灾、疫病等生物灾害的发生与生物活动、生态环境等有关，通过GPS技术，可以对这些灾害进行准确的定位和监测。比如在蝗灾监测中，GPS技术可以确定蝗虫的活动范围、迁徙路径等，为防治决策提供数据支持。

总的来说，GPS技术在灾害风险识别方面具有重要的作用，可以提供准确、实时的定位和监测支持，为灾害风险识别提供重要的数据支持和技术保障。

### 3. 地理信息系统（GIS）技术

地理信息系统（Geographic Information System，简称GIS）是一种综合利用地理学、地图学、地理信息科学和计算机科学等多个领域知识的技术，其目的在于采集、存储、处理、分析和展示地理空间数据。GIS结合了地理信息与信息系统，为地球表面的各种现象、特征和过程提供了有效的可视化分析和管理决策手段。在应用方面，GIS具有多样化的功能。首先，它常用于地图制作，能够生成静态和交互式地图，为人们提供清晰的地理信息呈现。其次，GIS支持空间分析，通过地理统计、缓冲区分析和路径分析等手段，揭示地理现象之间的关联性。此外，GIS在决策支持方面发挥着关键作用，为城市规划、自然资源管理等领域提供可视化和分析支持。在环境监测和应急管理中，

GIS可用于监测环境变化、灾害预测和协调救援行动。GIS的意义不仅在于提供了空间视角，使人们能够更全面地理解地球上的现象，同时也为决策者提供了有力的工具，支持他们基于地理信息作出科学、有效的决策。

**4. 物理探测感知技术的融合应用**

以上物理探测感知技术经过不断地发展，并与其他学科交叉融合发展，在灾害探测与风险识别领域取得了较大发展。本节将以较为典型的融合应用——物联网与"天–空–地"一体化监测系统进行举例。

物联网指通过各种信息传感技术（如传感器、射频识别、红外感应器、全球定位系统、激光扫描器、摄像机等），借助各种通信手段（有线、无线、移动通信技术等），按约定的协议，把需要管理的物品和设备与主网络连接起来，进行信息交换和通信，完成数据分析处理，以实现远程智能化识别、定位、跟踪、监控和管理的一种网络。物联网技术与大数据、云计算等新技术融合应用对揭示重大自然灾害及灾害链的孕育、发生、演变、时空分布等规律和致灾机理有重大意义，有利于提高灾害模拟仿真、分析预测、信息获取、应急通信与保障能力。

"天–空–地"一体化网络（Space-Air-Ground Integrated Network，简称SAGIN）利用现代信息网络技术，将太空、空中和地面网络互连。其中，航天网络由位于不同高度的轨道卫星及其相应的地面基础设施（如地面站、网络运营控制中心）组成。SAGIN已引起学术界和工业界的广泛关注，越来越多的组织开始在SAGIN上开展项目，如全球信息网格（GIG）、全球卫星电信网络初创公司（Oneweb）、美国太空探索技术公司（SpaceX）等。覆盖率大、吞吐量高和恢复力强的SAGIN可以应用于许多实际领域，包括地球观测和测绘、智慧医疗、智慧城市、智能交通、海事监测、环境监测、精准农业、军事任务、应急救援等。卫星可以提供与海洋、山区和高原的无缝连接，空中段网络可以增强服务需求高的覆盖区域的能力，而密集部署的地面段系统可以支持高数据速率接入。在SAGIN基础上建立了"天–空–地"一体化监测系统，充分利用航天遥感技术、航空遥感技术和地基观测技术，实现了对致灾因子与承灾体的高精度、全方位、同步的监测。例如，在地质灾害监测方面，侯燕军及其团队通过"天–空–地"一体化地质灾害监测体系，采用搭载于卫星和航空器上的传感器以及地基观测技术，运用L波段SBAS-InSAR早期识别技术，成功识别了兰州地区黄土边坡地质灾害隐患，并在兰州市普兰太电光源公司的滑坡隐患中取得了成功[1]。许强及其团队利用星载平台（高分辨率光学+合成孔径雷达干涉测量技术）、航空平台（机载激光雷达测量技术Li-DAR+无人机摄影测量）和地面平台（斜坡地表和内部观测），构建了"天–空–地"一

① 侯燕军、周小龙、石鹏卿：《"空–天–地"一体化技术在滑坡隐患早期识别中的应用——以兰州普兰太公司滑坡为例》，《中国地质灾害与防治学报》2020年第6期，第12-20页。

体化的多源立体观测体系（见图4-1），实施地质灾害隐患的"三查"：星载平台进行"全面体检"、航空平台进行"大病检查"、地面平台进行"临床诊断"。该体系已在四川、贵州等省示范应用，并取得了显著成效[1]。首先，运用高分辨率的光学影像和In-SAR技术，识别曾经发生过明显变形破坏以及正在发生变形的区域，实现对潜在地质灾害风险的区域性和全面性调查；其次，结合机载LiDAR和无人机航拍，对存在高风险的地质灾害区、隐患聚集区，甚至重要地质灾害隐患点的地形地貌、地表变形痕迹以及岩体结构进行详尽调查，以全面了解潜在地质灾害的具体情况；最后，通过地面实地考察的再核查，结合地表和斜坡内部的监测，对普查和详查的结果进行验证，明确或排除潜在的地质灾害风险，实现对潜在地质灾害的全面核查。

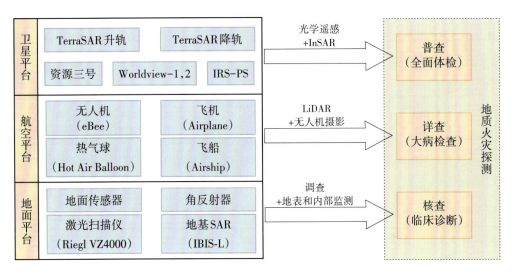

**图4-1　"天-空-地"一体化多源立体地质灾害观测体系**

此外，在我国自然灾害风险普查数据调查方面充分运用了高效的物理探测感知技术。在数据调查中，遥感影像解译、无人机航拍、数据调查应用程序是最常用的技术方法。其中，遥感影像解译是基于高分辨率的卫星遥感影像（分辨率高于0.8米），通过目视解译的方式提取房屋、建筑等不同承灾体的轮廓范围和地理坐标等信息，从而获取承灾体的空间位置分布信息，为承灾体的外业调查提供底图数据支持。无人机航拍则是发挥无人机航拍的技术优势（机动性强、快速获取高清影像等），针对部分调查人员难以进入的困难区域，获取局部调查困难区域倾斜航空摄影数据，建立清晰的三维模型数据，快速判别调查区域房屋建筑等承灾体的数量、高度等属性信息。数据调查应用程序（App）可以实现在人工现场调查过程中充分利用移动终端调查设备进行工

---

① 许强、董秀军、李为乐：《基于天-空-地一体化的重大地质灾害隐患早期识别与监测预警》，《武汉大学学报》（信息科学版）2019年第7期，第957-966页。

作，确保调查目标的自动定位和数据调查的标准化录入。

## （二）自然灾害风险识别方法

**1.基于生命周期的灾害风险识别方法**

"生命周期（Life Cycle）"一词源于生物学，其基本含义可通俗地理解为"从摇篮到坟墓（Cradle-to-Grave）"的整个过程。由于自然灾害具有周期长、涉及生态环境范围广、生态环境不确定性因素多等特点，将自然灾害划分为几个阶段有助于对灾害过程中生态环境风险进行全面系统地识别与管理。下文以洪涝灾害为例，介绍基于生命周期的洪涝灾害风险识别方法。

洪涝灾害的生命周期（the life cycle of floods）是指从洪涝灾害孕灾环境与致灾因子出现到洪涝灾害暴发以及完全消亡全过程。徐选华等将洪涝灾害生命周期划分为孕育期、发展期、暴发期、衰退期、消亡期五个阶段，其基本框架如图4-2所示。

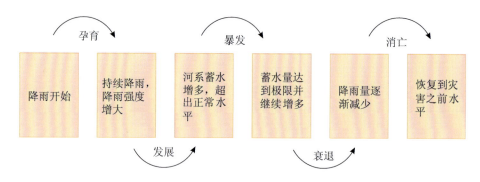

**图4-2 洪涝灾害生命周期阶段图**

洪涝灾害生命周期各阶段之间并非严格意义上的划分。洪涝灾害生命周期下生态环境风险识别，是依据洪涝灾害发生的各阶段，全面系统地分析洪涝灾害发展影响因素风险和洪涝灾害对生态环境造成的危害风险。洪涝灾害生态环境风险识别过程包括以下六个步骤（见图4-3）。

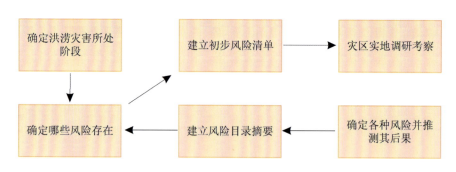

**图4-3 洪涝灾害风险识别图**

（1）在进行环境风险识别时，首先需要明确洪涝灾害所处的生命周期阶段。由于不同阶段面临的风险随洪涝灾害的不同发展而变化，因此确定灾害所处的阶段有助于全面识别风险，明确各个阶段所面临的具体风险，从而有助于相关部门有针对性地规划工作。根据一系列相关数据（如降水量、降雨强度、危害程度等）的统计以及长期积累的经验，可以确定洪涝灾害所处的生命周期阶段。

（2）辨认存在的各种风险。首先，需查阅相关文献或以前发生在该地区的洪涝灾害记录，通过比较现有资料并与其他地区的风险进行对比，对已知风险进行概括总结，判断或发现风险因素是否存在。

（3）制定初步风险清单。记录已确认存在的风险以及尚不确定的风险，包括影响洪涝灾害发展趋势的因素风险和对生态环境造成的灾害风险。制定初步风险清单有助于有序进行后续的风险识别工作。

（4）进行实地调查。由于初步风险清单中某些风险存在不确定性，并且随着灾情的发展，一些未知的风险可能会出现。实地调查有助于更全面地识别实际风险，实现理论与实际的结合，为实际的灾害预防与防治提供依据。

（5）识别各类风险并推测其后果。通过实地调查，最终确定各类风险，并分析其可能的后果。风险后果的分析应涵盖多个方面，以避免遗漏可能导致灾害扩大的后果。

（6）建立风险目录摘要。将所有风险分析综合汇总，并根据其影响范围和程度列出风险的轻重缓急，制作风险地图。

**2. 基于层次分析法的灾害风险识别方法**

层次分析法的核心思想在于按照隶属关系构建递阶层次模型，将待评价的自然灾害复杂系统元素分阶段建模。该方法通过构建两两比较的判断矩阵，依此求解各元素排序权值以及检验判断矩阵的一致性，主要包含以下五个基本步骤[①]：

（1）对自然灾害各种风险因素组成的复杂系统建立层次结构模型。模型包括自然灾害层 $A$、风险因素类型层 $B$（如人为和自然风险因素）和具体风险因素层 $C$。层次结构模型的目的是定量评价这些具体风险因素引起的后果的严重程度。

（2）针对 $B$ 层、$C$ 层的元素，分别以各自的上一级元素为准则进行两两比较。评定标度通常采用 $1\sim9$ 级及其倒数，来描述元素相对严重程度。得到 $B$ 层的判断矩阵为 $B=\{b_{ij}\,|\,i,j=1\sim n\}_{n\times n}$，元素 $b_{ij}$ 表示从 $A$ 层考虑元素 $B_i$ 对 $B_j$ 的相对严重程度。对应于 $B$ 层元素 $B_k$ 的 $C$ 层的判断矩阵为 $\{c^k_{ij}\,|\,i,j=1\sim m;k=1\sim n\}_{m\times m}$。

---

① 金菊良、魏一鸣、付强，等：《改进的层次分析法及其在自然灾害风险识别中的应用》，《自然灾害学报》2002年第2期，第20–24页。

（3）层次各元素的严重程度排序及其一致性检验。确定同一层次各元素对于上一层次某元素的相对严重程度的排序权值并检验各判断矩阵的一致性。设 $B$ 层各元素的单排序权值为 $\omega_k$，$k=1\sim n$，且满足 $\omega_k>0$，和 $\sum_{k=1}^{n} \omega_k = 1$。

根据判断矩阵 $B$ 的定义，理论上有

$$b_{ij} = \omega_i/\omega_j\cdots(i,\ j=1\sim n) \tag{4-1}$$

现在的问题就是已知判断矩阵 $B=\{b_{ij}\}_{n\times n}$，来推求各元素的单排序权值 $\{\omega_k \big| k=1\sim n\}$。

由于自然灾害系统的复杂性和人们对风险因素主观认识的多样性，对元素严重程度的度量无统一标尺。层次分析法解决的问题是评价各元素的严重程度，由于认识上的不确定性，层次分析法要求判断矩阵 $B$ 具有满意的一致性。

（4）进行层次总排序及其一致性检验，确定同一层次各元素相对严重程度的排序权值。这一过程逐层进行。当一致性指标函数值小于某一标准值时，可以认为层次总排序结果具有满意的一致性，据此计算的各元素的总排序权值是可以接受的；否则，就需要反复调整判断矩阵，直到具有满意的一致性为止。

（5）根据 $C$ 层次总排序权值的计算结果，确定各风险因素的严重性排序，从而为自然灾害的风险管理提供科学的决策依据。

**3.基于游程理论的灾害风险识别方法**

游程理论常被运用于揭示随机事件的持续发生统计规律，以及对其持续历时的概率进行定量估计。在揭示灾害发生规律方面，游程理论是一种重要的理论方法，具有广泛的应用领域，包括地震学、气象学、环境学等。在灾害事件的识别方面，当灾害指数低于某一阈值且持续时间超过一定长度时，被认为发生了灾害事件。在此过程中，灾害事件的持续时间即为灾害事件的时长，而灾害事件的严重性则是在持续时间内灾害指数的总和。灾害强度则是灾害严重性除以持续时间的结果。在这个理论中，有三个关键的组成部分。

（1）灾害指数：通常是一种根据灾害的特征（例如强度、频率、持续时间等）来设定的指标，用于衡量灾害的严重性。

（2）阈值：这是一个临界点，当灾害指数低于这个阈值时，我们开始考虑可能发生了灾害事件。如何设定这个阈值，通常基于前人的经验或者某种统计方法。

（3）持续时间：当灾害指数维持在阈值以下的状态持续超过一个特定的时间长度，我们就认为灾害事件已经发生。这个特定的时间长度，同样是基于前人的经验或者某种统计方法来设定的。

目前，在灾害研究领域，游程理论作为一种统计理论，经常被用于揭示干旱灾害历时变化规律，其操作步骤如下：

第一步，将干旱出现与否表达为0和1的方式，即将干旱出现定义为1，未出现定义为0。

第二步，依据时间先后次序将这些0和1排列成序列，也就是将历史上出现过的干旱按时间先后次序排成序列。

第三步，对这个干旱序列进行不重叠的连续子序列的切取，即所谓的游程。可以想象成在干旱序列中以步长为1进行游走，在每一步中，如果该位置有干旱则继续行走，没有干旱则停止。

第四步，依据干旱指数和持续时间统计每一个游程的长度和出现次数的概率，从而得到游程概率分布图，通过分析游程概率分布图上的规律来揭示干旱历时变化规律。

# 第二节　自然灾害链风险识别

自然灾害链风险识别是通过收集和分析历史灾害、地理信息、气象以及社会经济等数据，确定灾害链的构成要素，包括致灾因子、承灾体和孕灾环境，以及它们之间的因果关系、传播路径和触发因素，构建灾害链的拓扑结构和逻辑关系，从而识别出灾害链的类型、特征和规律。自然灾害链的风险识别结果可表现为一种特定的风险情景，通过构建这种情景可以全面了解灾害链中的风险要素、关系以及其动态演化过程。本书提出一种自然灾害链风险识别方法，其具体流程如图4-4所示。

步骤一：自然灾害链要素提取。本步骤利用与自然灾害相关的数据和信息，如新闻报道、科学研究、政府报告等，提取组成灾害链的致灾因子、孕灾环境、承灾体等要素。

步骤二：自然灾害链属性识别。在提取出致灾因子、孕灾环境、承灾体并构建出灾害链后，就可以对灾害事件进行属性识别。所谓灾害属性，是指各种自然灾害所具有的物理和时空特性，例如地震的震级、烈度、震源深度、发生的时间地点等。

步骤三：自然灾害链节点关系分析。在识别出自然灾害链的属性之后，需要对其节点之间的关系进行分析。这些节点之间的关系可以反映自然灾害链的形成和演变过程。例如，一个灾害发生后可能会引发另一个灾害。通过分析这些节点之间的关系，可以更好地理解自然灾害链的形成和演变过程。

步骤四：自然灾害链类型分析。在完成前三个步骤之后，就对灾害链结构及其要素关系有了充分认知，可基于此对灾害链类型进行识别。不同类型的自然灾害链演化模型具有不同的特点和形成机制，通过类型分析，可以更好地理解灾害链的形成和演变过程。

步骤五：基于匹配规则的自然灾害链风险情景构建。在前四个步骤已构建好灾害链并厘清属性、节点关系、类型等要素后，就可将其作为自然灾害链情景输入要素，通过定义好的要素关系匹配规则，最终生成自然灾害链情景。

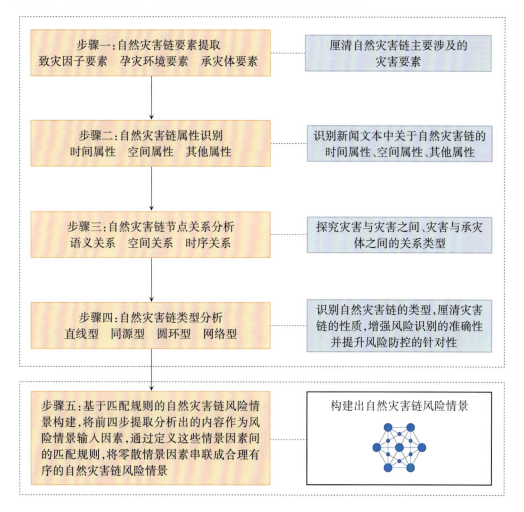

**图4-4 自然灾害链风险识别流程**

经过上述五个识别步骤，便可构建出自然灾害链风险情景。下面为五个步骤的具体阐述。

## 一、自然灾害链要素提取

自然灾害链要素提取是灾害链风险识别中一项至关重要的任务，从自然灾害相关文本数据中抽取灾害事件要素。这一过程主要分为两个主要步骤，即数据采集与预处理、灾害链事件要素提取。下面分别对这些步骤进行详细介绍。

## （一）数据采集与预处理

### 1.数据采集与筛选

自然灾害链数据采集是指广泛收集与自然灾害链相关的数据和信息，包括新闻报道、科学研究、政府报告、社交媒体中使用的各种数据和信息。这些数据和信息可以反映自然灾害链的发生、发展、演变和影响等各个方面，为自然灾害链的认识和理解提供基础和支撑。随着数字化进程的加快，自然灾害链数据采集的方式和途径也发生了变化。传统的自然灾害链数据采集主要依赖于纸质文本数据和统计指标数据，如灾情报告、灾情统计、灾情调查等，这些数据通常具有权威性、准确性和系统性，但也存在时效性差、覆盖面窄、获取难等问题。而现代的自然灾害链数据采集则更多地利用网络文本数据，如新闻报道、科学研究、政府报告、社交媒体等，这些数据通常具有开源性、即时性和易检索性，但也存在质量参差、结构杂乱、规模庞大等问题。因此，自然灾害链数据采集需要综合考虑不同类型数据的特点和价值，进行有效的整合和利用。

网络新闻作为自然灾害链数据采集的重要来源之一，具有独特的优势，但也存在一些不足之处。一方面，网络新闻可以及时报道自然灾害链的发生和影响，提供丰富的灾害实体和关系信息，如灾害类型、地点、时间、过程、结果、影响范围、影响程度及影响因素等，这些信息对于构建自然灾害链实体关系和分析自然灾害链风险具有重要的参考价值。例如，2023年4月，美国加利福尼亚州发生了一系列地震，引发山体滑坡、火灾、泥石流等次生灾害，形成了复杂的自然灾害链，网络新闻及时报道了这一灾害链的发生和影响，提供了大量有关灾害实体和关系的信息，如地震的震级、震源、震中、震时、震后余震、震区范围、震区人口、震区建筑、震区基础设施、震区经济、震区环境等，以及地震与山体滑坡、火灾、泥石流等次生灾害的诱发关系，次生灾害的发生时间、地点、规模、影响等，这些信息对于分析自然灾害链的特征和规律，评估自然灾害链的风险和损失，制定自然灾害链的防范和应对措施等具有重要的意义。

另一方面，网络新闻也存在一些不足之处，如新闻文本质量不一、结构不规范、内容不完整、信息不准确等，这给自然灾害链数据的提取和分析带来了一定的难度和误差。因此，自然灾害链数据的获取面临着不小的困难和挑战，需要依托大数据爬虫技术对网络新闻文本数据进行有效的获取和筛选，以及利用自然语言处理和深度学习等技术对网络新闻文本数据进行有效的解析和抽取，以构建完整全面的自然灾害链数据集。

**2. 文本预处理**

在进行灾害链数据采集基础上，需要进一步对灾害链有关新闻语料集进行预处理，主要流程有以下几点。

（1）去除无关字符与标准化：首先，删除文本中的标点符号、空格、换行符等无关字符，只保留文本内容。其次，将文本中的字母、数字和符号转换为标准形式，例如将字母转换为小写、删除特殊符号等。

（2）文本分词

文本分词是将文本切分成一个个简单常用的词语，便于后续进行文本特征表示和信息抽取。目前，灾害链本文处理通常将基于字典与基于统计的这两种方法结合，根据句法分析和语义特征，采用人工智能方法消除歧义[1]。目前，中文分词技术已经比较成熟，其中具有代表性的中文分词软件有 ICTCLAS、LTP、THULAC、jieba 分词等。

（3）停用词过滤

停用词是指在文本中出现的频率很高但对实体关系抽取没有实际贡献的词，例如"的""了""在"等。这些词在中文文本中很常见，但它们对于实体关系抽取并没有实际意义，因此需要去除。

## （二）自然灾害链要素提取

灾害链要素提取首先需要从新闻报道文本中提取出与灾害事件有关的致灾因子、孕灾环境、承灾体要素。目前，主要有两种主流方法：基于统计的大数据技术方法和基于规则的技术方法。基于统计的方法利用机器学习技术，通过对大量灾害新闻语料库的文本特征进行学习和建模，从而对新的灾害新闻进行分类。然而，这种方法对训练数据的质量和数量要求较高，并且在处理含有多个灾害类型的新闻文本时效果有限。例如，在一个灾害事件中，可能涉及多种不同类型的灾害，这使得机器学习方法的应用受到了一定的限制。相比之下，基于规则的方法在处理结构较简单的灾害类型抽取时表现出色，具有较高的准确率。表4-2定义了一些常见的自然灾害致灾因子、孕灾环境、承灾体等要素的提示词，为自然灾害链要素提取提供内容参考。

---

① Che Wanxiang, Li Zhenghua, Liu Ting, "LTP: A Chinese Language Technology Platform" (In Coling 2010: Demonstrations, pp.13-16, Beijing, China, 2010).

表4-2 自然灾害要素提示词

| 自然灾害要素 | 大类 | 子类 | 要素触发词 |
|---|---|---|---|
| 致灾因子要素 | 气象水文灾害 | 冰雪灾害 | 冻害、雨夹雪、冰冻、降雪、暴雪、冻灾 |
| | | 台风 | 台风、飓风、强台风 |
| | | 暴雨 | 暴雨、强降雨、强降水、大雨 |
| | | 干旱 | 干旱、旱灾、旱情 |
| | | 风雹 | 风雹、冰雹、雹、霰、大风 |
| | | 洪涝 | 洪涝、洪水、洪流、山洪、内涝 |
| | 地震地质灾害 | 地震 | 地震、震级 |
| | | 滑坡 | 滑坡、山体滑坡 |
| | | 泥石流 | 泥石流 |
| | | 其他地质灾害 | 山体垮塌、地裂缝、塌方 |
| 孕灾环境要素 | 自然环境 | 地形 | 包括山地、高原、盆地、平原等不同的地貌类型 |
| | | 地貌 | 如河流、湖泊、海洋、冰川等 |
| | | 水文 | 涉及江河、湖泊、地下水等水体的分布和特性 |
| | | 气候 | 包括气温、降水、风、云等气象要素 |
| | | 植被 | 森林、草原、荒漠等不同类型的植被覆盖 |
| | | 土壤 | 土壤类型、肥力、水分等特性 |
| | 社会环境 | 工矿商贸 | 包括工厂、矿山、商业贸易等经济活动 |
| | | 管线分布 | 如电力、通信、输水、输油等管线设施 |
| | | 交通系统 | 公路、铁路、航空、水运等交通方式 |
| | | 公共场所 | 如学校、医院、商场等公共设施的布局和规模 |
| | | 人员 | 人口数量、分布、密度等人口特征,以及人类活动对环境的影响 |
| | | 经济市场 | 经济发展水平、产业结构、市场状况等经济因素 |

**续表4-2**

| 自然灾害要素 | 大类 | 子类 | 要素触发词 |
|---|---|---|---|
| 承灾体要素 | | 人群 | 直接受到灾害影响的人群,包括居民、游客、工人等 |
| | | 房屋建筑 | 住宅、商业建筑、工业厂房等 |
| | | 基础设施 | 交通设施(如道路、桥梁、隧道、机场、港口等)、能源设施(如电网、燃气管道、核电站等)、通信设施(如电话线、光缆、基站等)、水利设施(如水库、水坝、堤防等) |
| | | 自然资源 | 土地资源:耕地、林地、草地、湿地等;矿产资源:煤炭、石油、天然气、金属矿产等;水资源:地表水、地下水、海水等;生物资源:野生动植物、渔业资源等 |
| | | 生态环境 | 森林、湿地、海洋等自然生态系统 |
| | | 资产财产 | 现金、存款、股票、债券等金融资产;库存商品、原材料等物资资产;家用电器、家具、衣物、珠宝等个人和家庭所有的物品 |

## 二、自然灾害链属性识别

为了准确地描绘一个灾害事件的全貌,进行深入的灾害链分析和研究,需要将每个灾害事件进行深度解析,并提取其核心概念属性,包括时间属性、空间属性以及其他属性等关键要素(见表4-3)。这些信息对于理解和评估灾害事件、预测和应对未来的灾害链至关重要。

**表4-3 灾害属性**

| 属性类别 | 属性名称 | 详细说明 |
|---|---|---|
| 时间属性 | 年 | 表示灾害发生的年份 |
| | 月 | 表示灾害发生的月份 |
| | 日 | 表示灾害发生的日期 |
| | 时 | 表示灾害发生的具体时间 |
| | 分 | |
| | 秒 | |

续表4-3

| 属性类别 | 属性名称 | 详细说明 |
|---|---|---|
| 空间属性 | 省 | 表示灾害发生具体省市县 |
| | 市 | |
| | 县 | |
| | 经度 | 表示灾害发生的经纬度 |
| | 纬度 | |
| 其他属性 | 事件名称 | 灾害事件名称 |
| | 灾害类型 | 灾害事件类型 |
| | 事件结果 | 灾害事件的灾情 |

时间属性在灾害事件中占据至关重要的地位，它详细记录了灾害发生的确切时间，包括年、月、日、时、分和秒等具体时间单位。在对自然灾害的研究中，时间属性的准确性和详细性对于灾害的预警、预测和评估具有重要意义。因此，对于时间属性的获取和处理是灾害研究中的一项重要任务，可以帮助我们更好地了解灾害的演变过程和影响范围。例如，在地震灾害中，地震发生的时间属性对于计算地震的震级和震源深度等关键参数具有决定性的意义。

空间属性描述了灾害事件发生的地理位置和范围。它包括省、市、县以及具体的经度、纬度等地理位置信息，能够帮助我们了解灾害的分布情况和影响范围，对于确定受灾地区的位置和范围具有重要意义。在洪水灾害中，空间属性可以帮助我们判断灾区的范围和严重程度，为救援和重建工作提供重要依据。

除了时间属性及空间属性外，其他属性则涵盖了事件名称、灾害类型、事件结果等方面。事件名称是指具体灾害事件的名称。灾害类型是根据一定的标准对灾害进行分类的类型。事件结果概括了灾害对承灾体造成的影响，包括人员伤亡、建筑物损毁、财产损失、交通堵塞、通信中断、农作物减产等诸多方面的内容。

总的来说，将一个灾害链中的每个灾害事件抽象提取出包括时间属性、空间属性、其他属性等灾害属性是十分必要的。这不仅可以帮助我们更好地了解和评估灾害事件的完整情况，也可以为制定有效的应急预案和灾后重建计划提供重要依据。

## 三、自然灾害链节点关系分析

在自然灾害链属性分析的基础上，需要进一步识别出不同自然灾害间的实体关系。这些节点关系揭示了各类自然灾害之间的内在联系和演变过程，从而为构建自然灾害链提供了重要依据。从灾害新闻文本数据中抽取灾害链关系，首先需要对灾害关系类型进行划分，灾害关系主要分为三种，即语义关系、空间关系、时序关系。

## （一）语义关系

语义关系包括因果关系、部分-整体关系、同源关系和损坏关系，有助于揭示灾害事件当中不同概念间的语义关联（见表4-4）。

因果关系（Causal relationship）：灾害链中的因果关系是指灾害之间存在的因果联系。这种联系可能是直接或间接的，并且一个灾害的发生可能会引发另一个或多个灾害的发生。例如，在暴雨-洪涝-泥石流这个灾害链中，暴雨是引发洪水的原因，而洪水又是引发泥石流的原因。这种因果关系的存在使得灾害的影响可能会在灾后继续扩大，造成更大的损失。根据因果关系又可将灾害链中的灾害事件划分为原生灾害及次生灾害等不同类别。

部分-整体关系（Part-Whole relationship）：灾害链作为一个完整的、有机的系统，其中每一个单独而零散的灾害事件都是构成这个系统的一个部分或环节，整体-部分关系体现了灾害链的复杂性和相互关联性。

同源关系（Homology relationship）：指的是灾害链中某些灾害事件（至少是两个灾害事件）具有相同的原生灾害或起源。这意味着这些灾害事件在灾害链中虽然可能表现为不同的灾害形式，但它们都源自同一个初始的灾害触发因素或事件。

损坏关系（Damage relationship）：指的是在连续发生的一系列灾害事件中，不同灾害对承灾体（受到灾害影响的对象，如建筑物、基础设施、农作物、生态系统或人类社会等）所造成的损坏或影响之间的相互关联。

表4-4 语义关系类型

| 关系名称 | 关系解释 | 表达式 |
|---|---|---|
| 因果关系（Causal relationship） | A灾害引发B灾害 | Induces（A，B） |
| 整体-部分关系（Part-Whole Relationship） | A灾害是B灾害链的一部分 | Is Part of（A，B） |
| 同源关系（Homology relationship） | A灾害与B灾害的原生灾害相同 | Homologous（A，B） |
| 损坏关系（Damage relationship） | A灾害损坏B承灾体 | Damages（A，B） |

## （二）空间关系

灾害事件具有显著的地理特征，通过深入分析这些空间关系，可以更好地理解灾害事件的地理分布和影响范围，为灾害预警、预测和应对提供重要依据。本书将空间关系划分为拓扑关系、距离关系、方位关系三种（见图4-5）。

拓扑关系揭示了空间中物体之间的连接方式和邻接状态。例如，城市中的建筑物之间可能存在拓扑关系。拓扑关系可以用来描述空间中的几何形状和结构，以及物体之间的连接和邻接状态，可进一步细分为相等、外切、内切等不同状态。

距离关系指的是空间中物体之间的线性测量。在二维空间里，可以通过两点间的直线距离来衡量。这些距离关系可以用来度量物体间的接近程度或远近关系，进一步细分为非常远、适中、非常近等状态。

方位关系描述的是物体相对于坐标轴或其他物体的位置。例如，上下、左右都可以被视为方位关系。方位关系可以用来确定物体之间的相对位置和方向，进一步细分为东、南、西、北等具体方向。

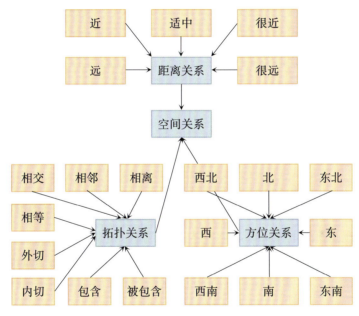

图4-5　空间关系

## （三）时序关系

时序关系用于描述灾害之间发生的先后次序，用时间点和时间段进行表达（见表4-5）。时间点描述了灾害的发生或者结束的时刻，时间段则描述灾害从开始到结束所经历的整个时间区间，定义完整的时序十分重要。

表4-5　时间关系类型划分

| 关系名称 | 中文解释 | 表达式 | 图示 |
|---|---|---|---|
| Before | 发生在……之前 | Before(B，A) | A　　　B |
| After | 发生在……之后 | After(B，A) | |

续表4-5

| 关系名称 | 中文解释 | 表达式 | 图示 |
|---|---|---|---|
| During | 在……期间 | During(B，A) | |
| Overlap | 相交 | Overlap(B，A) | |
| Disjoint | 相离 | Disjoint(B，A) | |
| Meets | 相连 | Meets(B，A) | |
| Equals | 相等 | Equals(B，A) | |

## 四、自然灾害链类型分析

在完成自然灾害链要素提取、属性分析、节点关系分析后，就可以构建出基本的灾害链结构，在此基础上就可以对灾害链的类型进行识别。本书基于灾害链的内在联系和演化方向，将自然灾害链划分为直线型、同源型、圆环型、网络型四个类型。

### （一）直线型灾害链

在直线型灾害链中，各种灾害的发生和发展呈现出一种线性、连续的关系，且灾害链中多种自然灾害之间具有明确的因果关系。一种灾害发生后，紧接着会触发下一种灾害，如此连续不断地发展下去。这种灾害链的特点在于其连续性和线性特征，即灾害之间呈现出一种直线状的传递关系。如图4-6所示，灾害A作为原生灾害引发了次生灾害B，次生灾害B又引发了灾害C，原生灾害A、次生灾害B以及位于末端的灾害C三种灾害之间具有较为明显的单向因果关系，例如，地震—滑坡—堰塞湖—堰塞湖溃坝—山洪。

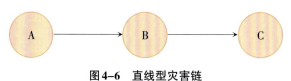

图4-6 直线型灾害链

## （二）同源型灾害链

同源型灾害链是指一种灾害链中多种自然灾害之间具有相同或相近的成因联系。这些自然灾害往往由同一种或多种因素引起或触发，而这些因素可能是物理的、化学的或生物的等。如图4-7所示，灾害A作为原生灾害引发了次生灾害B和次生灾害C，次生灾害B以及次生灾害C二者具有相同的原生灾害A。例如，暴雨引发了洪涝和滑坡两种次生灾害，这就是一种同源型灾害链。

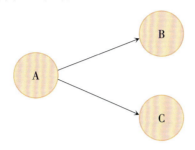

图4-7　同源型灾害链

## （三）圆环型灾害链

圆环型灾害链，又叫作循环型灾害链，是指一种灾害在发生发展过程中，其影响或后果又反过来作用于这种灾害本身，从而形成一种循环往复、逐步放大的灾害链结构（见图4-8）。这种灾害链的特点在于其循环性和相互增强的效果。例如，干旱与火灾就可构成圆环型灾害链。当某个地区长时间缺乏降雨时，会发生干旱；干旱会导致植被枯萎，地表干燥，从而增加了火灾的风险。一旦火灾发生，会迅速蔓延，烧毁大片植被，进一步破坏土壤的保水能力，使得地表更加干燥。这种地表干燥的状态又会进一步增加火灾的风险，形成干旱与火灾之间的恶性循环。

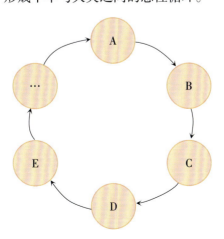

图4-8　圆环型灾害链

### （四）网络型灾害链

网络型灾害链是指在灾害发生过程中，不同种类的灾害之间相互交织、相互影响，形成一个复杂的灾害网络（见图4-9）。这种灾害链具有复杂性、相互依赖性、连锁反应和不可预测性等特点。在这个网络中，一种灾害的发生可能引发其他多种不同类型的次生灾害，而这些次生灾害又会进一步触发其他灾害，形成一个错综复杂的灾害链条。台风灾害链常表现为网络型，当一个台风登陆时，它首先会带来强风、暴雨和风暴潮等直接灾害。这些直接灾害会破坏房屋、基础设施和农作物等，造成人员伤亡和财产损失。同时，暴雨还可能引发洪水、山体滑坡和泥石流等次生灾害。这些次生灾害又会进一步影响交通、通信和救援等工作的进行，形成更加复杂的灾害网络。

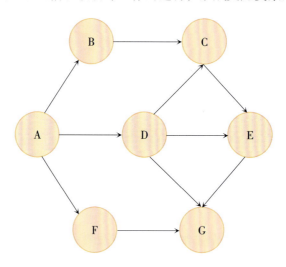

**图4-9　网络型灾害链**

灾害链种类有多种划分方式，除了上述基于表现形式的分类方式外，还可根据灾害性质将灾害链划分为气候灾害-地质灾害的灾害链、地震-其他地质灾害的灾害链、海洋-陆地灾害链等。此外，根据形成机制，可将灾害链划分为崩裂滑移链、周期循环链、支干流域链、树枝叶脉链、蔓延侵蚀链、冲淤沉积链、波动袭击链、放射杀伤链等；根据灾害链演化方式，可将灾害链划分为单链式、发散式、汇集式、循环式、网络式。由于这些划分方式在本书第二章进行了详细论述，所以此处不再赘述。

## 五、基于匹配规则的自然灾害链风险情景构建

现定义自然灾害链不同因素之间的匹配规则，构建出自然灾害链情景概念模型（见图4-10）。

（1）因果规则：仅指致灾因子与事件后果之间的匹配规则，致灾因子"造成"事件后果。因果规则定义了致灾因子与其直接后果之间的"造成"关系。它是灾害链中事件之间逻辑顺序和时间顺序的基础，确保了灾害链情景构建的连贯性和逻辑性。

（2）催生规则：仅指孕灾环境和致灾因子之间的匹配规则，孕灾环境"催生"致灾因子。催生规则建立了孕灾环境与致灾因子之间的"催生"关系，揭示了自然环境或社会环境如何为特定灾害的发生提供条件或诱因。

（3）作用规则：仅指致灾因子与承灾体之间的匹配规则，致灾因子"作用"承灾体。作用规则描述了致灾因子与承灾体之间的"作用"关系，即灾害如何影响具体的对象（如人、财产、环境等）。

依据上述定义好的自然灾害链中不同因素的匹配规则，可将前四步分解出的关于自然灾害链的要素、属性、节点关系及灾害链类型等零散情景因素，进行合理串联，最终构建出描述粒度细且结构良好、含义丰富、关系明确、要素齐全的自然灾害链情景，能够有效解决灾害链情景构建过程中的复杂性和不确定问题。

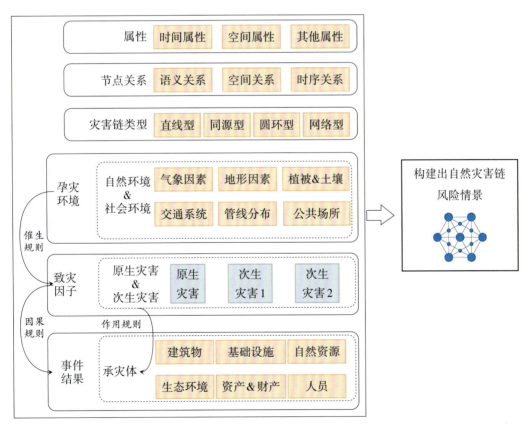

**4-10　基于匹配规则的自然灾害链风险情景构建**

# 第五章　自然灾害链风险评估

在自然灾害链风险识别的基础上，通过风险评估能获取关于自然灾害链风险更详细的知识与信息，为风险处置尤其是风险管理政策及减灾战略制定提供事实依据。传统的自然灾害风险评估主要从致灾因子危险性、孕灾环境敏感性、承灾体脆弱性以及防灾减灾能力角度进行综合分析。然而，灾害链与单灾种及多灾种叠加不同，它具有诱发性、时间延续性及空间扩展性，以灾害链为中心进行区域灾害综合风险评估，能厘清各灾种之间的相互作用关系，并更加真实地刻画出灾害链式演变过程所带来的风险。本章将从传统自然灾害风险评估和自然灾害链风险评估两方面展开介绍。

## 第一节　传统自然灾害风险评估

### 一、自然灾害风险评估概念模型

自然灾害风险评估是指在自然灾害风险识别的基础上，分析灾害发生的概率和损失程度，对风险相对重要性进行评价。简单来说，自然灾害风险评估是一种量化特定事件造成的后果可能性和危害程度的过程。

现有研究中，常见的自然灾害风险评估模型内容主要包括以下几个方面，即致灾因子危险性、致灾因子暴露性、承灾体脆弱性、防灾减灾能力和韧性，以及各类特殊灾害情境下所考虑的其他因素等。部分学者较为认可的主流的风险评估表达式如表5-1所示。

史培军提出，区域内灾害的发生是孕灾环境、致灾因子与承灾体三个子系统相互作用的结果，即由致灾因子危险性、孕灾环境稳定性（敏感性）和承灾体易损性（脆弱性）共同决定[1]。广义的灾害风险评估则根据灾害系统论，综合评估致灾因子、孕灾环境和承灾体后，将这三者结合构建整体的区域灾害系统，具体概念模型如图5-1所示。

---

[1] 潘耀忠、史培军：《区域自然灾害系统基本单元研究Ⅰ:理论部分》，《自然灾害学报》1997年第4期，第1—9页。

表5-1　灾害风险评估模型表达式

| 表达式 | 学者/机构 |
|---|---|
| $R = H \times V$ | 联合国救灾协调员办公室 |
| $R = (H \times V)/R$ | 亚洲减灾中心 |
| $R = H \times E \times V$ | 联合国减少灾害风险办公室(UNDRR) |
| $R = (H \times V \times E)/P$ | 张继权 |

注：$H$为致灾因子危险性；$V$为脆弱性；$E$为暴露性；$R$为韧性；$P$为防灾减灾能力。

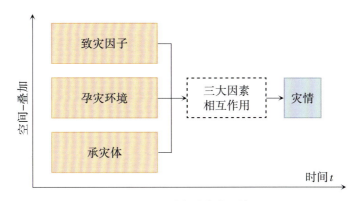

图5-1　区域自然灾害系统

注：本图根据《区域自然灾害系统基本单元研究Ⅰ：理论部分》整理。

以史培军所构建的区域灾害理论为基础，结合由联合国提出的在国际灾害风险领域被广泛认可的$H-E-V$框架，本书所采用的自然风险评估概念表达式为：

$$R(风险) = H \times E \times V \tag{5-1}$$

式（5-1）中，$H$为致灾因子，即区域内可能发生的自然灾害（natural hazard）；$E$为暴露于自然灾害风险下的要素（elements at risk）；$V$为暴露要素的脆弱性（vulnerability）。

# 二、自然灾害风险评估内容

## （一）致灾因子危险性

致灾因子是灾害事件发生的导火索，是直接引发灾害的原因。这些因素对财产、人员、资源环境和社会系统造成不同程度的冲击和损害。致灾因子包括自然致灾因子，如沙尘暴、洪水、海啸、火山喷发、泥石流、地震、滑坡、暴风雨等，还包括环境和人为致灾因子，如军事冲突、群体性冲突等。因此，部分研究者认为灾害的发生就是致灾因子作用于受灾体的结果，致灾因子是导致灾害发生的直接原因与根本原因。

在自然灾害中，致灾因子的危险性涉及引起灾害的自然变化的程度，主要取决于灾变活动的规模（强度）和频次（概率）。通常情况下，灾变的强度和频次愈发显著，灾害的风险也随之增大，从而最终导致的破坏和损失更为严重。

为了评估致灾因子的危险性，须测定致灾因子的大小。在数学领域，具备一定条件的子集大小可在可测空间中度量，这个度量子集大小的函数称为测度。拥有测度的空间被称为测度空间。以概率空间为例，它是一种测度空间，用于度量由事件构成的子集，亦被称为概率测度。要衡量致灾因子大小，可采用致灾因子的测度空间进行度量。例如，地震等级的定义域可以作为该致灾因子的测度空间，而地震等级的集合也可以作为该致灾因子的测度空间。因此，可以使用概率统计方法进行致灾因子的风险分析，其原理在于分析发生某一灾害情景的条件概率。

自然灾害系统的不确定性可以分为随机不确定性和模糊不确定性两种。其中，致灾因子是造成自然灾害系统产生随机不确定性的主要来源，致灾因子风险分析也成为了解致灾因子统计规律的重要途径。如今，许多人类已知的自然灾害已经可以进行分阶段地评估与预测，除了重现期的基本分析外，现阶段学者研究的重心转移到对未来趋势的精准预测上。

综上所述，自然灾害致灾因子的危险性评估主要包括以下内容：一是各类自然灾害致灾因子的统计概率与重现期等估计；二是自然灾害致灾因子发生的具体时间、地点、强度等因素的评估预测。

致灾因子危险性评估是自然灾害风险评估中最重要的一环。其针对不同诱发因子，确定诱发因素频率与强度的乘积作为灾害危险性评估的一般模型。然而，在不同的灾害种类、理论背景以及建模思路下，不同机构或学者建立了不同的评估模型来对某类自然灾害进行致灾因子危险性评估。我国对于致灾因子危险性评估大部分采用基于指标体系构建的风险评估方法，但在不同灾种下，致灾因子危险性评估模型有所差异，其中部分灾害的致灾因子危险性评估模型如表5-2所示。

表5-2 致灾因子危险性评估模型

| 灾害 | 学者 | 模型 |
|---|---|---|
| 台风 | 牛海燕等 | 台风致灾因子指数模型：<br>$$Z(\omega,r,s)_j = \sum_{i=1}^{n} W_i \times N_{ij} (i=1,2,\cdots,n)$$<br>式中，$Z_j$表示第$j$地区的致灾因子指数；$W_i$表示第$i$指标权重；$N_{ij}$表示第$j$地区第$i$指标的年均频次。 |

| 灾害 | 学者 | 模型 |
|---|---|---|
| 霜冻 | 李红英等 | 霜冻致灾因子危险性指数($FI$)为：<br><br>$$FI = \sum_{i=1}^{n}(AT_i \times P_i)$$<br><br>式中，$i$表示霜冻灾害等级（分为轻、中、重3级）；$AT_i$表示各等级霜冻强度指数；$P_i$表示各等级霜冻发生频率。 |
| 干旱 | 李红英等 | 干旱致灾因子危险性指数$Fd_i$计算模式：<br><br>$$Fd_i = \sum_{j=1}^{n} P_{ij} p_{ij}$$<br><br>式中，$i,j$分别表示两种干旱指标及对应的干旱强度；$p$表示干旱强度低于界限强度指数的发生概率；$P$表示各干旱强度等级的界限强度指数。 |
| 冰雹 | 张核真等 | 各台站的冰雹综合强度指数($V_j$)为：<br><br>$$V_j = \sum_{i=1}^{5}(w_i \cdot c_{ij})$$<br><br>式中，$c_{ij}$为第$j$个台站$i$级强度冰雹日数；$w_i$是$i$级强度冰雹的权重。假设有5级强度，则$w_i=i/15$，$i=1,2,\cdots,5$，即权重按照1:2:3:4:5形式确定，即强度越强给定的权重越大。 |

## （二）孕灾环境敏感性

孕灾环境包括自然环境和人文环境，孕灾环境的恶化与灾害发生频次、灾害造成的损失有着密切关系，其中影响最大的因素是气候和地表覆盖的变化，同时物质文化的变迁也会对孕灾环境造成一定程度的影响。由于不同的环境系统具备不同的致灾因子，因此对孕灾环境分析也要注重地球系统整体的变化与影响。孕灾环境的稳定性是一种定量的指标，关系到某种自然灾害发生的复杂性与强度以及发生后所造成的损失。

孕灾环境研究的主要内容包括区域环境演变的时空规律、制作并分析自然环境动态图、研究环境变化与致灾因子之间的关系等。在考虑各种因素的综合影响下，通过分析不同环境演变过程中区域自然灾害的时空规律，可以对未来灾情作出有效的预测。

在孕灾环境研究中，孕灾环境敏感性是最重要的定量指标。孕灾环境敏感性是指灾害区域内自然或人文环境对该灾害的敏感程度，敏感程度越高，自然灾害风险就越大，自然灾害造成的破坏和损失也越严重。随着定量方法与研究的深入，孕灾环境敏感性已经成为区域自然灾害风险评估的重要组成部分。

对孕灾环境敏感性分析建立在森林减少、生物多样性破坏、土地退化、水土流失地面下沉、海水入侵等生态环境变化的基础上。因此，对孕灾环境敏感性分析应包括以下几个方面：首先是区域环境的稳定性以及自然灾害在区域内发生的频次与强度的研究，其目的在于了解不同区域、不同环境对灾害的敏感程度，以及不同环境下灾害发生的时空分布情况。其次是通过对环境演变的评估，进而确定自然灾害发生的阈值，有助于预测和评估灾害重复发生的可能性。最后是对一定时期内自然灾害分布模式的研究，为制定区域的防灾减灾规划以及灾后的恢复措施提供科学依据。表5-3显示了不同灾害类型孕灾环境敏感性评估模型构建情况。

**表5-3 孕灾环境敏感性评估模型**

| 灾害 | 学者 | 模型 |
|---|---|---|
| 洪涝 | 莫建飞等 | 构建基于地形、水系、植被一级指标的洪涝灾害孕灾环境敏感性评估指标体系，并进行加权综合评价，具体计算模型为：<br>$$V = \sum_{i=1}^{n} W_i \times D_i$$<br>式中，$V$是评价因子的值；$W_i$是指标$i$的权重；$D_i$是指标$i$的规范化值；$n$是评价指标个数。 |
| 滑坡 | 王志恒等 | 构建从整体上反映某一类因子对滑坡失稳的影响程度，即敏感性影响指数$E$，计算过程为：<br>$$E_i = CF_{(i,\ max)} - CF_{(i,\ min)}$$<br>式中，$CF_{(i,max)}$为孕灾环境因子$i$各类别对滑坡确定性系数值（$CF$）的最大值；$CF_{(i,min)}$为孕灾环境因子$i$各类别对滑坡确定性系数值（$CF$）的最小值。 |
| 台风 | 殷洁等 | 不同强度等级台风孕灾环境敏感性进行等权重求和：<br>$$P_{ij} = \frac{1}{2}(\alpha_{ij} + \beta_{ij})$$<br>式中，$\alpha_{ij}$和$\beta_{ij}$分别代表$i$级台风登陆$j$县的频数和台风路径长度归一化指数。 |
| 风沙 | 王玉竹等 | 选择植被覆盖度、土壤类型和干燥程度作为孕灾环境的指标。植被覆盖度主要由最大NDVI数据计算得到，干燥程度（当地某时间段内的蒸发量和同期降水量之比）主要通过研究区内105个气象站点干燥数据插值得到，最后，由层次分析法加权得到最终孕灾环境敏感性指数。 |

## （三）承灾体脆弱性

承灾体是暴露于灾害风险下的社会和资源的集合体，其脆弱性是指其受到一定强度打击后所遭受的损失程度。评估的结果可以为灾害风险管理和减灾措施的制定提供依据，以提高社会的抵御能力和适应能力。

脆弱性评估的目的是在评估的基础上采取适当的措施来减少灾害风险和提高灾害抵御能力。脆弱性评估通常包括三个方面：物理脆弱性、社会经济脆弱性和环境脆弱性等。物理脆弱性评估主要关注承灾体的结构和材料特性，包括抗震性能、抗风能力、抗洪能力等。社会经济脆弱性评估主要关注承灾体的社会经济属性和功能，包括人口密度、经济产出、基础设施等。环境脆弱性评估主要关注承灾体所在的自然环境特征，包括土地利用类型、植被覆盖度、水资源状况等。

脆弱性评估的方法包括定性评估和定量评估两种。定性评估主要基于专家的经验和判断，通过对承灾体的观察和分析，评估其脆弱性水平。定量评估则基于数学模型和统计方法，通过对承灾体的物理属性和特征进行量化，计算脆弱性指标。

脆弱性评估可从广义和狭义两个层面理解。广义脆弱性评估是对灾害系统的脆弱性进行评估，而狭义脆弱性评估则是评估人类社会经济系统对致灾因子的敏感程度。通常情况下，脆弱性较高的系统在灾害发生后更容易遭受损失，相反，脆弱性较低的系统在灾后造成损失的概率较小。

对于广义脆弱性（$V_1$），式（5-2）给出其一般评估模型：

$$V_1 = V_{SE} \bigcap V_E \bigcap V_{ST} = f(H, E, \phi, \lambda, h, t) \qquad (5-2)$$

式（5-2）中，$V_{SE}$ 表示区域时空脆弱性，$V_E$ 表示孕灾环境脆弱性，$V_{ST}$ 表示承灾体脆弱性；$H$ 表示人类系统，$E$ 表示环境系统，$\phi$ 表示纬度，$\lambda$ 表示经度，$h$ 表示高度，$t$ 表示时间。

对于狭义脆弱性（$V_2$），式（5-3）给出其一般评估模型：

$$V_2 = V_E \bigcap V_{SH} \bigcap V_P = f(E, S, H, P, \Delta\phi, \Delta\lambda, \Delta h, \Delta t) \qquad (5-3)$$

式（5-3）第二段中，$V_E$ 表示经济脆弱性，$V_{SH}$ 表示社会与人文脆弱性，$V_P$ 表示政治脆弱性。第三段中，$E$ 表示经济，$S$ 表示社会，$H$ 表示人文，$P$ 表示政治，$\Delta\phi$ 表示单元纬度，$\Delta\lambda$ 表示单元经度，$\Delta h$ 表示单元高度，$\Delta t$ 表示时段。

在脆弱性评估中，需要选择适当的指标，并对这些指标进行筛选和排序，同时构建合适的模型来评估脆弱性水平。然而，目前在实际工作中，指标的筛选和排序以及模型的构建仍然存在一些困难。在指标的筛选和排序方面，需要遵循一些原则。首先，选择的指标应该具有重要性、可比性和定量性。重要性意味着指标应该能够真实地反映承灾体的脆弱性程度。可比性意味着不同指标之间应该可以进行比较，以便进行比较和排序。定量性意味着指标应该能够被量化和计算。此外，指标的选择需要体现出区域特色，揭示其主要因素，并考虑到系统性。评价体系还应该突出控制水平，宜简不宜繁，并考虑到稳定性。

评价模型的构建是评估脆弱性的关键。评价模型应该能够准确地评估承灾体的脆弱性水平。常见的评价模型可以分为统计模型和动力模型两类。统计模型基于历史数据和统计方法，通过建立数学模型来评估脆弱性。动力模型基于物理规律和动力学原理，通过建立物理模型来模拟和预测承灾体的脆弱性。常见的承灾体脆弱性模型见表5-4所示。

**表5-4　承灾体脆弱性评估模型**

| 灾害 | 学者 | 模型 |
|---|---|---|
| 洪涝 | 高超等 | 选取淮河干流区基于社会经济数据的9种脆弱性指标,构建暴雨洪涝灾害承灾体脆弱性评估体系,运用不同方法对各脆弱性评估指标进行表达;利用熵值法改进的层次分析法对各指标赋值并进行4种算法下的脆弱性评估 |
| 干旱 | 张维诚等 | 建立河南地区干旱脆弱性评估模型,并对研究地区进行干旱脆弱性指数区划地图制作与时空分析 |
| 地质 | 刘艳辉等 | 以乡镇单元和行政村单元为最小单元研究,构建4个一级指标、19个二级指标组成的地质灾害承灾体脆弱性评价指标体系;采用TOPSIS进行指标的权重计算与排序 |
| 风暴洪水 | 殷杰等 | 测算人口脆弱性指数,具体计算公式如下:<br>$$F(h) = e^{\frac{h-5.58}{0.82}} \ (0 \leqslant h \leqslant 5.58)$$<br>$$F(h) = 1 \ (h \geqslant 5.58)$$<br>式中,$h$为淹没深度,$F(h)$为人员伤亡率。 |

# 第二节　多灾种综合风险评估

## 一、多灾种及其风险评估概念

随着社会经济的迅速发展,自然灾害所带来的损失也不断增长。鉴于自然灾害风险的多样性(原因复杂)、系统性(多种灾害风险同时发生带来复杂后果)和不可预测性(新风险或罕见风险可能随时暴发),近年来,人们在总结自然灾害管理历史经验的基础上提出了综合自然灾害风险管理策略,即综合自然灾害风险管理 (Integrated Natural Disaster Risk Management,简称INDRM)[1]。

多灾种是相对于单灾种而存在的一个概念,通常是指在一个特定地区和时段,多种致灾因子并存或并发的情况。目前没有一个统一的定义来描述多灾种风险,通常指由多种灾害因素引起的总体风险。由于涉及多种灾害因素,各个因素之间存在复杂的

---

[1] 张继权、冈田宪夫、多多纳裕一:《综合自然灾害风险管理》,《城市与减灾》2005年第2期,第1-5页。

关系，导致了承灾体受到多种灾害因素影响。

多灾种综合风险评估是指使用一定的理论和方法，对区域内多种致灾因子影响下的总风险进行综合评估。其评估的主要目的是为利益相关者或决策者掌握区域的总体风险状况、制定区域土地利用规划和安排防灾减灾资金等，以达到有效减轻灾害风险的目的。多灾种风险评估需要基于单灾种风险研究，但其评估方式是一个综合的过程，需要考虑致灾因子、孕灾环境、承灾体等多因素，因此其评估方式会显得更加复杂。

## 二、多灾种综合风险评估流程

多灾种综合风险评估是分析特定区域内多种灾害因素发生的概率，以及灾害发生后承灾体的暴露程度和可能受到的损害。基于多灾种综合风险评估定义，本书结合国内外已有的灾害风险评估理论和案例研究成果，提出以下风险评估流程：风险识别、区域分析、评估方法选择、数据收集、致灾因子分析、暴露性分析、脆弱性分析和综合风险评估（见图5-2）。

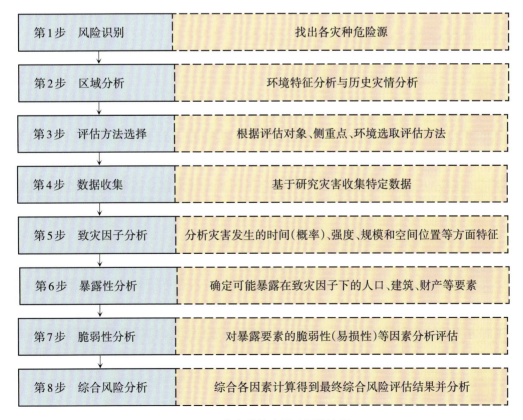

| 第1步 风险识别 | 找出各灾种危险源 |
| 第2步 区域分析 | 环境特征分析与历史灾情分析 |
| 第3步 评估方法选择 | 根据评估对象、侧重点、环境选取评估方法 |
| 第4步 数据收集 | 基于研究灾害收集特定数据 |
| 第5步 致灾因子分析 | 分析灾害发生的时间(概率)、强度、规模和空间位置等方面特征 |
| 第6步 暴露性分析 | 确定可能暴露在致灾因子下的人口、建筑、财产等要素 |
| 第7步 脆弱性分析 | 对暴露要素的脆弱性(易损性)等因素分析评估 |
| 第8步 综合风险分析 | 综合各因素计算得到最终综合风险评估结果并分析 |

**图5-2 多灾种综合风险评估流程**

## （一）风险识别

风险识别是风险评估的前提，其通过对研究区域的自然灾害情况进行调查与分析，确定研究区域的易发灾害类型。

## （二）区域分析

区域分析可以分为环境特征分析和历史灾情分析两部分。环境特征分析对研究区域内的地质、地貌、气象、水文等自然地理环境特征进行调查分析，以深入了解研究区域的自然条件。历史灾情分析则以研究区域内的历史灾情资料为依据，通过对各类灾害产生的原因与潜在风险的宏观认识，对灾害的发生机制和可能性进行分析。最后，提取不同灾害在该区域发生的时间、地点、强度、概率等文字资料，为后续评估研究的展开做准备。

## （三）评估方法选择

自然灾害评估方法的选择需要根据所评估的对象（包括致灾因子危险性、孕灾环境暴露性、承灾体脆弱性以及其他相关因素等）、评估的侧重点（结果类型）以及评估的环境（数据获取性、模拟可行性等）来确定。

## （四）数据收集

选定特定评估方法后，要基于不同类型灾害收集特定数据。若采用基于指标体系的风险评估，需要根据风险评估具体指标进行孕灾环境、承灾体数据收集。若采用基于概率统计的风险评估方法，需要根据所构建的风险概率模型进行数据收集。若采用基于情景模拟的风险评估方法则需要收集大量的数据（主要是地理信息数据和遥感数据），并对所收集的数据进行具体统计与分析。

## （五）致灾因子分析

灾害风险分析的初始阶段通常是对致灾因子的危险性进行分析。不同类型的灾害一般会产生具有自身特征的致灾因子，需要对不同类型自然灾害发生的时间、空间、强度等方面特征进行相关的统计分析。通过建立风险序列，可以更好地理解灾害的风险情况，并在此基础上进行风险区划。

## （六）暴露性分析

暴露性分析需要确定孕灾环境中暴露的关键要素并对其进行定量分析。为了有效评估区域风险，需要确定暴露在研究区域内特定灾种致灾因子影响下的各类因素，比如人口、财产、建筑等都可以作为关键暴露要素加入分析。

### （七）脆弱性分析

脆弱性分析是研究区域内暴露要素的脆弱性、抵御灾害的能力以及灾后恢复能力。为了实现这一目标，需要进行资料收集和实地调查等工作，以确定各承灾体相对于特定自然灾害的灾损率，并建立灾损曲线。通过这些工作，我们能够更好地了解暴露要素的脆弱性程度，评估其抵御灾害的能力，并为灾后恢复提供参考依据。

### （八）综合风险分析

综合风险分析是综合考虑致灾因子危险性、孕灾环境敏感性、承灾体暴露性、防灾减灾能力以及其他相关因素，计算得到最终综合风险评估结果，并结合专业领域知识，对评估结果进行更深层的分析。

## 三、多灾种综合风险评估方法

多灾种风险评估是指采用一定的理论和方法，对区域内多种致灾因子影响下的总风险进行综合评估。多灾种风险评估的主要目的是为利益相关者或决策者掌握区域的总体风险状况、制定区域土地利用规划和安排防灾减灾资金等服务，以达到有效减轻灾害风险的目的。

在进行多种自然灾害的风险评估时，必须考虑从单一灾害风险到多种灾害风险的过渡。在评估时，可以选择对测量对象及测量方法进行综合。其中，对测量对象进行综合时，需要考虑构成风险的各种因素，如致灾因子的危险性、孕灾环境的暴露性以及承灾体的脆弱性，最终通过计算得到一个综合指标。而对测量方法进行综合时，可以考虑综合等级矩阵法、赋权法和联合概率法等。

表5-5通过应用区域、评估单元、评价灾种、风险指标和方法描述等方面，对现有研究中的前沿或认可度高的多灾种评估方法进行了综述。这些方法基本上是在单灾种风险评估的基础上进行的，通过不同的方式将单灾种风险综合成多灾种风险。与单灾种风险评估不同，多灾种风险评估把动力来源不同、特征各异的多种灾害放在一个区域系统里进行综合评价。

表 5-5　多灾种风险评估方法

| 方法 | 应用区域 | 评估单元 | 评价灾种 | 风险指标 | 方法描述 |
|---|---|---|---|---|---|
| DRI多灾种风险评估 | 全球 | 国家 | 地震、热带气旋、洪水、干旱4种自然灾害 | 人口死亡风险 | 指标法（评价了全球范围的人口死亡风险，针对不同灾种分别界定反映脆弱性的社会经济指标） |
| Hotspots多灾种风险评估法 | 全球 | 2.5′×2.5′格网 | 地震、洪水、滑坡、飓风、泥石流等自然灾害 | 人口死亡风险、经济损失风险 | 指标法（运用栅格单元计算死亡风险和经济损失风险；对承灾体脆弱性等特征考虑较为全面） |
| 慕尼黑再保险公司灾害指标风险评估法 | 全球最大的50个城市 | 城市 | 地震、台风、洪水、火山爆发、森林火灾和寒害灾害 | 经济损失风险 | 指标法（用历史经济损失指标衡量致灾因子危险性，脆弱性包含了设防水平，暴露度考虑城市在全球经济中的地位） |
| ESPON综合风险评估法 | 欧盟27个成员国、挪威、瑞典 | NUT-3 | 雪崩、地震、洪水等15种自然灾害 | 综合风险 | 指标法（致灾因子涵盖主要的自然和人为致灾因子，考虑全面；多致灾因子危险性采用了德尔菲法进行加权综合，综合脆弱性也是对评价指标加权综合得到） |
| JRC综合风险评估法 | 欧盟 | NUT-3 | 洪水、泥石流、干旱等自然灾害 | 综合风险 | 概率统计法（致灾因子的评估依据历史灾害发生的概率和强度；针对不同致灾因子，分别进行不同的承灾体脆弱性和暴露性评价） |
| 中国自然灾害风险与区域安全性分析方法 | 中国 | 地市 | 地震、洪涝、干旱、气象灾害等自然灾害 | 综合风险 | 指标法（全国范围的区域安全性分析，对21世纪的中国重大自然灾害风险进行了预测；综合考虑自然灾变强度、易损性和减灾能力3个风险要素） |

| 方法 | 应用区域 | 评估单元 | 评价灾种 | 风险指标 | 方法描述 |
|---|---|---|---|---|---|
| 北京师范大学中国自然灾害综合风险评估法 | 中国 | 1 km×1 km 网格 | 地震、台风、旱灾、滑坡等12种自然灾害 | 综合风险 | 指标法(全国范围的多灾种综合风险评估,考虑的自然灾害种类全面;基于客观数据通过灾种的发生频次来确定权重) |
| 南卡罗来纳州综合风险评估 | 美国南卡罗来纳州 | 郡 | 飓风、洪水、地震、火灾、雪灾、干旱等8种自然灾害 | 综合风险 | 概率统计法与指标法(将致灾因子的综合发生概率和社会脆弱性评估结果相加得到区域总脆弱性,以此表示多灾种风险;社会脆弱性的指标选择较为全面) |
| 浙江省自然灾害综合风险评估 | 浙江省台州市 | 最小为村级 | 台风、洪涝、干旱、风雹、雷暴、滑坡等10种自然灾害 | 综合风险 | 概率统计法与指标法(选择了地市、县、村3种不同空间尺度的研究区域进行分别评价;致灾因子考虑了发生频率和强度;脆弱性考虑了抗灾救灾能力;采用等级矩阵的风险分级方法略显粗糙) |
| 基于 GIS 的多灾种耦合风险评估 | 中国北京市 | 最小行政单位 | 沙尘暴、干旱、地震等 11 种自然灾害 | 综合风险 | 指标法(考虑到各灾种之间的因果触发关系,进行多灾种耦合风险评估) |
| 冰岛多灾种风险评估法 | 冰岛西北部 Bíldudalur 村 | 1 m×1 m 网格 | 雪崩、泥石流和岩崩等自然灾害 | 经济损失风险和生命风险 | 指标法(同时考虑个体、客体生命风险和经济风险;致灾因子的选取区域针对性强,并且考虑了时空关系;多灾种的风险等于单一灾种的风险简单相加的方法) |
| 科隆市灾害风险比较评估 | 德国科隆市 | 市 | 洪水、风暴、地震 | 经济损失风险 | 概率统计法(分别得到3个灾种的损失–超越概率曲线,并放在同一坐标系中进行比较;模型建立在大量的假设和简化的基础之上) |

续表5-5

| 方法 | 应用区域 | 评估单元 | 评价灾种 | 风险指标 | 方法描述 |
|------|---------|---------|---------|---------|---------|
| 多灾种综合风险评估软层次模型 | 云南省丽江市 | 地市 | 洪水、地震 | 综合风险 | 概率统计法（采用模糊信息粒化方法,考虑了灾害系统的不确定性;利用模糊转化函数统一了灾种的量纲） |
| 苹果气象灾害综合风险评估 | 甘肃东部22个县(区、市) | 县级 | 干旱、冰雹、花期冻害、阴雨 | 综合风险 | 指标法（采用层次分析法-熵值法赋权,主客观结合） |
| 多灾种自然灾害风险综合评价 | 陕西省咸阳市 | 地市 | 地震、地质灾害、洪涝灾害 | 综合风险 | 指标法（采用层次分析法对每种类别灾害及其危险性分析进行计算,栅格数据收集完整,但评价方法存在主观性问题） |
| 多灾种耦合风险评估 | 福建省泉州市 | 地市 | 地震、滑坡、海水入侵等7种自然灾害 | 综合风险 | 概率统计法与指标法（建立耦合模型,再通过风险矩阵法将耦合后的多灾种危险性与城市规划用地易损性相结合,得到综合风险图;灾种考虑全面,模型科学直观） |
| 多灾种自然灾害风险的生态安全评价 | 长白山地区 | 县级区域 | 气象灾害、地质灾害、火山爆发 | 综合风险 | 指标法（采用极差法、层次分析法、综合指数法,方法选取合理,且各类数据收集完整） |
| 区域多灾种综合风险度评估 | 长三角地区 | 县级区域 | 台风、洪涝灾害、地震 | 综合风险 | 指标法（致灾因子相加得到多致灾因子危险度指数;使用熵值法对计算得到脆弱性指数;以人口密度作为承灾体暴露性指标） |

根据表5-5可知，多灾种风险评估的方法可以从不同角度进行分类分析，包括根据大小尺度进行划分、根据评估结果进行划分等。但不同的灾种组合以及不同的尺度下，运用的评估方法既有共性，也存在差异性，具体选择哪种测量方法还需要研究者进行科学合理的研判。

## 四、国际风险评估报告

随着多灾种风险研究的兴起，国际上在多灾种风险评估方面取得了重要进展。在学术界，综合考虑危险性、暴露度和脆弱性这三个因素，以及基于此建立的灾害风险评估框架成为国际灾害风险研究的主流，全球多个多灾种风险评估报告开始陆续发布。基于此，本书将选取全球气候风险指数（CRI）、《全球减少灾害风险评估报告》（GAR）、《全球风险报告》（WRI）、INFORM风险指数（IRI）和《全球自然灾害评估报告》（GNDAR）这5个具有代表性的全球多灾种风险评估指数和报告展开论述。

### （一）全球气候风险指数（CRI）

全球气候风险指数（Global Climate Risk Index，简称CRI）是由德国观察（Germanwatch）机构发布的年度全球气候风险指数。该指数以慕尼黑再保险公司的数据库为基础，测量结果以绝对值和相对值的形式展现。该指数自2005年开始发布，每隔一年发布一次，主要分析国家和地区受天气相关损失事件（风暴、洪水、热浪等）影响的程度。除此之外，该报告还分析了气候变化对极端天气事件的影响及应对措施，以及国际韧性政策的现状。

该指数不能代表全面的气候脆弱性，它仅代表了与气候相关的影响和相关脆弱性整体拼图中的一个重要组成部分。该指数侧重于极端天气事件，如风暴、洪水和热浪，但不考虑重要且缓慢发生的事件，如海平面上升、冰川融化或海洋变暖和酸化。它以过去的数据为基础，不应作为对未来气候影响的线性预测的基础。此外，需要注意的是，一个极端事件的发生不能简单地归因于气候变化。然而，气候变化是改变这些事件发生的可能性和强度的一个重要因素。有越来越多的研究机构正在探讨将极端事件的风险归因于气候变化的影响。必须结合数据的可得性、质量以及数据收集的基本方法来看待这一指数。同时，该指数不包括受影响的总人数（除死亡人数外），因为这种数据的可比性非常有限。下文将展示2021年CRI年度报告部分内容。

2021年，全球气候风险指数分析了国家和地区受天气相关事件（风暴、洪水、热浪等）影响的程度，具体对人员的影响（死亡）和直接经济损失进行了分析。该年度报告考虑了现有的最新数据——2019年和2000年至2019年的数据。莫桑比克、津巴布韦和巴哈马是2019年受影响最严重的国家，其次是日本、马拉维和阿富汗。表5-6显示了2019年受影响最严重的10个国家（后10名），以及它们的平均加权排名（CRI得分）和与所分析的4个指标相关的具体结果。

表5-6　2019年受影响最严重的10个国家

| 银行业 2019(2018) | 国家 | CRI 评分 | 极端 事件 | 每10万名 居民中发生的 死亡人数 | 绝对损失: （单位:百万 美元） | 单位 GDP损失 百分比 | 2020人类 发展指数 排名 |
|---|---|---|---|---|---|---|---|
| 1(54) | 莫桑比克 | 2.67 | 700 | 2.25 | 4930.08 | 12.16 | 181 |
| 2(132) | 津巴布韦 | 6.17 | 347 | 2.33 | 1836.82 | 4.26 | 150 |
| 3(135) | 巴哈马 | 6.50 | 56 | 14.70 | 4758.21 | 31.59 | 58 |
| 4(1) | 日本 | 14.50 | 290 | 0.23 | 28899.79 | 0.53 | 19 |
| 5(93) | 马拉维 | 15.17 | 95 | 0.47 | 452.14 | 2.22 | 174 |
| 6(24) | 阿富汗 | 16.00 | 191 | 0.51 | 548.73 | 0.67 | 169 |
| 7(5) | 印度 | 16.67 | 2267 | 0.17 | 68812.35 | 0.72 | 131 |
| 8(133) | 南苏丹 | 17.33 | 185 | 1.38 | 85.86 | 0.74 | 185 |
| 9(27) | 尼日尔 | 18.17 | 117 | 0.50 | 219.58 | 0.74 | 189 |
| 10(59) | 玻利维亚 | 19.67 | 33 | 0.29 | 798.91 | 0.76 | 107 |

注：表格来源于《2021年全球气候风险指数》。

考虑长期气候风险指数，波多黎各、缅甸和海地已被确定为这20年间受影响最严重的国家，其次是菲律宾、莫赞比克和巴哈马。表5-7显示了10个受影响最严重的国家过去20年的平均加权排名（CRI得分）和与所分析的4个指标有关的具体结果。2021年发布的全球气候风险指数是按照2000—2019年20年间的平均值计算的。然而，长期垫底的10个国家的名单可以分为两组：第一组是那些由于特殊灾害而受到最严重影响的国家；第二组是那些持续受到极端事件影响的国家。属于第一组的国家包括缅甸，2008年的飓风纳尔吉斯对其造成了过去20年95%以上的损失和死亡；波多黎各，2017年的飓风玛丽亚对其造成了98%以上的损失和死亡。2017年，严重的飓风季节已经使当年成为全球气候灾难中损失最惨重的一年。2019年3月的飓风ldai是印度洋有记录以来最致命、损失最大的气旋，也是影响非洲和南半球最严重的热带气旋。在过去的几年中，第二组国家在排名中的位置有所提高，例如海地、菲律宾和巴基斯坦这样经常受到灾害影响的国家，在长期指数和每一年的指数上一直都是受影响最严重的国家。此外，一些国家仍在从上一年的影响中恢复。其中一个例子是菲律宾，由于其所处地理位置，菲律宾经常受到热带气旋的影响，例如2012年宝霞、2013年哈扬和2018年山竹。一些欧洲国家出现在后30名名单中，在很大程度上可以归因于2003年的热浪事件，这次热浪造成的死亡人数较多，整个欧洲有7万多人死亡。虽然其中一些国家经常受到极端事件的袭击，但由于其应对能力强，经济损失和死亡人数与国家的人口和经济实力相比相对较小。

表5-7　长期气候风险指数(CRI)：2000—2019年受影响最大的10个国家

| CRI 2000—2019 (1999—2018) | 国家 | CRI 评分 | 极端事件 | 每10万名居民中发生的死亡人数 | 绝对损失：(单位：百万美元) | 单位GDP损失百分比 | 事件数量 (2000—2019) |
|---|---|---|---|---|---|---|---|
| 1(1) | 波多黎各 | 7.17 | 149.85 | 4.12 | 4149.8 | 3.66 | 24 |
| 2(2) | 缅甸 | 10.00 | 7056.45 | 14.35 | 1512.11 | 0.80 | 57 |
| 3(3) | 海地 | 13.67 | 274.05 | 2.78 | 392.54 | 2.30 | 80 |
| 4(4) | 菲律宾 | 18.17 | 859.35 | 0.93 | 3179.12 | 0.54 | 317 |
| 5(14) | 莫桑比克 | 25.83 | 125.40 | 0.52 | 303.03 | 1.33 | 57 |
| 6(20) | 巴哈马 | 27.67 | 5.35 | 1.56 | 426.88 | 3.81 | 13 |
| 7(7) | 孟加拉国 | 28.33 | 572.50 | 0.38 | 1850.04 | 0.41 | 185 |
| 8(5) | 巴基斯坦 | 29.00 | 502.45 | 0.30 | 3771.91 | 0.52 | 173 |
| 9(8) | 泰国 | 29.83 | 137.75 | 0.21 | 7719.15 | 0.82 | 146 |
| 10(9) | 尼泊尔 | 3133 | 217.15 | 0.82 | 233.06 | 0.39 | 191 |

注：表格来源于《2021年全球气候风险指数》。

## （二）《全球减少灾害风险评估报告》（GAR）

《全球减少灾害风险评估报告》（*Global Assessment Report on Disaster Risk Reduction*，简称GAR）是联合国关于全球减少灾害风险工作的旗舰报告，由联合国减少灾害风险办公室（UNDRR）出版，是各国公共和私人灾害风险相关科学和研究的成果。该报告自2009年首次发表以来，每两年发表一次，由于疫情原因，本应在2021年发表的GAR推迟到2022年发布。

GAR 2022探讨了全球范围内各级组织和系统应该进行的某些演变，以更好地应对系统性风险。该报告显示了治理体系需要如何发展以反映人类、地球和繁荣间相互关联的价值，概述了改变可持续性、生态系统价值和未来气候变化影响因素的衡量指标等行动是如何产生强大的影响（包括揭露现有系统中岌岌可危的失衡状态）。为了解风险而投入是可持续发展的基础，但这需要与金融和治理体系的改进相联系，以解释当前不采取措施以应对气候变化等风险的实际成本。如果不能做到这一点，那么财务资产负债和治理决策会继续变得碎片化，变得越来越不准确、效率低下。

根据报告内容，人类活动正在创造更大、更危险的风险，并将地球推向生存和生态系统的极限。降低风险需要成为加快应对气候变化、实现可持续发展目标等行动的核心。如果按目前的趋势继续发展，全球每年的灾害数量可能会从 2015 年的约 400 起增加到 2030 年的 560 起——预计在整个《仙台框架》的规划周期内将增加 40%（见图 5-3）[①]。

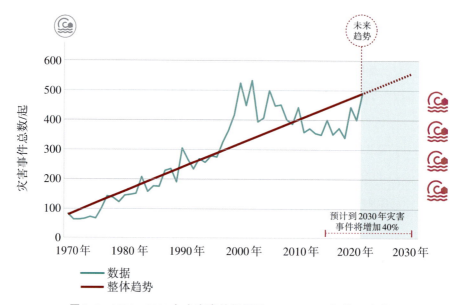

图 5-3　1970—2020 年灾害事件数量及 2021—2030 年的预计增长

过去的 30 年间，灾害造成的年均直接经济损失增加了 1 倍以上，从 20 世纪 90 年代的平均约 700 亿美元增长至 21 世纪前 10 年的 1700 多亿美元，增加了约 145%。然而，灾害的影响远不止经济损失那么简单，还从根本上动摇了社会和生态系统。

当前，政策和个人行动能够扭转这一趋势，但前提是更好地理解系统性风险并加快采取降低风险的行动。风险是致灾因子事件与脆弱性和暴露度综合作用下的函数这一基本关系式尚未改变。然而，在当今全球化的世界中，在互连的数字和实体基础设施、全球一体化供应链以及城市化和人口流动性增加等因素的影响下，往往会产生系统性风险。网络容易受到故障、病毒感染和包括来自恶意第三方在内的攻击。我们无法完全消除系统性风险，但可以更有效地减少和应对这些风险。应对系统性风险需要以现有的风险降低知识为基础，同时还需要针对系统性风险特征（如

---

① 《2022 年全球自然灾害评估报告》。

其级联效应以及其固有的复杂性和不确定性）开发更加强大的应对方法。报告中所阐述的索马里粮食体系的系统性风险示意图对粮食体系遭到破坏和产生的级联效应进行了概述（见图5-4）。

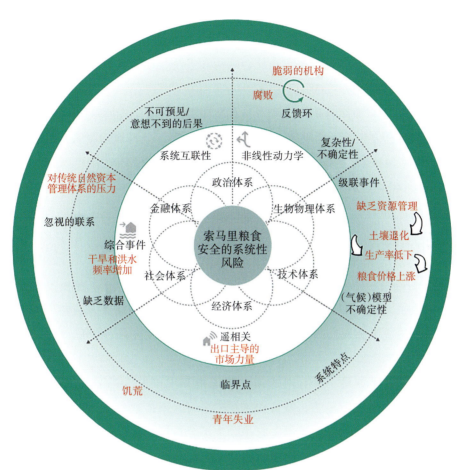

**图5-4　索马里粮食安全的复杂性及其固有的系统性特征**

### （三）《全球风险报告》（WRI）

《全球风险报告》（*Welt Risiko Bericht*，简称WRI）是2018年以来，由德国联盟发展援助机构与波鸿鲁尔大学和平与武装冲突国际法研究所（International Law of Peace and Armed Conflict，简称IFHV）合作发布。《全球风险报告》旨在帮助在全球范围内审视自然事件、气候变化、发展和防范之间的联系，并为救灾、政策和报告提供前瞻性结论。

《全球风险报告》对全球193个国家的极端自然事件和气候变化负面影响的灾害风险进行排名，按国家计算的暴露性和脆弱性的几何平均值，表示人口受到地震、海啸、沿海和河流洪水、飓风、干旱和海平面上升的威胁。它由三个维度组成：一是脆弱性。脆弱性描述了一个社会的结构特征和框架条件，这些结构特征和框架条件增加了人口遭受极端自然事件破坏和进入灾害环境的总体可能性。二是应对能力。包括社会通过直接行动和现有资源以正式或非正式活动的形式应对自然灾害和气候变化的负面影响的各种能力和行动，并能够在事件的直接后果中最大限度地减少损害。三是调整能力。与应对能力相反，调整能力旨在实现社会结构和系统预期变化的长期过程和战略，以减轻或有针对性地规避未来的负面影响。

自2018年以来，波鸿鲁尔大学和平与武装冲突国际法研究所（IFHV）一直在进行计算，并在概念和方法上不断发展该模型。到2022年，《全球风险报告》将采用完全修订的模型，其中包括来自全球可用和可公开访问的数据库的100个指标。这是联合国193个成员国首次参选。此外，《全球风险报告》旨在为决策者提供快速指导，并明确灾害预防的行动领域。

## （四）INFORM 风险指数（IRI）

INFORM 风险指数（INFORM Risk Index，简称IRI）是一个多利益攸关方论坛，旨在开发与人道主义危机和灾难相关的共享定量分析。INFORM 包括来自整个多边系统的组织，包括人道主义和发展部门、捐助方和技术伙伴。欧洲委员会联合研究中心是IN-FORM 的科学领导组织。

INFORM 风险指数是一个针对人道主义危机和灾难的全球公开来源风险评估指标。该指数可以支持关于预防、准备和应对的决策。该指数也是一种简化危机风险信息的方法，以便很容易地用于决策。它是一个综合指标，可以确定"面临人道主义紧急情况和灾害风险的国家，可能超过目前的国家反应能力，从而导致需要国际援助"。该指数通过10年风险事实和数据，按照INFORM 风险类别、收入群体和区域，提供了关于国家全球分布的动态信息。INFORM 风险指数除了其本身以外，还包括三个方面：危险及暴露指数、脆弱性指数和缺乏应对能力指数。作为综合指标，INFORM 指数实现了如下几点：一是根据未来需要国际援助的可能性对国家进行排名；二是为每个国家创建风险概况，显示各国风险组成部分的水平；三是允许进行趋势分析，其结果可连续使用5年。

根据官方网站动态信息显示，2024预测INFORM 风险指数框架如图5-5所示。

## （五）《全球自然灾害评估报告》（GNDAR）

《全球自然灾害评估报告》（*Global Natural Disaster Assessment Report*，简称GNDAR）是由北京师范大学国家安全与应急管理学院杨赛霓教授团队组织编写的最新成果。

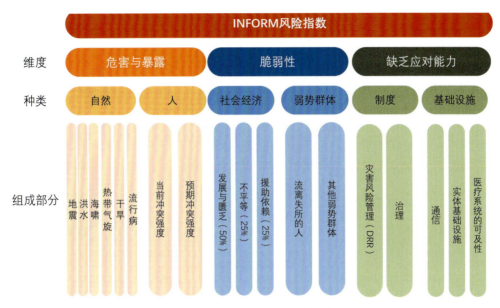

**图5-5　INFORM风险指数框架**

GNDAR编制单位包括应急管理部–教育部减灾与应急管理研究院、北京师范大学国家安全与应急管理学院、应急管理部国家减灾中心等。GNDAR综合利用了全球灾害数据平台、国内外灾害数据和知名保险公司数据，获得了国内高校和研究院所的支持。该报告将为完善我国灾害风险管理体系，为世界各国提供权威的全球自然灾害数据资料，以及为更好地促进国内国际防灾减灾工作发挥积极作用。

GNDAR就2021年全球自然灾害、中国自然灾害、全球重大气象事件评估、全球极端天气气候事件评估作出详细论述。

2021年，全球共发生367次较大自然灾害（不含流行性疾病），受影响的国家和地区达127个。其中，洪水灾害频次最高，达206次，占56.13%；风暴灾害（台风、飓风）82次，占22.34%；地震灾害25次，占6.81%；野火灾害19次，占5.18%；干旱灾害13次，占3.54%；滑坡灾害11次，占3%；火山灾害8次，占2.18%；极端高温和低温灾害3次，占0.82%（见表5-8）。

**表5-8　2021年全球自然灾害频次与损失情况**

| 灾害类型 | 频次(次)/占比(%) | 死亡人口(人)/占比(%) | 影响人口(人)/占比(%) | 直接经济损失(亿美元)/占比(%) |
|---|---|---|---|---|
| 洪水灾害 | 206/56.13 | 4393/41.87 | 2919.81/28.03 | 746.07/29.59 |
| 风暴灾害 | 82/22.34 | 1876/17.88 | 1761.45/16.91 | 1376.76/54.60 |
| 地震灾害 | 25/6.81 | 2742/26.13 | 109.13/1.05 | 113.06/4.48 |
| 野火灾害 | 19/5.18 | 128/1.22 | 71.77/0.69 | 92.54/3.67 |

续表5-8

| 灾害类型 | 频次（次）/占比（%） | 死亡人口（人）/占比（%） | 影响人口（人）/占比（%） | 直接经济损失（亿美元）/占比（%） |
|---|---|---|---|---|
| 干旱灾害 | 13/3.54 | 0/0 | 5504.67/52.84 | 121.00/4.80 |
| 滑坡灾害 | 11/3.00 | 224/2.13 | 0.56/0.01 | 2.50/0.10 |
| 火山灾害 | 8/2.18 | 85/0.81 | 49.37/0.47 | 13.45/0.53 |
| 极端灾害 | 3/0.82 | 1044/9.95 | 0/0 | 56.00/2.22 |
| 总计 | 367/100 | 10492/100 | 10416.76/100 | 2521.38/100 |

2021年，中国经历了一系列复杂的自然灾害，包括极端天气气候事件。主要的自然灾害包括洪涝、风雹、干旱、台风、地震地质灾害、低温冷冻和雪灾。此外，沙尘暴、森林草原火灾和海洋灾害等也有不同程度的发生。据统计，全年共有31个省（区、市）和新疆生产建设兵团1.07亿人次受灾，867人死亡失踪（其中765人死亡、102人失踪），573.8万人次被紧急转移安置，16.2万间房屋倒塌，198.1万间房屋受到不同程度的损坏，农作物受灾面积达到11739千公顷，其中绝收面积为1632千公顷，直接经济损失达3340.2亿元。

### （六）5份国际报告对比

综合5份报告，从灾种覆盖、评估维度、评估结果、模型算法、量化角度及优缺点6个维度进行阐述与对比分析。

**1. 从灾种覆盖来看**

5份报告都囊括了洪水、气旋这两大类灾害；地震被囊括在除CRI之外的其他4份评估报告中；海平面上升仅被WRI作为评估对象；火山活动、滑坡、沙尘暴和火灾则只被GNDAR作为评估对象。其中，GNDAR中评估的灾害种类最多，GAR、INFROM、WRI均针对5个灾种进行评估，CRI仅聚焦于3种气象灾害，评估的灾害种类最少（表5-9）。

表5-9 5份评估报告的基本情况

| 报告名称 | 起始年份 | 选择年份 | 发布频次 | 发布机构 | 发布形式 | 官方网站 |
|---|---|---|---|---|---|---|
| CRI | 2007 | 2021 | 每年 | 德国观察 | 年度报告 | https://germanwatch.org/en/cri |
| GAR | 2009 | 2022 | 每2年 | 联合国减灾署 | 年度报告 | https://www.undrr.org/gar/gar2022-our-world-risk-gar |
| WRI | 2011 | 2022 | 每年 | 德国发展援助联盟 | 年度报告 | https://weltrisikobericht.de/ |

| 报告名称 | 起始年份 | 选择年份 | 发布频次 | 发布机构 | 发布形式 | 官方网站 |
|---|---|---|---|---|---|---|
| INFORM | 2014 | 2024 | 每年 | 欧盟联合研究中心 | 年度报告 | https://drmkc.jrc.ec.europa.eu/inform-index/INFORM-Risk/Risk-Facts-Figures |
| GNDAR | 2021 | 2021 | 无 | 北京师范大学 | 年度报告 | https://www.gddat.cn/WorldInfoSystem/production/BNU/2021-CH.pdf |

**2. 从评估维度来看**

GAR采用国际主流的灾害风险评估框架——致灾因子、暴露度、脆弱性进行风险评估；INFORM在此基础上加入了应对能力维度；WRI除考虑应对能力维度外，还考虑了适应能力这一维度；GNDAR则基于区域灾害系统理论，从孕灾环境、致灾因子、暴露度、脆弱性4个维度进行风险的计算；CRI则基于历史灾情信息进行评估，没有采用主流的风险评估体系（见表5-10）。

**表5-10　5份报告的灾种覆盖和风险评估维度**

| 报告 | 灾种覆盖 | 风险评估维度 |
|---|---|---|
| GAR | 地震、海啸、洪水、风暴潮、气旋 | 致灾因子、暴露度、脆弱性 |
| CRI | 洪水、气旋、极端气温 | 历史灾害 |
| INFORM | 地震、海啸、洪水、气旋、干旱 | 致灾因子、暴露度、脆弱性、应对能力 |
| WRI | 地震、洪水、气旋、干旱、海平面上升 | 暴露度、脆弱性、应对能力、适应能力 |
| GNDAR | 地震、洪水、风暴潮、气旋、极端气温、干旱、火山活动、滑坡、沙尘暴、火灾 | 致灾因子、暴露度、脆弱性、孕灾环境 |

**3. 从评估结果来看**

首先看评估结果的表达方式，GAR的结果以绝对损失值表征，用年均期望损失和最大可能损失表征风险大小，其中，年均期望损失是损失超越概率曲线的积分，最大可能损失值为250年重现期的灾害强度下对应的灾害损失值；GNDAR、CRI、INFORM和WRI的评估结果为各自的灾害指数值，仅有相对意义，属于半定量风险评估，其中，GNDAR的结果分辨率最高。其次是评估结果的等级划分，CRI以评估得分的10、20、50、100为界划分5个风险等级；WRI采用分位数分级法，使得5个风险等级所包含的国家个数相同；INFORM则应用Ward最小方差准则，以离差平方和作为分级依据；GNDAR以评估结果的10%、35%、65%、90%分位数为界划分为5级（见表5-11）。除此之外，5份报告的评估结果均给出了国家单元的风险评估结果，并涵盖了世界上绝大多数国家及地区，其中123个国家被所有评估报告涵盖，未涵盖的国家（地区）大都是较小的岛屿国家（地区）。

表5-11　5份报告的评估内容

| 报告名称 | 灾种个数 | 国家/地区个数 | 最小评估单元 | 风险表达 | 等级划分 |
|---|---|---|---|---|---|
| CRI | 3 | 182 | 国家（地区） | 气候风险指数 | 以评估得分数值10、20、50、100为界 |
| GAR | 5 | 216 | 国家（地区） | 年平均损失的期望值；最大可能损失 | 无 |
| WRI | 5 | 181 | 国家（地区） | 世界风险指数 | 分位数分级法 |
| INFORM | 5 | 191 | 国家（地区） | INFORM风险指数 | Ward最小方差准则 |
| GNDAR | 10 | 195 | 0.5°×0.5° | 年平均伤亡人数的等级和年平均经济损失的等级 | 以评估得分的10%、35%、65%、90%分位数为界 |

**4.从模型算法看**

按照评估结果表达差异可以将多灾种风险评估分为定量风险评估和半定量风险评估（见表5-12），前者能够得到绝对的风险数值，例如人口死亡概率、以万元计的经济损失风险等，后者只能得到风险指数值或等级值，反映评估对象之间的相对风险差异。

表5-12　5份风险评估报告中风险评估公式对比

| 报告 | 模型类型 | 模型公式 |
|---|---|---|
| GAR | 定量风险评估 | $A = \sum_{i=1}^{X} E(P|Xi) \times F_A(Xi)$ |
| GNDAR | 半定量风险评估 | $T = \sum_{i=1}^{n} (r_i \times w_i)$ |
| INFORM | 半定量风险评估 | $R = H \times V \times C$ |
| WRI | 半定量风险评估 | $R = E \times V$ |
| CRI | 半定量风险评估 | $C = R_1 \times \frac{1}{6} \times R_2 \times \frac{1}{3} \times R_3 \times \frac{1}{6} \times R_4 \times \frac{1}{3}$ |

**5.从量化角度看**

GAR和GNDAR分别属于定量风险评估和半定量风险评估，均首先进行单灾种风险评估，再采用一定的方式进行综合，并考虑到不同强度的灾害类型，但是评估过程较为复杂，需要进行致灾危险性的模拟；INFORM和WRI在主流风险评估模型的框架下，分别构建了包含54、27个综合指标的风险评估模型，但忽视了各灾种在不同强度下的风险差异，而CRI数据来源独特，指标精简，计算简便，强调相对风险，但是基于历史灾害进行的指数风险评估很难反映未来气候变化等对风险的影响。此外，除CRI之外的4份报告都充分考虑了自然区域的差异，依据不同灾种的时空影响范围来确定致灾因子强度或指标大小，并以格网为起算单元，以国家作为最终的评估单元进行风险评估。

**6.分析5份报告的优缺点**

以上5份风险评估报告在风险评估方法、适用性等方面都各有异同。共同之处在于：均适用于大到国家、小到地区的多灾种风险评估；主要关注发生频率高、造成损失大的灾种，如洪水、气旋；风险评估结果对风险管理有重要指导价值，但同时也存在诸如评估模型复杂、覆盖面不够等不足之处，具体优缺点如表5-13所示。从科学性来说，GAR和GNDAR对各灾种采取不同模型进行模拟分析评估，专业性最强。从评估流程来说，CRI、WRI和INFORM评估指标来源清晰，评估模型简洁易操作，评估结果完整；GAR和GNDAR的评估过程则相对复杂，对原始数据处理要求较高。从评估结果呈现来说，CRI和INFORM评估结果呈现较为丰富，风险评估结果高低可以通过不同层级评估结果进行解释。

表5-13　5份国际权威报告的优缺点

| 报告 | 主要优点 | 主要缺点 |
|---|---|---|
| GAR | 1.专业性和科学性强；<br>2.不同灾种采取不同评估方法；<br>3.根据不同地理条件划分各灾种分区 | 1.模型模拟要求高、计算较复杂；<br>2.缺乏持续动态更新机制；<br>3.原有空间数据信息平台关停,普通大众难以获取 |
| INFORM | 1.评估模型易操作、输入数据来源有保障；<br>2.考虑暴力冲突等人为灾害；<br>3.充分考虑各种社会经济因素 | 1.没有考虑预警系统对风险的影响；<br>2.风险因子权重设定受主观因素影响 |
| WRI | 1.评估方法明确；<br>2.各项指标数据给出清晰来源；<br>3.考虑海平面上升带来的风险 | 1.没有考虑灾害的致灾强度；<br>2.脆弱性维度覆盖领域较少；<br>3.风险因子权重受主观因素影响 |
| GNDAR | 1.灾种覆盖全面；<br>2.对各灾种不同强度进行分级；<br>3.分别计算人口损失和经济损失 | 1.评估流程比较复杂；<br>2.缺乏动态评估更新机制 |
| CRI | 1.评估目的明确；<br>2.评估方法简便,易于推广 | 1.仅考虑历史灾害损失特征；<br>2.未应用国际通用的灾害风险分析框架 |

总体而言，5份报告以国家为评估单元进行囊括部分灾种的多灾种灾害风险评估，但在具体的灾种覆盖、评估维度等方面有所差异。GNDAR灾种覆盖最为全面；GAR的评估专业性强，且结果可直接与GDP等经济指标相比较；INFORM和WRI的指标体系类似，但在脆弱性评估方面各有侧重；CRI的针对性最强，更适用于气候变化领域的研究。

综上所述，多灾种风险评估不仅要兼顾专业性和实用性，还要考虑动态更新及不同尺度的适用性，以便随着风险评估需求的改变而调整，如何根据多灾种事件的不同成因与不同关联组合进行叠加分析，仍需要深入研究。

# 第三节　灾害链风险评估

## 一、灾害链风险评估概念模型与方法

### （一）灾害链风险评估概念模型

近年来，复合风险愈发增加，人们开始意识到自然灾害风险会形成类似链式反应的过程，让原本简单的风险变得复杂化。对于灾害链的研究，灾害链定义、灾害链形成机制与特征、灾害链损失评估以及灾害链综合减灾对策是几个主要方向。

研究灾害链的目标在于评估未来灾害链的发生和损失风险，以提供减灾和控制对策。与单一灾害或多个灾害叠加不同，灾害链具有诱发性、时间延续性和空间扩展性。以灾害链为核心进行区域灾害综合风险评估，能够清晰地了解各种灾害之间的相互作用关系，并更真实地描绘灾害链式演变过程带来的风险。许多学者对不同的灾害链进行了风险评估的研究，总结其概念模型可大致分为以下三类。

**1. 不考虑孕灾环境对灾害链风险的影响**

曹树刚等提出灾害风险可以表述为致灾因子发生的概率（超越概率）与承灾体的易损度（即给定区域由于潜在损害现象可能造成的损失程度）的乘积。假设一条灾害风险链上各事件的风险度分别为 $R_1$，$R_2$，$\cdots$，$R_n$，则从连锁反应出发，整条风险链的风险度（$R$）可以表示为：

$$R = 1 - \left(1 - R_1\right)\left(1 - R_2\right)\cdots\left(1 - R_n\right) \tag{5-4}$$

式（5-4）表明，灾害链风险度大大提高，灾害潜在损失放大。

**2. 考虑不同灾害事件间关系对灾害链风险的影响**

刘文方等提出灾害链是由于内在联系，两种或多种自然灾害在时间上相继出现的现象，同时给出了灾害链的数学表达式：

$$S(n) = \{ S_G(n), A, E \} \qquad (5-5)$$

式（5-5）中，灾害链 $S(n)$ 由 $n$ 个相互关联的灾害要素组成，$n \geqslant 2$；$S_G(n)$ 为灾害链要素，也是一个灾害系统；$A$ 为灾害要素之间的关联关系；$E$ 为灾害链所处的环境。灾害链内部在 $t$ 时刻灾害间的关系可表述为：

$$f\{ S_{Gi}(n, t), A_{i, j}(t), S_{Gj}(n, t) \} = 0 \qquad (5-6)$$

式（5-6）中，$S_{Gi}(n, t)$ 为灾害链中 $t$ 时刻下的第 $i$ 个灾害；$S_{Gj}(n, t)$ 为灾害链中 $t$ 时刻下的第 $j$ 个灾害；$A_{i, j}(t)$ 为在 $t$ 时刻灾害链中第 $i$ 个灾害与第 $j$ 个灾害间的关系。在 $t$ 时刻，第 $i$、$j$ 灾害在关系 $A_{i, j}(t)$ 作用下维持灾害间的转换平衡。

**3. 综合考虑孕灾环境、不同灾害事件间关系对灾害链风险的影响**

王翔从系统工程角度出发，将灾害链中各灾害事件看成"节点"，各灾害事件间的联系看成"边"，灾害链风险评估模型既考虑"边"又考虑"节点"，与供应链、事故链不同的是，"边"上考虑的是概率，"节点"考虑的是损失；同时，还考虑各灾害事件之间关系的风险，即一个灾害事件和另一个灾害事件之间的引起关系对其他事件之间引起关系的影响程度。引入"边的脆弱性"来衡量由灾害链构成的网络中的这一拓扑性质，认为灾害链风险评估是基于由一个灾害引发另一个灾害的（边上的）概率、灾害链上的灾害事件（节点上）所造成的损失和边上的脆弱性进行的。其评估模型如下：

$$R = \sum_{i=1}^{n} P_{i(i+1)} \times L_i \times V_{i(i+1)} \qquad (5-7)$$

式（5-7）中，$R$ 为灾害链风险度；$P_{i(i+1)}$ 为第 $i$ 和第 $i+1$ 个灾害事件间边上的概率；$L_i$ 为节点上的损失；$V_{i(i+1)}$ 为第 $i$ 和第 $i+1$ 个灾害事件间边上的脆弱性。

综上所述，无论是哪种灾害链风险模型，都是对灾害之间关系的探讨，都包含了单个灾害的风险以及不同灾害之间的链式反应风险。对于以上的灾害链风险评估模型，从模型的优缺点以及创新点进行对比，结果如表5-14所示。

表5-14 灾害链风险评估模型梳理

| 名称 | 优点 | 缺点 | 创新点 |
| --- | --- | --- | --- |
| 排除孕灾环境 | 表达式简洁明了 | 未囊括孕灾环境与事件间的关系 | 将孕灾环境作为事件风险的考虑因素 |

续表5-14

| 名称 | 优点 | 缺点 | 创新点 |
|------|------|------|--------|
| 囊括孕灾环境 | 表达式囊括了孕灾环境,更加全面与科学 | 单纯考虑了致灾因子导致的灾害风险,承灾体脆弱性变化所导致的风险变化并没有被考虑进去 | 将致灾因子在灾害链中发生后对承灾体的影响作为考量 |
| 囊括孕灾环境与事件间的关系 | 表达式囊括孕灾环境脆弱性和不同灾害事件间的关系,对整体风险的把握更加合理 | 单灾害事件中,只考虑了灾害损失,没有考虑灾害事件本身的强度与频率等 | 单灾害风险评估模型$R=H×V$,既要考虑致灾强度,又要考虑承灾体脆弱性 |

参考上述链式风险度量的概念模型,考虑到多次受灾中引发的承灾脆弱性变化,基于风险评估的经典模型$R = H \times V$,我们建立了灾害链风险评估的概念模型(见图5-6)。该模型包含了孕灾环境敏感性分析、致灾因子危险性分析、承灾体脆弱性分析和灾害链中链单元风险的综合分析。

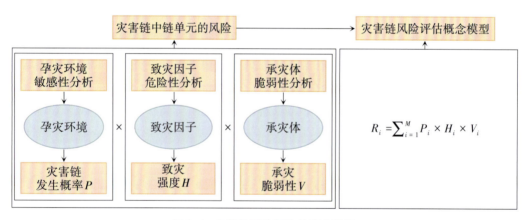

图5-6　灾害链风险评估的概念模型

## (二)灾害链风险评估方法

学者们对灾害链的概念有不同的理解,因而在研究灾害链的内容和方法上也存在差异。目前,研究方法主要是从不同角度定性分析和描述灾害链的形成、演化过程机制和特征。总体而言,提出的主要方法包括案例透析法、周期分析法、模糊数学法和数学建模法等。

### 1.案例透析法

案例透析法主要应用于地震和沙尘暴等重大灾害的分析,针对个别大型灾害进行案例透析,在灾害链领域是较为常用的研究方法之一。该方法通过工具手段对重大灾害的典型案例进行具体分析，以获取灾害链的一般规律，并根据分析结果为不同地区制定相应的防御策略。在案例透析法研究过程中，研究者要系统总结灾害过程，并针对该案例灾害提出详细的灾害链机制，最终根据灾害链形成机制提出相应的断链减灾路径，为各类灾害减灾防灾规划提供理论支撑。案例透析法的优点在于通过选取灾害研究案例进行分析，可以归纳出较为普遍的规律与模式，方法操作简单。然而，该方法也存在一些局限性，例如从某一灾害案例所得到的结论可能不适用于其他情景，存在不可迁移性，归纳的规律并不能令大多数学者信服。此外，该方法仅适用于自然环境或特征相近的区域，在其他环境中的应用有一定的局限性。

**2. 周期分析法**

对地域历史灾害的发生频率和特征进行分析，发现灾害的发生具有一定的规律性和共性。为了深入研究地域灾害链的特性和规律，可采用周期分析法，包括但不限于方差分析、谐波分析以及功率谱分析等技术手段。通过将灾害链系统理论与多种灾害形成规律相结合，有助于系统性地探讨地域灾害链的特性和规律，为灾害的预测与预防提供科学基础。周期分析法通过对历史灾害特征和规律的分析，探讨与太阳黑子活动、人类活动、气候变化等多因素之间的相互关系，从而获取灾害链的周期性规律。这为预测和警示各类次生灾害、其他自然灾害以及制定相关决策提供了理论依据。然而，需要指出的是，这一方法对大量历史数据的依赖较大，且与人类活动、气候变化等无法预测的因素密切相关。

**3. 模糊数学法**

模糊数学法是一种用于综合评价洪涝灾害的方法。它基于模糊数学理论，将主观的定性评价转化为客观的定量评价，以量化不确定性问题，并最终确定灾害的风险等级。模糊数学评估模型可以很好地对区域灾害风险进行综合性评估，但该模型由于指标因素具有较高的不确定性与模糊性。因此，为了支持地域防灾减灾工作，必须综合考虑和量化各种自然和人为可控因素，并提供相应的技术支持。

**4. 数学建模法**

为了更好地理解灾害链机制，许多学者采用数学模型进行本质性探讨。该方法通常对致灾因子、孕灾环境、承灾体以及灾害链的传播规律进行分析，并基于此构建相关演化模型，最终用于某一灾害事件的实际风险评估。该研究方法提供了一种描述具有一致性相关概念的灾害链模式探讨途径，为后续防灾减灾策略提供了理论依据。然而，由于灾害链式效应可能引发多种灾害，仅靠数学建模法并不能全面地进行综合风险评估。同时，该方法在考虑各种因素时，其时空尺度仍然难以统一，这也导致了对灾害链的一般规律探索受到阻碍。

除此之外，根据数据处理方式和灾害链建模与算法的差异，灾害链风险评估的分析方法可分为三种。

一是基于数据的概率分析方法。灾害链过程涉及多种形式的灾害引发关系，但这种引发关系只是逻辑上的关联，在实际案例中并不表示一种灾害发生后一定能引发次生灾害。利用概率统计方法一般是先构建灾害链事件树来分析灾害发生后可能引发的次生灾害，再计算次生灾害发生的条件概率。利用概率统计方法进行分析和计算，可以帮助决策者更好地理解灾害链过程中可能发生的次生灾害，并为灾害应急响应提供依据。同时，这种方法也可以帮助确定次生灾害发生的风险等级，以便优先采取措施来减少次生灾害的发生和影响。

学者们已经使用贝叶斯网络模型来推理分析灾害链中各事件的条件概率。此外，还利用神经网络、专家打分系统等方法确定灾害链中各灾害的条件概率。例如，李藐等人提出了一种数学模型，用于描述事件链式效应，并以地震灾害链为例进行实例验证。吉蒂斯（Gitis）等人建立了一个概率模型，描述了灾害链中灾害之间的相互影响，并分析了危险性与灾害链风险。海宾（Heibing）应用统计物理学中的主方程，构建了一个反映灾害之间关联性的灾害链事件影响矩阵，以推演其随时间变化的特征。然而，在当前的灾害链研究中，条件概率主要关注致灾因子之间的相互关系，对其他要素的考虑还不够充分，不能精确描述灾害链中各灾害之间的关系。

二是基于复杂网络的研究方法。复杂网络本质上是一类呈现复杂拓扑结构的网络，在数理科学、生命科学、工程科学、信息科学和社会科学等多个领域均有广泛应用。灾害链作为复杂网络的一种表现形式，是多学科交叉研究的产物，其动力学过程可通过复杂网络理论进行深入研究。初始步骤可以通过案例分析或逻辑推理建构灾害链复杂网络。在该网络中，每个灾害事件被视为网络的一个节点，而灾害之间的相互关系则以有向边形式呈现，通过复杂网络节点的状态，我们能够描述灾害所导致的损失情况，进而对灾害链复杂网络的演变过程进行具体计算，从而确定具体形式的复杂网络基本动力学演化模型。

当前，复杂网络在冰雪、暴雨、台风等灾害链中都有应用。刘爱华应用复杂网络结构对灾害链的演化特征进行了表征，并对灾害链的作用机理进行了数学描述，提出了一种基于复杂网络结构的灾害链风险评估模型。林达龙等运用复杂网络理论，研究了高校火灾灾害事件演化机理，对高校火灾灾害事件演化网络的结构类型进行了分析。陈长坤等以2008年南方冰雪灾害链为例，运用复杂网络的相关理论知识，构建了冰雪灾害事件演化的网络结构，对冰雪灾害危机事件演化构成和衍生链特征进行了分析。朱伟等利用复杂网络理论构建了北方城市暴雨灾害演化网络模型，将危机事件分为三个等级，并探讨了事件级别和出入度的关系。也有学者通过构建因果回路的复杂网络来表示某种灾害引发城市停电灾害链的过程。当前研究集中于灾害链复杂网络结点的演化过程，应用中综合考虑灾害链时空规律的复杂性，将会使模型更加接近实际情况。

三是基于遥感实测的研究方法。随着卫星遥感技术在空间和信息技术领域的快速发展，基于遥感实测的研究方法逐渐成为一种比较有效的灾害研究手段。因为遥感资料真实地反映了地面信息，在包括观测、预警等众多领域变得尤为重要。遥感技术被用于收集遥感数据，同时进行实时监测，具有快速、灵敏、全面、多尺度、多层次等优势。无论是遥感资料还是遥感技术都为灾害链研究提供了重要的支撑。姚清林在分析印尼苏门答腊巨震和西江大洪水前后数千张卫星遥感图像等资料的基础上，提出了灾害链的场效机理与区链观。刘洋利用多源多期遥感影像提取了泥石流信息，并深入研究典型沟道的特征，最终从遥感角度分析了西藏帕隆藏布江流域的泥石流灾害链模式。

近年来，随着多源遥感影像的广泛应用和解译技术的不断改进，对于灾害链中次生灾害的判断能够得到更加可靠的依据。特别值得一提的是，在汶川地震之后，一些学者运用遥感数据对由地震引发的一系列山地灾害进行了评价和分析。范建容等利用多源遥感数据获取了汶川地震诱发堰塞湖泊的信息。崔鹏等利用汶川地震后的航空影像解译数据分析了汶川地震后引发堰塞湖的分布特征。徐梦珍利用遥感影像与实地勘测数据，研究了汶川地震引发的地震滑坡-泥石流-剧烈河床演变-生态破坏灾害链。梁京涛等利用航空影像对青川县红石河区域进行遥感解译，并结合汶川地震前地质灾害调查数据进行对比分析，对研究区地震-地质灾害链的分布特征进行了探讨。遥感技术应用于灾害链的研究是未来的发展趋势，现阶段其主要应用于遥感实测的灾害链，以地质灾害为主，其余灾种较少。

综上所述，现有的灾害链研究方法主要是通过定性描述区域典型灾害链的形成演化过程和灾害间扩散传播机制特征。少数研究使用数学和物理模型来定量研究灾害链，对于通过建立数学和物理模型来构建灾害链评估模型的相关研究还有待进一步发展。

## 二、基于贝叶斯网络的灾害链风险评估方法

### （一）贝叶斯网络概述

贝叶斯网络有多种名称，如信度网、概率网、因果概率网等。但不论名称如何改变，其本质都是相同的。贝叶斯网络是一种描述变量之间概率关系的图形模型。它通过图形化的网络结构直观地表示变量的联合概率分布和条件独立性。这种表示方法具备可靠的数据基础，还能实现语义描述，可用于对复杂网络中的不确定性关系进行定

性分析和定量建模，可以大大节约概率推理计算的时间，对概率推理事半功倍。贝叶斯网络模型通过结合大量现有的样本数据，依靠技术手段总结事物的演变规律，并发掘先验知识作为模型推理的依据。根据所利用的客观证据，可以进行有效的推理计算，并通过概率对网络模型中的不确定性关系进行度量，因此贝叶斯网络在不确定性领域得到了广泛应用。

作为复杂系统建模和推理的工具，贝叶斯网络的拓扑结构可以用于解决灾害模型中未知灾害节点之间引发关系的问题。通过参数学习，可以获得条件概率表，进而定量预测地质灾害节点之间的引发概率。通过因果推理，可以实现对灾害过程的动态概率预测，以及对基础设施损毁等级的推理。目前，贝叶斯网络已被广泛应用于灾害链、突发事件链建模、网络舆情危机等级预测等领域的研究中。

总体而言，贝叶斯网络的定义如下：一个贝叶斯网络是一个有向无环图，其中包括代表变量的节点以及连接这些节点的有向边。有向边从父节点指向子节点，并用单线箭头"→"表示。

## （二）灾害链贝叶斯网络建模

灾害链贝叶斯网络模型主要包括两个步骤。首先是结构学习，通过已知的节点构建网络的拓扑结构。通过概率拓展的灾害链本体，可以描述灾害链不确定性的知识，并结合语义描述能力，完整地描述网络节点之间的关系以及每个节点的状态。其次是参数学习，训练计算网络的先验概率。使用大量历史案例数据作为模型的训练样本，计算得到的条件概率成为模型推理的基础。

当前，贝叶斯网络的结构学习方法包括基于观测数据的学习方法和基于领域专家的学习方法。对于基于观测数据的结构学习而言，有数据完备和数据不完备两种情形。数据完备的方法包括基于统计分析、评分搜索和混合搜索等方式，而数据不完备的方法则通过对数据进行完备化来实现结构学习。灾害链贝叶斯网络的构建是一个复杂的过程，需要对研究对象进行分析、网络节点变量选取、网络拓扑结构建立与分析、先验概率统计等步骤，其中对研究对象分析的尺度直接影响到贝叶斯网络模型指标的选择，并对后续模型的推理能力造成重要影响。

针对灾害链的贝叶斯网络建模，需要经过以下步骤：

一是网络节点变量选取。为了选择网络中的节点变量，可以使用灾害链分析来确定节点、状态以及它们之间的关系。节点的数量与推理的精确度密切相关，但是并不是节点数量越多意味着精确度越高；相反，它可能会导致网络拓扑结构的冗余，从而降低推理的精确度。具体而言，可以首先将不同情境下易发生的灾害链进行节点划分，其次通过国家自然灾害防灾减灾网发布的灾情文件、各地方政府网站的灾情报道以及权威媒体网站的相关报道等文本型数据，并结合专家意见，选择$n$个节点变量。

二是贝叶斯网络拓扑结构建立。为了建立贝叶斯网络的拓扑结构，首先需要根据节点变量之间的相互关系选择合适的国内外文献数据库作为文献收集库。在这个收集库中，可以使用相关的关键词搜索灾害节点，从而获得相关的灾害文献。通过对这些文献的分析，可以确定灾害节点的影响因素。根据分析结果，可以构建出贝叶斯网络结构中各个节点的引发关系，最终得出各个灾害链的贝叶斯网络拓扑结构。

三是变量取值与先验概率统计。通过运用领域专家的专业知识，构建灾害链本体描述模型，并对本体进行概率扩展，以清晰描述贝叶斯网络中节点状态和先验概率等关键概念。随后，需要将该本体转变为贝叶斯网络模型。在确定贝叶斯网络节点状态时，通常采用离散的二元处理降低网络节点参数估计的复杂性，一般而言，可以将事件分为两种状态：发生和不发生。为了更准确地预测结果，不能简单地依靠二元处理，有时需要参考行业标准和相关文献，将某些节点划分为多种状态，以明确事件发生时的程度。而后依据贝叶斯网络结构收集样本数据，依照规范对数据进行离散化，并进行数据的清洗与填补。最终，采用特定算法对样本数据进行训练，从而得到模型的先验概率。

## （三）灾害链贝叶斯网络推理与评价

灾害连锁反应呈现一个由初始灾害引发的连锁作用过程，在不同的环境条件下可能导致各种次生事件，形成不同的连锁反应路径。灾害链贝叶斯网络的构建包括输入节点$I$作为证据变量，以及状态节点$S$和输出节点$L$作为目标变量。推理的目标在于基于证据变量的取值来计算目标变量各种取值的后验概率。灾害链贝叶斯网络由多个单一灾害子网络组成。根据灾害连锁反应的特点，整个推理过程可以描述为从初始灾害子网络开始，计算网络中状态节点和输出节点的取值概率，然后判断事件可能引发的次生事件。这个过程会重复进行，直到没有任何事件被触发。最后，将所有事件子网络的损失输出节点进行汇总，形成整体灾害链的损失。灾害链贝叶斯网络中的推理具体可以分为以下三个步骤。

一是灾害事件子网络内部的推理。这主要指的是对某一事件的状态与输出各节点取值概率的计算，设$I_i$为某个子事件的输入节点，$S_i$为子事件的状态节点，$O_i$为子事件的输出节点，$V_{ji}$为子事件网络$I_i$与子事件网络$G_i$之间的共享节点，子网络内部的推理分为两种情况：如果当前事件为初始灾害事件，则直接根据条件概率$P(S_i|I_i)$、$P(S_{ij}|S_{ii})$计算事件各状态节点的取值概率，根据条件概率$P(O_i|S_i)$计算事件各输出节点的取值概率。如果当前事件不是初始突发事件，则首先判断该事件是否被触发，即

检查 $S_i^e$ 是否为 1，若不为 1 说明该事件不会发生，则停止计算该事件的状态节点与输出节点的取值概率；若 $S_i^e$ 为 1，由于事件的状态不仅受到输入节点的影响，也受到其他事件输出节点的影响，根据条件概率 $P(S_i|V_{ji}, I_i)$、$P(S_{ij}|S_{ii})$ 计算事件各状态节点的取值概率，根据 $P(O_i|S_i)$ 计算事件各输出节点的取值概率。在进行推理的时候，若网络中的节点过于复杂，可以采用联合树推理算法进行推理求解。

二是事件是否发生的判断。在初始灾害事件不同的输入条件下将会触发不同的连锁反应路径，具体对于灾害链贝叶斯网络来说，体现为子事件网络内部状态 $S_i^e$ 取值的不同，根据条件概率 $P(S_i|V_{ji}, I_i)$、$P(S_{ij}|S_{ii})$ 以及 $P(S_i^e|P(S_i))$ 计算 $S_i^e$ 的取值，若 $S_i^e = 1$，则说明相应的事件在当前的情况下能够被触发。

三是汇总子事件网络的状态节点与损失输出节点。从初始灾害事件网络开始，不断重复以上两个步骤，直到不再有事件被触发，这时可以得到灾害链贝叶斯网络的后验概率。从初始灾害事件开始，寻找 $S_i^e = 1$ 的子事件网络，可以找到一条在当前环境输入条件下的突发事件连锁反应路径，同时将 $S_i^e = 1$ 的各子事件网络的状态 $S_0$，$S_1 \cdots S_i \cdots S_n$，以及各子事件的输出 $LO_0$，$LO_1 \cdots LO_i \cdots LO_n$ 进行汇总：

$$P(S) = P\left(S_0 \bigcup S_1 \cdots \bigcup S_i \cdots \bigcup S_n\right) \tag{5-8}$$

由于各个子事件的状态相互独立，则：

$$P(S) = P(S_0)P(S_1) \cdots P(S_i) \cdots P(S_n) \tag{5-9}$$

利用公式（5-8）以及各子事件的输出 $LO_i$，可以得到灾害链的第 $i$ 种损失的值 $O_i$，则灾害链的输出 $L = \{ l_1, l_2 \cdots l_i \cdots l_n \}$。

根据灾害链的状态集的概率分布以及输出集合，就可以预测在特定条件下初始灾害事件能够触发的其他事件，以及各个事件的关键状态，并且可以得到灾害链给人类带来的潜在损失。

同时，还可以采用 Brier 评分进行模型预测效果，该评分常被用于贝叶斯网络模型预测效果评价中。Brier 评分假设贝叶斯网络模型中第 $i$ 个评价目标为 $M_i (1 \leqslant M_i \leqslant m)$，其中，$m$ 为待评价变量的个数，每个 $M_i$ 则有 $n(n \geqslant 2)$ 种可能的状态，变量 $M_i$ 的第 $j$ 种状态取值 $M_{ij}$ 所对应的推理概率为 $P_i(j)(1 \leqslant j \leqslant n)$，变量 $M_i$ 的实际取值记为 $S_i(j)$，若 $M_{ij}$ 恰好为该变量的实际取值，则 $S_i(j) = 1$，否则 $S_i(j) = 0$。记作：

$$B = \frac{1}{m} \sum_{i=1}^{m} \sum_{j=1}^{n} (P_i(j) - S_i(j)) \tag{5-10}$$

式（5-10）中，$B$ 代表贝叶斯网络中 $m$ 个目标变量的预测偏差平均值，$B \in [0, 2]$，$B$ 越小则代表网络预测偏差越小，即预测效果越好。一般认定：$B \leqslant 0.6$ 则表示该网络预测结果具有有效性，否则不具备效度。

## 三、基于复杂网络的灾害链风险评估方法

### （一）复杂网络概述

复杂网络是一种用来表示抽象化后的复杂系统的网络结构，它存在于自然界和人类社会中。一个典型的复杂网络由许多节点和连接边组成。节点代表系统中的个体，连接边则表示个体之间的关系。只有当两个节点存在特定关系时，它们之间才会有连接边。在网络中，被连接的节点被称为相邻节点。通过这种方式，复杂网络可以描述和分析复杂系统中的个体之间的关联和交互。复杂网络存在于各个领域，例如神经系统、计算机网络、社会关系网络以及灾害网络等。

复杂网络是一种具备学科交叉性和复杂性特征的研究领域，它涉及系统科学、计算机科学等多个学科的理论基础和专业知识。在研究方法上，复杂网络主要依托于图论相关的理论和技术方法体系。作为一种用于研究网络的几何性质、形成机制和演化规律的工具，复杂网络能够将现实中各类网络事件有机结合，并直接应用于探索灾害链和灾情累积放大的动力学过程。通过这种方式，我们可以更深入地了解复杂网络在不同领域中的运行规律和相互关系，为灾害管理和风险预测提供重要的支持和指导。目前，复杂网络已经被运用于灾害链、事故链等风险识别。为了更好地理解灾害链的动态演化过程，灾害链复杂网络的技术方法和理论基础的使用变得至关重要。在这样的背景下，我们可以探讨如何构建和分析灾害链复杂网络，并将其应用于实际的灾害管理和防控中。通过灵活运用复杂网络理论和方法，有望为灾害研究领域提供新的视角和解决方案。国内学者根据网络特征将复杂网络分为以下几类：

一是依据复杂网络中是否具有有向边，可以分为无向网络和有向网络。如果用 $(j, i)$ 和 $(i, j)$ 表示有向网络中节点 $j$ 和 $i$ 之间的连接边，则 $(j, i)$ 和 $(i, j)$ 代表的是两条关系表述相反的连接边，但在无向网络中它们指的是同一条边。

二是依据复杂网络中是否具有被赋予权重的连接边，可以分为无权网络和加权网络。权重越大表示连接边在网络中的功能性越强，赋予边不同的权重将影响网络的拓扑特征。

三是根据复杂网络的网络结构层数可以分为多层网络和单层网络。多层网络的拓扑结构更为复杂，研究证明，多层网络在用于解决复杂系统问题时比单层网络更有说服力，而单层网络的模型构建和信息挖掘研究更加成熟，应用更加广泛。

为了更好地研究复杂网络的拓扑特征和要素特性，学术界对复杂网络的基本模型进行了分类，分别为随机网络、规则网络、无标度网络和小世界网络。

（1）随机网络

可以通过以下方式构建一个随机网络：首先，随机生成 $N$ 个节点。然后，以固定概率 $P$（$P$ 值在 0 和 1 之间）将这些节点两两连接。通过这样的方式，就可以建立一个包含 $N$ 个节点和 $2PN(N-1)$ 条边的随机网络。实际上，很多现实中的复杂网络也是以随机方式形成的。唯一的区别在于，实际系统中，连接概率 $P$ 可能是不同的。因此，可以通过进一步扩展随机网络，以模拟研究现实世界中的复杂系统。

（2）规则网络

规则网络是最早被学者关注的一类复杂网络模型，其拓扑特征存在明显的规律性，结构较为简单，最显著的特征是网络中大部分节点的度数中心度、接近中心度和介数中心度均相等。规则网络划分为三种基本类型：最近邻耦合网络、星形耦合网络和全局耦合网络。

（3）无标度网络

在无标度网络中，绝大多数节点的度值相对较低，也就是说，它们与其他节点之间的联系相对较少。相反，只有少数节点的度值较高，它们与许多其他节点之间存在连接。这种特征使得无标度网络呈现出增长性和高度值节点优先连接性。增长性指的是随着网络规模的扩展，网络中的节点数量逐渐增加。而高度值节点优先连接性指的是新加入网络的节点更倾向于连接那些度值较高的节点。实际生活中的新陈代谢网络、社交网络等复杂系统都展现了这两种特征。

（4）小世界网络

复杂网络研究的发展可以从小世界网络模型的建立开始追溯。这个模型的提出标志着从规则网络向随机网络的过渡。小世界网络具有高聚类系数和较短的平均路径长度，这些特征与现实生活中的社交网络、神经网络和万维网的描述非常相符。因此，小世界网络模型的出现拓展了复杂网络在研究现实复杂系统中的应用。

## （二）灾害链网络结构特征及数学模型

灾害的链式演变过程由于承灾体相互作用而变得错综复杂。这种演变往往导致形成灾害群和灾害网，其形式不固定，实际上是由不同形式的灾害链组合而成的复杂网络系统。因此，我们可以将灾害链的演化系统看作一个由 $n$ 个节点（$a_1$，$a_2$，…，$a_n$）以及相应的定向连接边所构成的定向复杂网络。在该定向复杂网络中，每个节点代表一个灾害演化过程中某个特定的灾害事件，从而决定向连接边表示一个灾害事件引发另一灾害的演化行为（见图5-7）。

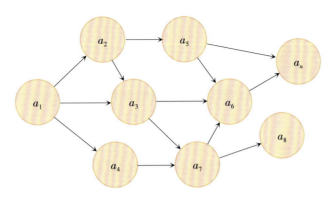

**图5-7 灾害链的网络结构**

在具体的演化过程中，不同的孕灾环境可能导致不同的子灾害事件发生。即使是同一灾害系统网络，其演化行为和过程也可能存在差异。具体演化过程会受到灾害节点之间演化连接边概率的影响，这决定某一灾害节点衍生另一灾害节点的演化行为是否发生。

**1.复杂网络特征参数**

（1）节点出入度

网络节点在灾害链网络中扮演着重要的角色。节点度是衡量一个节点与其他相邻节点关联程度的指标，可以直接反映节点的影响力大小。节点度越大，说明该节点在整个灾害网络中的影响力越大。在灾害链网络中，可以根据边的指向将节点度分为出度和入度。节点的出度指的是从该节点发出的边的数量，表示该节点向其他节点传播信息的能力。出度越大，说明该节点在灾害网络中传播信息的能力越强。节点的入度指的是指向该节点的边的数量，表示其他节点向该节点传播信息的能力。入度越大，说明其他节点在灾害网络中向该节点传播信息的能力越强。综上所述，节点度是衡量节点在灾害链网络中影响力大小的指标，出度和入度则表示节点的信息传播能力。通过分析节点度和出度、入度的大小，可以更好地理解和评估灾害链网络中各个节点的重要性和传播能力。节点出入度的计算公式如下：

$$k_i = \sum_{j \in N} a_{ij} \tag{5-11}$$

式（5-11）中，$k_i$为节点出入度，$a_{ij}$表示节点$v_i$与节点$v_j$之间连接边的数目，$N$为灾害网络中节点的数目。

（2）聚类系数

聚类系数是一种用来度量节点聚集情况的指标，可以分为节点聚类系数和网络聚类系数两种类型。节点聚类系数是指某个节点与其相邻节点之间连接边的数量与这些相邻节点之间最大可能连接边数目的比例。网络聚类系数则是指整个网络中所有节点聚类系数的平均值。通过聚类系数，我们能够了解灾害网络中节点之间的聚集程度，从而更好地理解网络的结构特征和关联性。聚类系数的值越大，意味着节点间的联系越紧密。以网络节点的聚类系数为例，它衡量的是该节点与其相邻节点之间连接边的数量。这个数量与这些相邻节点之间可能的最大连接边数的比例越高，说明该节点与其相邻节点之间的联系越紧密。而网络的聚类系数则是指网络中所有节点聚类系数的平均值，这个平均值能够反映整个网络中节点之间的聚集情况。当网络聚类系数较高时，意味着整个网络中节点之间的联系较为紧密。聚类系数能够提供有关灾害网络中节点聚集情况的信息，其值越大，说明节点之间的联系越紧密。节点聚类系数的计算公式如下：

$$C_i = \frac{2L_i}{n(n-1)} \tag{5-12}$$

式（5-12）中，$C_i$ 表示节点 $v_i$ 的聚类系数，$n$ 表示与节点 $v_i$ 有相邻边的节点数目之和，$L_i$ 表示与节点 $v_i$ 相邻 $n$ 个节点间实际相连接的边数。$C_i \in [0，1]$，$C_i = 0$ 表示节点 $v_i$ 处于无集团化的孤立状态，$C_i = 1$ 表示与节点 $v_i$ 有连接边的其他节点都各自相连。

相应地，网络的聚类系数计算公式如下：

$$C = \frac{1}{N} \sum_{i=1}^{N} C_i \tag{5-13}$$

式（5-13）中，$C$ 表示整个网络的聚类系数，$C_i$ 表示节点 $v_i$ 的聚类系数，$N$ 为网络中的节点总数。$C$ 值越大，表示网络整体的集聚性越好。

（3）点介数

介数是用来衡量网络中节点重要性的指标之一。点介数指的是网络中经过某个节点的最短路径的比例。在一个复杂网络中，假设有 $N$ 条最短路径，其中有 $n$ 条路径经过节点 $i$，那么节点 $i$ 对介数的贡献为 $n/N$，也就是说节点 $i$ 的介数为 $n/N$。通过计算节点的介数，我们可以得知在网络中哪些节点在连接其他节点的最短路径上起到了重要的作用。具有较高介数的节点意味着其在网络中的地位更加重要，对网络的连接和传播具有较大的影响力。通过介数分析，我们可以发现网络中的关键节点，这些节点在网络中扮演着桥梁的角色，能够快速传递信息和影响其他节点。因此，介数分析对于理解复杂网络的结构和功能，以及设计和优化网络具有重要的意义。具体而言，其计算公式如下：

$$B_i = \sum_{j,k \in v} \frac{n_{jk}(i)}{n_{jk}} \tag{5-14}$$

式（5-14）中，$B_i$ 表示节点 $i$ 的介数，$v$ 表示网络中的节点，$n_{jk}(i)$ 表示节点 $j$、$k$ 之间经过节点 $i$ 的最短路径的数目，$n_{jk}$ 表示节点 $j$、$k$ 之间最短路径数目的总和。

（4）网络最短路径

为了提高灾害链风险演化途径的识别能力，可以利用复杂网络来求解初始事件引发最终结果事件的最短路径。在这个过程中，可以根据网络中前一事件引发后续事件的难易程度，为灾害链风险演化的有向边赋予不同的权值，并进行最短路径的计算。这样一来，可以找到引发最终结果事件的路径，并且能够评估不同路径的风险程度。通过这种方法，能够更加准确地识别灾害链的演化途径，并且提前采取相应的措施来减少灾害风险。具体计算过程如下。

$$G = (V,\ E,\ W) \tag{5-15}$$

式（5-15）中，$G$ 表示整个灾害演化网络；$V=\{v_1,\ v_2,\ v_3,\ \cdots,\ v_n\}$，表示网络中灾害事件的集合；$E=\{e_1,\ e_2,\ e_3,\ \cdots,\ e_n\}$，表示网络中事件连接边的集合；$W$ 为连接边权重的集合。节点 $v_i$ 与 $v_j$ 之间的最短路径记作 $d(i,\ j)$。

灾害链的数学表达式为：

$$S(n) = \{ S_G(n),\ R,\ E \} \tag{5-16}$$

式（5-16）中，$S(n)$ 表示灾害链系统，该系统由 $n$ 个相互关联的灾害链要素所组成，$n \geq 2$；$S_G(n)$ 为灾害链要素，指各灾害事件；$R$ 表示各灾害事件之间的关联关系；$E$ 为灾害链所处的环境。在 $t$ 时刻，灾害链内部各灾害之间的关系可表述为：

$$f\{ S_{Gi}(n,\ t),\ R_{i,\ j}(t),\ S_{Gj}(n,\ t) \} = 0 \tag{5-17}$$

式（5-17）中，$S_{Gi}(n,\ t)$ 表示 $t$ 时刻在灾害链中的第 $i$ 个灾害；$S_{Gj}(n,\ t)$ 表示 $t$ 时刻在灾害链中的第 $j$ 个灾害，$R_{i,\ j}(t)$ 表示在 $t$ 时刻第 $i$ 个灾害与第 $j$ 个灾害之间的关系。

当前，复杂网络研究领域对现实中复杂系统的结构以及结构与功能之间的关系越来越感兴趣。作为一种以图论为研究方法，并以网络几何性质及形成机制为研究对象的有力工具，复杂网络可以直接应用于研究灾害链网的演化机理。

**2.灾害链演化方式**

具体而言，灾害链的演化方式可以划分为四种：直链式、发散式、集中式和循环式。通过对这四种演化方式的研究，我们可以更好地理解和预测灾害链的演化过程。

（1）直链式演化

直链式演化是灾害演化的一种单向方式，通过单一因素引发单一结果。具体而言，一个灾害事件 $V_1$ 直接导致另一个灾害事件 $V_2$ 的发生，然后 $V_2$ 又会引发下一个灾害事件 $V_3$，依此类推，一直到发生 $V_n$（见图5-8）。以山洪-农业受损灾害链为例，农田被淹没导致水涝湿害的发生，而阴凉潮湿的环境则导致了病虫鼠害滋生等问题。这种演化方式相对容易被控制，只需切断其中的一个环节即可。

**图5-8　直链式灾害演化方式**

（2）发散式演化

发散式演化是灾害演化过程中常见的一种现象，是指由单一因素引发多个结果的单向演化方式。简单来说，当发生灾害事件 $V_1$ 时，可能会引发多个衍生灾害事件，如 $V_1$，$V_2$，$\cdots$，$V_n$ 等。发散式演化的特点在于，一个父事件可能会引发多个子事件，因此这种演化方式难以控制。这种演化方式使得灾害的影响范围扩大，防治工作变得更加复杂（见图5-9）。例如，旱灾引发的饮水困难可能会导致粮食短缺、牲畜死亡和经济损失等多个衍生问题的发生。在这种情况下，不仅需要解决饮水问题，还需要采取措施来应对其他衍生问题，例如提供紧急救助、调配物资和灾后重建等。

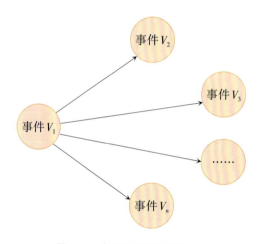

**图5-9　发散式灾害演化方式**

（3）集中式演化

集中式演化是指由多个因素共同作用导致单一结果的单向演化方式，在灾害演化过程中起到重要作用。具体而言，不同的灾害事件可以通过集中演化转化为另一种灾害事件（见图5-10）。这种演化方式主要存在两种情况：第一种情况是多种不同的灾害事件同时发生并相互作用，从而引发另一种灾害事件。例如，在山洪-农业受损灾害链中，虫灾、旱象、作物侵染性病害以及作物非侵染性病害都可能导致农作物单产量的降低。这些因素之间相互联系，当它们共同作用时，会导致农作物受损的程度更加严重，形成另一种灾害事件。第二种情况是多个灾害事件中的任意几个都可能导致另一种灾害事件的发生，而不必要求所有的父事件都必须发生。在暴雨型山洪灾害链中，这种情况比较常见。例如，暴雨导致山洪，山洪冲毁堤坝，进而引发洪水灾害。在这个过程中，只要雨水充沛并导致山洪形成，就有可能发生洪水灾害。需要注意的是，集中式演化方式难以完全控制。由于灾害事件之间存在复杂的相互作用，导致对每个因素影响程度的预测和控制非常困难，进而难以精确地控制灾害事件的演化过程。

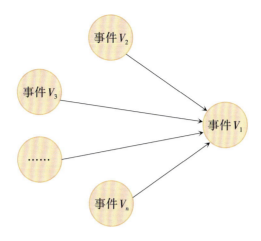

图 5-10　集中式灾害演化方式

（4）循环式演化

循环式演化是指在灾害演化过程中，各种灾害事件如山洪、地震、台风等以周期性的方式不断出现和消失（见图 5-11）。例如，当发生严重的山洪灾害时，许多建筑物、道路和桥梁可能被毁坏，造成交通中断和救援困难，导致救援人员无法及时进入受灾区域，延误抢救伤员和救援时间；而后，受灾区域内的储备物资可能会逐渐消耗殆尽，尤其是食品、饮水和医疗用品等生存必需品。这将导致生存物资的短缺和价格上涨等问题。面对生存困境，人们可能会采取抢购行为，而抢购行为又会进一步加剧生存物资短缺的情况，形成一个恶性循环。

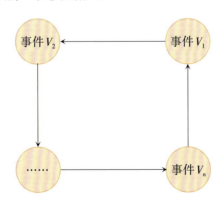

图 5-11　循环式灾害演化方式

## （三）基于复杂网络的灾害链风险评估模型构建

在链式效应系统中，综合风险是指各节点自身风险和相互联系、相互作用导致的连锁反应关系的风险之和。节点在不同的链式效应中有不同的含义。在供应链系统中，节点是构成供应链的企业；在灾害链系统中，节点是链式结构中的灾害或突发事件。

虽然国内外对灾害链的风险评估研究相对较少，但对供应链风险、资金链风险、产业链风险等不同领域的链式风险评估模型已有较多研究。因此，可以通过分析供应链和产业链等风险评估模型，探讨其在灾害链风险评估中的可借鉴性。例如，对于供应链风险评估模型，可以考虑对灾害链中的节点（灾害或突发事件）进行风险度量，以评估其对整个链式系统的影响程度。这样的评估模型可以帮助我们识别潜在的灾害链风险，并采取相应的措施进行预防和应对。另外，对于产业链风险评估模型，可以将其应用于灾害链系统中，评估不同灾害或突发事件对各个节点（如企业、组织等）的影响程度，从而确定整个灾害链系统的脆弱性和可恢复性。这样的评估模型可以帮助我们制定有效的应急预案和灾后恢复策略，以减少灾害链对社会经济的影响。

总之，通过分析供应链和产业链等领域的链式风险评估模型，可以在灾害链风险评估中借鉴其方法和经验，为灾害防范和应急管理提供理论依据。以供应链为考察对象，我们可以看到主要有两种相关的风险评估模式，其原理和计算模式如表5-15所示。

表5-15　链式风险计算模式

| 模式描述 | 计算公式 | 备注 |
|---|---|---|
| 只考虑节点的风险,最后综合为整体链式反应的风险 | $R = \sum_{i=1}^{n} P_i L_i$ | $R$ 为整链风险；$P_i, L_i$ 为节点 $i$ 的概率和损失 |
| | $R = \left(\prod_{i=1}^{n} P_i\right) \times \left(\sum_{i=1}^{n} L_i\right)$ | |
| 同时考虑节点的风险和边上的风险 | $R = \sum_{i=1}^{n} P_{vi} L_{vi} + \sum_{i=1}^{n} P_{Ei} L_{Ei}$ | $P_{vi}, L_{vi}$ 为节点上的风险；$P_{Ei}, L_{Ei}$ 为边上的风险 |

在网络结构下度量灾害链风险的评估模式可以分为两种类型。第一种类型是综合评估致灾因子对承灾体的作用程度和承灾体脆弱性的综合度量。这种类型使用风险（$R$）等于危险度（$H$）乘以脆弱性（$V$）来表示，其中危险度指的是致灾因子的强度和概率的乘积。例如，在地震风险评估中，危险度可以表示为地震的震级和发生概率的乘积。第二种类型是描述承灾体的后果。这种类型使用风险（$R$）等于损失（$L$）乘以概率（$P$）来表示，其中损失指的是灾害事件对承灾体造成的直接或间接损失，概率指的是灾害事件发生的概率。例如，在洪水风险评估中，损失可以表示为受灾区域的财产损失和人员伤亡情况，而概率可以表示为洪水发生的频率。在灾害链风险评估中，可以使用这两种方式进行度量。然而，在复杂的灾害链式结构中，节点之间存在着相

互关联和相互作用。除了根节点和末端节点之外，其他节点既是上一级节点的子节点，也是下一级节点的父节点。因此，一个节点的灾害损失度也是其子节点的致灾强度因子。然而，由于节点灾害损失的不确定性，对其子节点的灾害损失度进行度量就变得非常困难。

同时，由于存在多个父节点的致灾强度方式不一致，难以进行综合评估，因此使用第一种方式很难实现。当然，使用第二种方式同样存在节点灾害损失度不确定的问题。但如果在某个父灾害事件的作用下，可以确定不同子节点的灾害损失度的概率，那么就可以使用风险的期望值来表示在该父灾害事件作用下子节点的风险值。随着多灾害事件的风险值增加，不同节点灾害损失度的概率是人们在进行风险决策时所重点关注的。

综上所述，假设在有 $n$ 个节点的灾害链网络中，任意子节点 $i$ 共有 $m$ 个父节点对其造成影响，则整个灾害链风险的评估模式可以表示为：

$$R = \sum_{i=1}^{n} \left( \sum_{j=1}^{M} \overline{R}_{j \to i} \right) \left( 1 + \Delta V_i / V_i \right) \qquad (5-18)$$

在式（5-18）中，$V_i$ 代表节点 $i$ 相对于统计数据的平均脆弱性。而 $\Delta V_i$ 表示节点 $i$ 脆弱性的变化量，即评价时间点相对于统计数据时间点的平均脆弱性增量。这个变量的引入是因为评价时所使用的数据都是统计数据，而承灾体的脆弱性是会发生变化的。在灾害链中，子节点 $i$ 的风险期望值是由父节点 $j$ 的作用引起的。灾害链中的灾害事件由致灾因子引发，其灾害损失是不确定的。通过评估方法，我们只能得到不同灾害损失程度的分布概率。例如，假设有一个城市的建筑物作为节点 $i$，该城市所在地区的自然灾害统计数据可作为节点 $i$ 相对于统计数据所对应的平均脆弱性 $V_i$。当发生一次自然灾害后，根据评价时间点相对于统计数据获得的时间点的平均脆弱性增量 $\Delta V_i$，可以得到节点 $i$ 的脆弱性变化量。

在灾害链中，如果父节点 $j$ 是地质结构因素，那么子节点 $i$ 的风险期望值就会受到地质结构的影响。而致灾因子即为自然灾害的起始点，例如地震或洪水等。由于灾害损失的不确定性，研究者只能通过评估方法获得不同灾害损失程度的分布概率，以此来估计灾害链中的风险。这样的表达方式更加清晰地解释了节点脆弱性的变化量以及灾害链中的风险来源和评估方法。因此，各节点在父节点作用下的风险可以用期望值来表示：

$$\overline{R}_{j \to i} = \sum_{l=1}^{k} L_{(i \to j)l} P_{(i \to j)l} \qquad (5-19)$$

在式（5-19）中，$L_{(i \to j)l}$ 表示在父节点 $j$ 的作用下子节点 $i$ 的灾害损失等级，$P_{(i \to j)l}$ 表示在父节点 $j$ 的作用下子节点 $i$ 的灾害损失等级所对应的概率，$l$ 为节点 $i$ 的灾害损失等级，共有 $k$ 级。根据如上分析，灾害链的风险评估模式如图5-12所示。

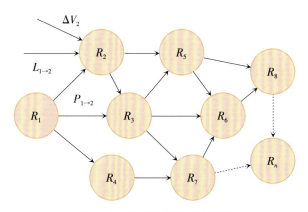

**图 5-12　灾害链风险评估模式**

针对以上灾害链的网络拓扑结构，通常从以下两点进行分析：节点灾害损失的等级划分和连接边的概率分析。

一是节点灾害损失的等级划分。在灾害链中，每个节点都是父节点的承灾体，同时也是下一级灾害事件的致灾因子。因此，节点的灾害损失即为其作用于父节点和子节点的致灾强度。在灾害风险评估中，通常使用致灾强度来衡量灾变的程度。目前，致灾强度主要根据灾害活动的规模或强度进行分级。不同的灾害管理部门和专家已经制定了各自管理范围内的灾变强度划分标准，并且有详细的规定。然而，由于各部门和专家之间的观点和方法存在差异，导致这些灾变强度的标准存在不一致和分歧的情况。因此，节点的致灾强度等级可以参考国家灾变强度等级划分标准和相关研究成果，并且以实际影响范围为主要评判标准进行划分。例如，对于地震来说，可以根据地震的震级和破坏程度确定其所处的灾变强度等级；对于洪水，可以考虑洪水的流量、深度和覆盖范围等因素来评估其致灾强度等级。

二是连接边的概率分析。连接边的概率是指一个灾害导致另一个灾害发生的可能性大小。以建筑物倒塌为例，不同强度的地震可能导致建筑物倒塌的概率不同。在灾害链中，子节点灾害事件的发生概率是在其父节点灾害事件的影响下发生的条件概率。此外，在不同致灾强度的父灾害事件的作用下，子灾害事件的灾害损失等级也会有所不同。因此，我们需要获取父灾害事件在不同致灾强度等级下对子灾害事件灾害损失等级的概率，并进一步计算子灾害事件在不同灾害损失等级下的概率。为了进行概率推理，可以应用贝叶斯公式。贝叶斯公式描述了先验概率和后验概率之间的关系。通过利用主观概率估计或统计系统中未知状态的部分先验概率，并利用贝叶斯公式推断出导致某个结果的最可能原因，贝叶斯推理可以在信息不完全的情况下进行。

# 四、基于Petri网的灾害链风险评估方法

## （一）Petri网概述

### 1. 基本Petri网

"Petri网"一词在1962年首次出现于佩特里（C. A. Petri）博士的论文中，佩特里博士利用了一种网络结构研究计算机系统中各类事件之间的相互关系，并将这种网络以自己的名字命名。随后Petri网被各国信息方向和计算机方向的学者进一步展开研究，成为20世纪80年代十分活跃的研究领域。由于Petri网能够形象化表示各类并行系统，并拥有强大的知识表达能力，所以成为制造系统建模的有用工具。

一个Petri网的一般形式为三元组$PN=(P，T，F)$，其中，$P$为库所（Place），$T$为（Transtion），$F$为流（Flow），且满足：

① $P \cup T \neq \varnothing$（网非空）；

② $P \cap T \neq \varnothing$（二元性）；

③ $F \subseteq (P \times T) \cup (T \times P)$；

④ $\mathrm{dom}(F) \cup \mathrm{cod}(F) = P \cup T$（没有孤立元素）。

其中，$P = \{p_1, p_2, \cdots, p_n\}$是库所的有限集合，$n$为Petri网中库所的个数，$p_i$表示系统的局部状态，$P$表示系统的整体状态；$T = \{t_1, t_2, \cdots, t_m\}$是变迁的有限集合，$m$是Petri网中变迁的个数；$F$中的元素称为弧，表示库所与变迁间的流关系。

Petri网作为一种带有数学功能的形象化系统建模工具，它本身具有的性质能够帮助使用人员判断实际系统是否存在某些特性。设$PN=(P，T；F，m)$为一个Petri网，从实际应用的角度出发，Petri网具有如下特性：

（1）可达性

在一个PN（Petri网）中，当我们从初始标识$m_0$开始，通过激发一个变迁序列而产生一个新的标识$m_1$时，我们称$m_1$是从$m_0$可达的。而立即可达则指的是从$m_0$到$m_1$只需要激发一个变迁。所有从$m_0$可达的标识的集合被称为可达标识集，或者简称为可达集，用$R_{(m0)}$来表示。

（2）有界性和安全性

在PN中，对于库所$p \in P$，若$\forall m \in R(m_0)$：$m(p) \leqslant K$，则称$p$是$K$有界的，其中$K$为正整数。如果一个Petri网中的所有库所都是$K$有界的，那么这个Petri网就是$K$有界的。如果一个库所被称为安全的，那么这个库所就是$K$有界的，并且边界为1。同样地，如果一个Petri网中的所有库所都是边界为$K=1$的有界的，那么这个Petri网就是安全的。

（3）活性

在 PN 中，对于 $t \in T$，若 $\forall m \in R(m_0)$，都存在 $\exists m' \in R(m)$，使得 $m[t>,]$，则称变迁 $t$ 是活的。如果 Petri 网 PN 中的每个变迁都是活的，则称为活的 Petri 网。

**2. 模糊 Petri 网**

由于基本 petri 网无法对模糊指标进行描述，而自然灾害风险评价的指标大多具有模糊性和不确定性，因此，将模糊集理论与基本 Petri 网结合形成模糊 Petri 网，对风险指标的不确定性和模糊性进行处理，建立评估模型评估风险。

模糊 Petri 网（Fuzzy petri net，简称 FPN）由基本 Petri 网扩展得到，与基本 Petri 网相同的是，模糊 Petri 网同样包含库所、变迁和关系流三个关键组成部分，图形表达同样是将代表库所的圆形和代表变迁的长方形或粗线条作为节点，代表关系流的有向弧作为连接方式共同组成的有向图。而与基本 Petri 网的差别是，模糊 Petri 网中库所的托肯关联了一个实数，变迁也与 CF 相关联，其中关联值均属于 0 到 1，且变迁的发生规则也有所变更。模糊 Petri 网适用于描述具有模糊行为的并发系统，依赖于模糊数学，可以从定性分析转化为定量分析。此外，模糊 Petri 网是 Petri 网和产生式规则的结合，位的表征是一个从 0 到 1 的值，表示命题的真值。

将模糊 Petri 网定义为一个九元组：

$$FPN = (P, T, D, I, O, f, \alpha, \beta, \theta)$$

其中：

$P = \{p_1, p_2, p_3, \cdots, p_n\}$ 指的是有限的一组位置。

$T = \{t_1, t_2, t_3, \cdots, t_m\}$ 指的是有限的转换集。

$D = \{d_1, d_2, d_3, \cdots, d_n\}$ 指命题的有限集合。

$I: P \rightarrow T$ 是输入映射。

$O: T \rightarrow P$ 是输出映射。

$f: P \rightarrow [0, 1]$ 代表命题的真度。

$\alpha: T \rightarrow [0, 1]$ 表示转换的真实程度。

$\beta: P \rightarrow D$ 表示地点和命题之间的映射。

$\theta \rightarrow [0, 1]$ 为变迁到阈值的一一映射。

## （二）灾害链模糊 Petri 网

传统的模糊 Petri 网主要用于故障诊断，不适合计算灾难链的风险。因此，基于灾害链理论，提出一种改进的模糊 Petri 网理论——灾难链模糊 Petri 网。

**1. DCFPN 的定义**

DCFPN 是一个七元组：

$$DCFPN = (P, T, I, O, A, U, \lambda)$$

其中：

$P = \{p_1, p_2, p_3, \cdots, p_n\}$指的是一个有限的灾害集合，称为场所集合。一个地方对应着灾害链中的一个次生灾害。

$T = \{t_1, t_2, t_3, \cdots, t_m\}$是指一组有限的触发因素，称为转换集。过渡对应于次生灾害的触发因素。

$I$是转换的输入。$I = \{w_{ij}\}$，$\{w_{ij}\} \in \{0, 1\}$，当$p_i$是$t_j$的输入时，$w_{ij}=1$，否则$w_{ij}=0$。

$O$是转换的输出。$O = \{\gamma_{ij}\}$，$\{\gamma_{ij}\} \in \{0, 1\}$，当$p_i$是$t_j$的输出时，$\gamma_{ij}=1$，否则$\gamma_{ij}=0$。

$A=\{\alpha_1, \alpha_2, \alpha_3, \cdots, \alpha_m\}$，$\alpha_i \in [0, 1]$，指一个地方的真值。它代表了次生灾害的风险。

$U = \{\mu_1, \mu_2, \mu_3, \cdots, \mu_m\}$，$\mu_j \in [0, 1]$，指转换的真值。它代表了次生灾害触发因素的置信度。

$\lambda = \{\lambda_1, \lambda_2, \lambda_3, \cdots, \lambda_m\}$，每个转换节点都有一个触发阈值，$\lambda_j \in [0, 1]$。当触发因素的置信度大于阈值时，触发下一次次生灾害。

DCFPN和灾难链之间的对应关系如表5-16所示。地方的真值代表次生灾害的风险，是本书研究的重点。本书研究的风险结合了概率和危害。风险越大，灾难链就越严重。

表5-16　DCFPN与灾害链的对应

| 灾害链 | DCFPN |
|---|---|
| 次生灾害 | 地点(P) |
| 次生灾害的触发因素 | 过渡期 |
| 次生灾害风险 | 地方真值 |
| 触发因素置信度 | 跃迁真值 |
| 次生灾害的触发因素 | 转变阈值 |

**2. DCFPN的计算模型**

在网络运行期间，DCFPN中所有位置的令牌值不会消失。因此，每个次生灾害地点将计算0到1的真值，代表次生灾害的风险。在忽略灾害复杂耦合效应的前提下，DCFPN的计算模型可以归纳为以下三种基本类型。

（1）串行DCFPN结构：灾难$P_1$触发灾难$P_2$，在触发因素$T$的作用下，其DCFPN结构如图5-13所示，该地点真实值的计算方法见式（5-20）：

$$\alpha_2 = \alpha_1 \cdot \mu_1, (\mu_1 \geqslant \lambda_1) \tag{5-20}$$

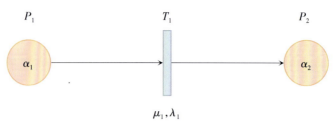

**图5-13 串行DCFPN结构**

（2）并行DCFPN结构：灾难$P_z$触发灾难$P_1$，$P_2$，$P_3$，$\cdots$，$P_n$，在触发因素$T$的作用下，其DCFPN结构如图5-14所示。该地点真实值的计算方法见式（5-21）：

$$\alpha_1, \ \alpha_2, \ \cdots, \ \alpha_n = \alpha_z \cdot \mu_1, \ (\mu_1 \geqslant \lambda_1) \tag{5-21}$$

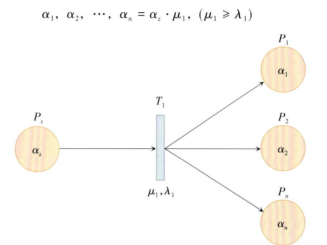

**图5-14 并行DCFPN结构**

（3）耦合DCFPN结构：灾难$P_1$，$P_2$，$P_3$，$\cdots P_n$，分别引发灾难$P_z$，在触发因素$T$的作用下，$T_2$，$T_3$，$\cdots$，$T_n$风险增加。其DCFPN结构如图5-15所示。该地点真实值的计算方法见式（5-22）：

$$\alpha_z = 1 - \prod_{i=1}^{n} (1 - \alpha_i \cdot \mu_i), \ (\mu_1 \geqslant \lambda_1) \tag{5-22}$$

这三种基本类型可以表示单链、并发链和耦合链，它们的任意组合可以表示极其复杂的灾害链模型。

**3. 隶属函数的构造**

在传统的模糊Petri网中，命题具有不确定性，因此地方的真值通常由隶属函数来计算。然而，在DCFPN中，地方的真值代表次生灾害的风险，并通过模型计算。转换的真值，即触发因素，是不确定的，需要用隶属函数来表示。

隶属函数通常根据专家经验确定，然后通过实践检验逐步修正和完善。在DCFPN模型中，跃迁的真值，即触发因素可能是某类承灾体是否受影响。因此，将灾害和承灾体的暴露一起考虑，提出了一种通过地理信息系统的空间分析来确定隶属函数的方

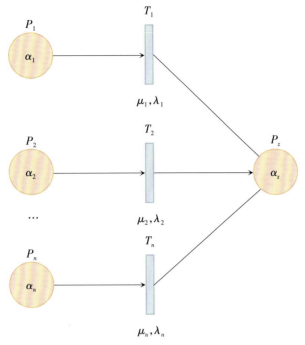

图5-15 耦合 DCFPN 结构

法。定义叠加分析的隶属函数 $A(x)$ 是：

$$A(x) = \frac{S_o}{S_b} \qquad (5-23)$$

式（5-23）中，如果 $A(x)$ 为 0，灾害不影响承灾体。如果 $A(x)$ 为 1，承灾体100%受灾。越近 $A(x)$ 是 0，灾难的风险就越小；越近 $A(x)$ 正对 1，灾难的风险就越大。利用这种隶属函数来计算转移的真值，可以有效地表达这类灾害链的风险。

# 第六章  自然灾害链风险处置

风险处置是风险管理的核心环节，也是风险管理的最终目的，是指对已经识别和评估的灾害风险，采取有针对性的处置措施，以降低或消除灾害风险的可能性和影响。不同于传统单一灾种的风险处置，自然灾害链风险处置是根据灾害链风险评估与推演结果，结合灾害链风险管理决策理论与方法，帮助政府找出自然灾害链处置中的关键环节，为制定更加科学有效的风险减缓措施方案提供依据。例如，加强原生灾害监测预警、提高多灾种应急响应能力、加固或转移危险源和承灾体、改善或隔离危险环境等，以切断或削弱自然灾害链中各环节间的主要联系，防止或减缓次生灾害的发生发展，最终实现减少自然灾害链造成损失的目标。本章将从自然灾害链风险处置内涵、流程、策略以及决策理论及方法等方面展开论述。

## 第一节  自然灾害链风险处置内涵

### 一、自然灾害链风险处置概念

风险处置是指对已经识别和评估的灾害风险，采取相应的方法和措施，以降低或消除灾害风险的可能性和影响，从而达到最优的风险管理效果的过程。风险处置是风险管理的核心环节，也是风险管理的最终目的。风险处置在不同的领域有不同的应用和实践，如工程项目、金融机构、保险公司等都有各自的风险类型、风险目标和风险成本，因此对风险处置的理解和实施也有所不同。本书主要关注自然灾害链的风险处置，即针对由一个或多个自然灾害相互影响或诱发而形成的灾害链风险，根据风险状态和风险优先级，制定自然灾害链的风险处置方案，选择自然灾害链的风险处置方法和措施，实施自然灾害链的风险处置计划，分配自然灾害链的风险处置责任和资源，评价自然灾害链的风险处置成本和收益，以降低或控制灾害链的发生和影响，从而减轻灾害链对人类社会的损失和威胁。

自然灾害链风险处置的目标是降低或消除灾害链发生的风险概率以及降低灾害链发生后可能造成的损失。为了实现这一目标，自然灾害链的风险处置需要运用多种相关的方法和技术，如自然语言处理、机器学习、知识图谱、风险评估模型等，需要综合考虑各种影响因素，如灾害链的复杂性、动态性和不确定性，以及灾害链风险处置的可行性、有效性和经济性等。自然灾害链的风险处置是一个循环的、动态的、适应性的过程，需要根据实际情况不断地调整和优化风险处置方案，持续地监控和评估风险处置效果，为下一次的风险处置提供经验和依据。此外，有时一个特定的灾害链问题不可能仅仅采取一种风险处置方法，而需要结合使用多种风险处置方法，如风险转移或将剩余风险予以保留，从而达到最优的风险处置效果。

## 二、自然灾害链风险处置特征

自然灾害链具有突发性强、破坏力大、影响范围广和类型复杂多样等特点，一旦发生将会造成严重后果。因此，相较于其他领域的风险处置，自然灾害链风险处置存在紧急性、复杂性、适应性、前瞻性、动态性和过程性等六个主要特征。

### (一) 紧急性

自然灾害链一旦产生，往往具有巨大的破坏性，可能导致多地同时受到灾害的影响。多种不同类型的灾害同时发生，其灾害链发生带来的危急状态和造成的恶劣影响在短时间内难以消除，这就迫使相关责任部门必须立即启动紧急救援行动，包括获取有效信息、处置灾害事件和应急救援等，以最大程度地减小灾害影响范围，防止危害的进一步升级。

### (二) 复杂性

自然灾害链的风险处置是一项高度系统和综合的任务，涉及多个领域和多个部门之间的协同配合。通常情况下，自然灾害链的发生会造成大范围的破坏，它对各行各业的发展都会产生不同程度的影响。在灾害链发生时，必须考虑到灾害事件本身以及各种相关因素，这要求负责部门积极调动各方的资源和力量，并在仔细权衡各种利弊和风险后作出最合理的决策。因此，对于自然灾害链的风险处置，需要向多个目标开展应急救援和处置工作。这些应急处置工作通常不是一个范畴，涉及不同行业和领域，这意味着各部门需要在紧急情况下开展协作，以实现综合性的风险管理和处置。

### （三）适应性

自然灾害链形态复杂多变，灾害发生的时间和地点、灾害种类、风险征兆等都难以确定。此外，灾害发生时不会保持静止状态，由于受自身内在特质和外在环境因素的影响，自然灾害链发展过程处于持续变化的动态演进状态，包括内在致灾因子、灾害事件环境等都在不断变化。因此，在短时间内无法获取自然灾害链发生的全面信息和变化趋势，导致灾害链的风险处置变得十分困难。这要求处置人员在不同的情景下，针对自然灾害链的特点和发展阶段明确救灾减灾目标，选择合理的应急决策方案，并随着事态的发展迅速调整方案内容，提高方案的适应性和有效性，以适应不断变化的环境和情况。

### （四）前瞻性

对自然灾害链风险处置需进行前瞻性的主动布局，对风险源头要准确识别和判定，包括预测风险未来的发展趋势、积极主动构建风险治理策略、实时调整预防策略、及早防范潜在风险以及最大限度地降低风险对经济和社会发展的破坏。

### （五）动态性

自然灾害链风险处置需要建立常态化的机制，并定期进行评估和调整。孕灾环境不断演变，新的威胁和机会可能随时出现，因此风险管理必须具有灵活性和适应性，以应对不断变化的挑战。这意味着自然灾害链风险处置不仅仅是一项单次任务，还是一个持续的过程，需要不断监测和重新评估风险，以确保处置策略的有效性和适应性。这种动态性使有关部门和组织能够及时监测复杂和多变的致灾因子和孕灾环境，减轻潜在的自然灾害链风险，并在必要时迅速采取行动，以保护人民群众的安全和利益。

### （六）过程性

自然灾害链风险处置贯穿自然灾害链发生的完整生命周期，包括事前、事中和事后阶段，旨在最大程度地减少灾害可能造成的损害和影响。在事前阶段，自然灾害链风险处置强调预防措施和规划，以降低潜在威胁，提高社会和环境的抗灾能力。这一阶段的重点是采取措施来减少潜在风险，从而减少自然灾害链发生的可能性。在事中阶段，自然灾害链风险处置则侧重于紧急响应和危机管理，包括及时的警报和应急行动，以最大限度地减少损失、保护生命和财产，并确保协调的救援和恢复工作。该阶段的目标是尽快减轻自然灾害链带来的影响，保障受灾群众的安全和福祉。在事后阶段，自然灾害链风险处置重在灾后评估和长期恢复。这包括分析自然灾害造成的影响，修复受损基础设施，恢复社会功能，并制定未来的改进措施，以增强社会的抗灾能力。

该阶段的目标是从灾害中恢复并确保社会的可持续发展。过程性强调自然灾害链风险处置需要不断的监测、评估和改进，以适应自然灾害链生命周期中处置目标的变化，从而更好地应对自然灾害链风险。

# 第二节　自然灾害链风险处置流程与策略

## 一、灾害链风险处置流程

自然灾害链风险处置是在风险识别与评估的基础上，采取一系列措施降低灾害链发生的概率和损失，发挥灾前预防和灾中管控的作用。然而，由于时间、资源、信息等方面的限制，决策者为了减轻自然灾害链的影响，需要对未来可能发生的灾害及其演化趋势进行预测，从而制定相应的应对策略。而自然灾害链的复杂多变性导致灾害链情景的不确定性，决策行为中主体和客体也随之不断变化，使得灾害情景预测存在较大的不确定性。因此，"情景-应对"模式比"预测-应对"模式更适合灾害链的应急处置。本节基于"情景-应对"理论，提出了灾害链风险处置的流程，包括以下三个主要环节：灾害链情景分析、灾害链情景应对、评估与推演。此外，还需要在整个流程中进行评价与反馈，使灾害链风险管理成为一个循环的过程（见图6-1）。

### （一）灾害链情景分析

灾害链处置的情景建立在风险评价的基础上，首先根据风险分析的结果与确定的风险评价准则进行比较，综合确定风险水平的等级，以判断风险是否可接受以及需要采取处置措施。然后，对灾害链处置进行情景描述、情景分析、任务梳理和情景展现四个步骤的分析。

**1.情景描述**

首先概述情景基本信息。其次详述情景信息，包括时间地点、自然环境、社会条件、应急管理及必要的假设条件等背景信息，以及事件的发生原因、影响对象和范围、对环境及社会的影响、初始应急处置救援需求等初始事件信息。

**2.情景分析**

首先进行演化过程分析，包括演化过程的各阶段，各阶段的产生原因、发展演化规律、影响对象和范围、对环境和社会的影响、应急处置救援需求等。其次进行可能后果分析，主要包括伤亡人数、财产损失、社会影响、经济影响、环境影响和长期健

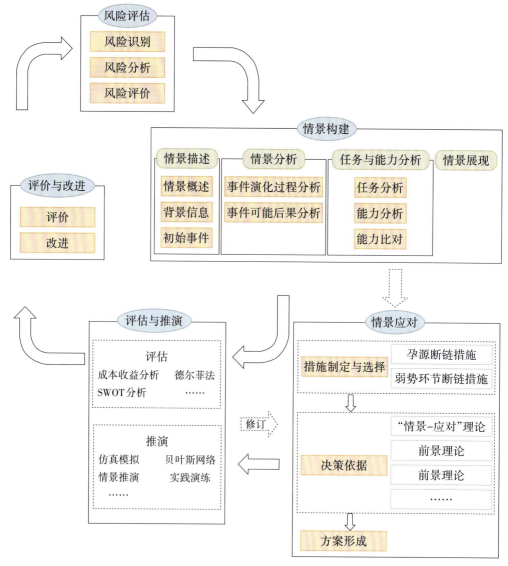

**图6-1　风险处置流程图**

康影响等。

**3.任务梳理**

首先划分情景响应阶段,包括潜伏期、暴发期、持续期、消退期等四个阶段。其次形成情景任务列表,包括先期处置任务、现场救援与处置任务、社会响应任务等应急响应任务,以及事后恢复与重建任务。最后形成应急能力列表,即列出风险防范与应急准备、监测与预警、应急处置与救援等阶段应具备的应急能力。

**4.情景展现**

情景展现是指更为直观、生动地展示情景分析结果,进而建立或改进应急预案、开展应急演练和评估、加强应急能力建设等。情景展现在文字描述的基础上,辅以必要的图表说明，可以采用三维模拟仿真技术、视频编辑等方法对情景的演化过程、事件后果和主要应对行动进行直观展现，有助于增强决策者对灾害链情景的认知和理解，提高决策的科学性和有效性。

## （二）灾害链情景应对

灾害链情景应对主要包含三个重要方面，分别是风险措施的制定与选择、决策理论方法和决策方案制定。

**1.风险措施的制定与选择**

首先，必须积极收集必要的数据和信息，以更全面地理解和分析灾害链风险的本质。其次，需要深入探讨并辨认与灾害链相关的各种风险因素及其属性。再次，考虑本地经济发展状况、公众意见和估计的风险程度等多个因素，明确定义灾害链风险处置的目标和原则。最后，根据这些目标和原则，结合特定灾害链风险特征和当地情况，制定合适的风险应对措施和策略。例如，探讨采用"孕源断链"减灾或"弱势环节断链"减灾等措施来应对不同类型的风险。

**2.决策理论方法**

决策依据是指支持决策制定与执行的关键信息、数据、事实或原则的综合集合。这些元素在有效决策过程中扮演着至关重要的角色，构成了成功决策的重要组成部分。它们为决策者提供必要的信息、支持和逻辑依据，有助于降低风险、提高决策质量，同时也有助于确保决策的透明性和合法性。在制定灾害链风险措施时，主要依据前景理论、"情景-应对"理论以及DAPP方法等决策理论和方法。这些理论和方法能够对各种备选行动方案的必要性、可行性、经济性等进行综合评估，包括考虑收益、成本、实施难度等因素。通过评估有助于选择出最佳的行动方案或最佳的行动方案组合。

**3.决策方案制定**

根据风险评估、情景分析以及风险措施来制定相应的方案。这些方案应包括行动计划、资源分配、时间表和责任分配等内容，以确保每个方案都清晰明确，能够应对不同的情景。行动计划应包括以下内容：

（1）具体行动：明确具体需要采取的行动步骤，例如调查、沟通、协调、救援等。

（2）时间表：制定明确的时间表，包括开始和结束时间，以确保每个行动按计划进行。临时性时间表：在需要时制定临时时间表，以应对紧急情况。时序关系：规划不同任务之间的时间先后关系，确保协调有序。

（3）资源需求：确定执行每个行动所需的人员、设备、资金和其他资源。

（4）预期结果：阐明每个行动的预期结果和目标，以确保目标明确。

（5）资源分配：一是人员。明确执行各项任务的人员，包括他们的职责和技能。

二是物资和设备。列出需要的物资和设备清单，确保它们的可用性。三是资金和预算。确定所需的资金和预算，以确保方案得以执行。四是预留资源。留有应急资源，以备不时之需。

（6）责任分配：指定每个行动的负责人，使其对所执行的任务负有责任；明确每个负责人的职责和权限，确保他们有权作出决策；规定不同负责人之间的协作机制，以确保团队协调一致。这些要素的具体内容将根据制定方案的具体情境和目标而有所不同。

明确而详细的行动计划、时间表、资源分配和责任分配对于方案的有效执行至关重要。确保这些要素清晰明确，有助于组织更好地应对风险和危机，减轻潜在损失。

### （三）评估与推演

灾害链评估与推演过程不仅验证方案的可行性及其实施效果，而且有助于尽早发现潜在问题与缺陷，以便及时进行修正。在这一过程中，可以模拟各种灾害链情景和风险事件，从而更好地识别可能出现的问题和挑战。这种预见性有助于我们提前采取措施来减轻或应对这些问题。首先，基于决策目标和原则，运用德尔菲法、SWOT分析法以及成本-效益分析法等多种方法，对各种行动措施和方案的必要性、可行性和经济性进行深入评估。这有助于筛选出最优的方案。其次，借助贝叶斯网络、仿真模拟、实战演练和情景推演等方法，能够详细描述方案的推演过程。最后，基于评估和推演结果明确风险处置措施的实施方式，包括预期收益、责任分配、绩效指标和时间安排等关键细节。

然而，考虑到灾害链风险的随机性和其他不确定性，为确保风险处置措施的有效实施，需要将实际操作中遇到的问题和挑战及时反馈给决策者。因此，根据推演结果，对方案措施的有效性进行深入分析，以确保成功应对风险和危机。

## 二、灾害链风险处置策略

在应对自然灾害链风险时，可以采用一系列风险处置策略。这些策略主要包括风险回避、风险控制、风险自留和风险转嫁，它们各自具有独特的应用场景和效果。

### （一）风险回避

风险回避是一种主动的风险管理策略，主要涉及在评估潜在风险和可能损失时，选择放弃或中止相关项目，以规避风险的策略。这种方式的优势在于其预防性，即能够在风险事件发生前消除潜在的风险因素，从而避免可能的损失。

### （二）风险控制

风险控制是一种更为积极主动的处置策略。其主要目标是通过采取一系列风险管理措施，如预防措施、隔离风险因素等，降低风险事件发生的概率和减小损失的程度。在实践中，风险控制是应用最为广泛的风险处置方法之一。

### （三）风险自留

风险自留是一种更为保守的风险处置策略。在这种策略下，项目组自行准备基金来承担可能的风险损失。这种策略可以分为主动自留和被动自留，前者是在充分评估风险的基础上主动承担部分风险，后者则是由于未能准确识别和评估风险而被迫采取的策略。

### （四）风险转嫁

风险转嫁是将风险转移给与其有相互经济利益关系的另一方的策略。保险和合同是风险转嫁的主要方式。通过这种方式，风险的承担者发生了变化，但风险本身并未减少。风险转嫁的目的通常是为了降低财务和法律责任，以及增加在灾害发生时的抵抗能力。例如，企业可能会购买商业保险来转移财务风险，或者在合同中规定灾害造成的损失由供应商或承包商承担，以减轻自身的风险压力。

综上所述，针对不同的自然灾害链风险，需要根据实际情况选择合适的风险处置策略。这些策略的综合运用有助于提高在面对自然灾害时的应对能力和风险管理水平。

## 三、不同阶段灾害链的处置方法

传统自然灾害风险处置可分为两大类：风险减轻和损失减少，即防灾和减灾。然而，由于自然灾害链的复杂性，为确保自然灾害链风险处置策略的有效实施，必须考虑自然灾害链的发展规律，并根据风险识别和评估所提供的信息来判断自然灾害链的发展阶段。在不同的阶段应采取不同的风险处置措施，以减少因灾害链效应带来的严重损失。

自然灾害链的发展可分为三个关键阶段，包括早期的孕育阶段、中期的潜伏阶段和后期的诱发阶段[1]。根据这三个不同阶段的特征，可提出三种不同的风险处置措施，分别为早期的"断链"策略、中期的"防御"策略和后期的"治理"策略。

一是早期孕育阶段。该阶段主要目标是采取源头防灾措施以预防自然灾害发生。根据自然灾害链在不同阶段的特征，通过监测和监控等手段，对潜在的致灾因子进行

---

[1] 蒙吉军、杨倩：《灾害链孕源断链减灾国内研究进展》，《安全与环境学报》2012年第6期，第246-251页。

抑制和提前预测，根据不同灾害类型，抓住灾变的孕育阶段，制定相应的减灾策略，采用多种手段来改变孕育灾害的环境条件，以建立根本性的防灾减灾模式。

二是中期潜伏阶段。该阶段主要目标是在考虑到自然灾害链早期断链的难度较大以及仍然存在风险的情况下，采取措施来减弱潜在灾害要素之间的相互传播关联，以防止自然灾害造成严重损失。由于自然灾害链的复杂性，这一策略旨在降低灾害潜在传播的概率。

三是后期诱发阶段。当多种自然灾害同时发生时，必须采取有效的措施来截断或减缓自然灾害链式效应的传播，以控制自然灾害的影响，并展开紧急救援行动。这一策略旨在减轻多重自然灾害同时暴发可能引发的严重后果。

在早期孕育阶段和中期潜伏阶段，自然灾害链尚未发生，因此这两个阶段是最适合采取"断链"和"防御"策略的时机。在这两个阶段，相关研究主要采用"孕源断链"减灾理论和"弱势环节断链"减灾理论，旨在从源头上抑制自然灾害链的发展，以使风险和损失最小化。

## （一）"孕源断链"减灾

肖盛燮于 2005 年首次提出"孕源断链"的减灾理念。"孕源断链"减灾是基于灾变链式理论，指从灾害孕育阶段入手，阻止灾害链的形成。"孕源断链"减灾把灾害链的源头和影响因素作为出发点，预防形成灾害的因素积累，阻止发生灾害的条件形成，以及在灾害发生后立即采取技术处理措施，因此就可以防止产生次级灾害，防止二次伤害，进而可以把灾害造成的损失和影响程度降至最低。"孕源断链"减灾，不仅包括所有能够防止和预防灾害启动因素的形成，也包括通过对单一灾害的有效处理而减少次级灾害的发生。通过对灾害链的分析，可以发现产生次生灾害的因素，并采取隔离、减弱灾害因素的措施，有效隔断与灾害源头的关联，从而避免灾害的发生。

"孕源断链"减灾理论主要针对在灾害孕育阶段，利用监测预警技术手段，对灾变系统的形成过程进行监控，并通过相应预防措施改善灾害的孕灾条件，削弱或消除致灾因子的作用，保障或转移承灾体。因此，灾害链的演化过程是采用"孕源断链"减灾理论框架和执行减灾措施的最佳时机。"孕源断链"减灾理论提出了三种主要的切断灾害链的方法：一是从灾变源头入手。如果次生灾害尚未发生，可以控制致灾因子的生成和扩散，从根本上避免次生灾害的产生和传播；如果灾害发生的概率较大，可以从承灾体的角度，采用工程和非工程措施相结合的方法，通过降低承灾体的暴露程度或提高抗灾能力，来切断灾害链风险损失的扩展和传播。二是诱导载体转移。当灾害不可避免地发展到一定程度时，可以提前引发其发生，使其释放出较弱的物质、能量和信息载体，从而使灾害在可控制的范围内，如通过诱导载体转移削弱灾害之间的载体联系。三是在特定灾害发生时截断灾害链。这类研究通过切断灾害链式传递路径或减少路径的通畅度、增强各承灾体抵御灾害的能力或韧性，来转移或截断次生灾害与承灾体之间的联系，阻止灾害破坏力的转换或传递，从而防止次生灾害的启动和扩散。

"孕源断链"减灾策略的实施主要包含以下步骤：

（1）初步识别自然灾害链的发展阶段，判断其是否处于孕育期。不同类型的灾害链在演化过程中会表现出特定的形态和特征，这可以通过监测物质、能量、信息的聚集和转化来确定。准确识别灾害链的发展阶段是决定是否采用"孕源断链"减灾策略的基础。

（2）深入分析灾害系统的内外因素及其演变规律。理解灾害系统内部各要素或子系统间的相互作用，以及系统与环境的交互关系，有助于找到断链的关键点，并为确定断链方式和策略提供重要依据。

（3）提出具体且可行的减灾措施。"孕源断链"减灾策略的优势主要表现在以下几个方面：首先，其投入成本相对较低。由于在灾害链的孕育和形成初期，灾害的破坏力通常较小，因此在这一阶段采取"孕源断链"减灾策略，可以尽早阻止灾害的发生和蔓延，从而将灾害的危害程度降到最低。与灾前的临时防范措施和灾后的重建相比，这种方法能以较小的投入获得更好的减灾效果。其次，"孕源断链"策略具有较强的普适性。它是基于所有灾害共有的链式效应和载体反应提出的减灾思路，通过抽象出灾害的本质特征和共性，使得该策略能够广泛应用于不同类型的灾害中。

## （二）"弱势环节断链"减灾

"弱势环节断链"减灾策略强调在结构中最易遭受破坏的部位进行设防，以遏制灾害链的进一步蔓延[①]。这种策略旨在以最小的经济成本实现最有效的灾害减缓目标。具体来说，灾害链的形成是一个涉及多种灾害演化的过程。在单一或多种灾害的不同演化阶段和过程中，总会存在一些演化的薄弱环节。这些环节在灾变演化中起到关键作用，并为实施"弱势环节断链"减灾策略提供有利条件。通过有针对性地切断这些薄弱环节，可以有效地抵御自然灾害链的威胁。目前，主流的方法包括基于对各个灾害事件及其关联作用的数学建模分析，以及基于相关指标（如脆弱性指标等）进行的相应断链减灾措施。这些方法有助于深入了解灾害链的演化机制，并提供有针对性的减灾策略。

"弱势环节断链"减灾策略的实施主要包含以下几个关键步骤：

（1）需要准确识别和分析灾害链。这涉及利用技术手段识别灾害之间的相互影响关系和发生机制，深入分析灾害链中各环节的主要联系，并建立合理的灾害链物理模型，以判断灾害链当前的发展阶段和未来的演化趋势。

---

① 肖盛燮,等:《灾变链式演化跟踪技术》,科学出版社,2011,第8-10页。

（2）基于所建立的灾害链物理模型和概率分析模型，寻找灾害链过程中的脆弱环节和关键灾害要素。这一步骤是制定有针对性的断链减灾策略的关键，通过确定灾害链的薄弱环节和重要灾害要素，可以更有针对性地采取预防措施。

（3）及时采取有效的预防措施，切断灾害要素或环节间的主要联系。这可以防止或减缓次生灾害的发生和扩散，从而有效减少灾害损失。这一步骤需要综合考虑各阶段的应对措施，确保断链减灾的有效性。

"弱势环节断链"减灾策略具有以下优点：首先，它充分考虑到自然灾害链发生的全生命周期，并适用于多种类型的灾害链。该策略不仅关注灾害链的前期预防阶段，还涵盖了灾害链的整个生命周期，包括中期的应对措施、应急管理和后期的灾后恢复等阶段。这有助于更全面地降低灾害风险。其次，"弱势环节断链"减灾策略强调了持续更新和调整应对策略的重要性。由于灾害风险是不断演变的，因此需要不断评估和调整断链减灾措施的有效性。通过在灾害链的不同阶段采取适当的应对措施，可以确保断链减灾的策略始终与实际情况保持一致，从而更有效地降低灾害损失。最后，"弱势环节断链"减灾策略可以作为"孕源断链"减灾的补充措施。由于灾害链的演化阶段不同，"孕源断链"策略主要关注灾害链的孕育和形成阶段，而"弱势环节断链"策略则更侧重于灾害链的发展和扩散阶段。因此，两者可以相互补充，为自然灾害链的减灾工作提供更全面的解决方案。

## （三）地质灾害链减灾策略分析

下面以地质灾害为例，阐述现有研究中如何将"孕源断链"减灾和"弱势环节断链"减灾相结合，为自然灾害链的断链减灾提供指导和思路。

我国地质灾害严重，涉及滑坡、泥石流等多种灾害，且常与其他灾害相伴而生，危害极大。因此，深入研究地质灾害链的链式规律和演绎过程至关重要。地质灾害链的源头因素主要包括原始地形地貌、地质构造演变、气象水文影响、地震影响和人为影响。这些因素相互作用，导致崩滑、滑坡、泥石流等灾害的链式发生。因此，在地质灾害链的不同阶段，实施"孕源断链"和"弱势环节断链"减灾策略可有效控制地质灾害链带来的风险。

在地质灾害链的孕育阶段，可采用"孕源断链"减灾策略。具体措施包括对灾变源头、载体、传递路径进行断链减灾。例如，在灾害链早期孕育阶段，采取工程和非工程措施，如种植坡面植被、综合识别致灾因素、实施检测预警系统、治理改善等措施。这些措施有助于在地质灾害链形成的孕育阶段，对其源头主要致灾因素进行控制和改善。

当灾害链演化到中期潜存阶段时，应采取"弱势环节断链"减灾措施。通过找到地质灾害链发展过程中的脆弱环节，截断各灾害要素发生所需的物质、能量和信息传递路径或减弱其畅通性，防止灾害向下一阶段演化，控制灾害链的进一步发育。例如，在崩滑–滑坡–泥石流灾害链中，应考虑当地地质条件和人口密度等因素，找到薄弱环节并采取相应措施，如实施支挡工程或排水工程进行滑坡整治。

通过将"孕源断链"和"弱势环节断链"减灾策略相结合，可以对自然灾害链进行更全面和有效的防治。这种方法有助于降低灾害风险，减少灾害损失，并提高对自然灾害链防治工作的认识和实践水平。

## 第三节　自然灾害链风险决策

### 一、风险决策概念与原则

在依据现有理论和经验总结灾害链风险处置措施后，需要进一步设计形成备选方案。风险决策是依据风险评估的结果，分析和对比各种备选方案，进而采取一项或多项措施来处理和规避风险，旨在降低风险损失并实现利益与机会的最大化。这一过程不仅涉及对风险评估结果的深入分析，还需要决策者对多种备选方案进行对比，从而在众多处理方案中选择最合适的来应对风险。从宏观上看，风险决策的目标是规划、安排整个风险处置过程；从微观上看，风险决策实质就是运用科学的理论，采取科学的方法，以帮助决策者选择最佳方案的过程。

在前期风险分析、灾害易损性分析和灾情分析的基础上，面临自然灾害链风险时，选择最优的风险应对方案组合至关重要。这涉及监测、回避、转移、抵抗、减轻和控制风险等多样化行动方案的选择与优化。为了实现科学的风险决策，必须遵循数学期望准则、成本–效益准则以及社会可接受风险标准准则等基本原则。

（1）数学期望准则。它是指在决策判断过程中，获取内外部环境所提供的全部信息，选择收益期望值最大或者损失期望值最小的方案作为最优方案。

（2）成本–效益准则。它是指在实施风险处置措施时，需要考虑风险处置措施的成效是否能抵消成本。

（3）社会可接受风险标准准则。需要先用量化风险技术估算风险发生概率，以及发生风险后造成的损失，如果发生在社会可接受的限度外，就应该采取风险处置措施。同时，在进行风险决策时，决策带来的成功或失败的结果都应该在社会公众可以接受的范围内。

此外，风险决策作为防灾减灾方案制定和实施的关键核心环节，除了需要考虑自然灾害链风险的复杂性和决策原则外，还需要考虑其他方面因素，包括以下几个方面：

（1）决策的利益相关者。决策过程将受到各个利益相关者的影响，这些利益相关者是指能够影响决策的形成或可能受到决策影响的人或组织，如社会公众、社会组织、政府等。

（2）风险分配。在风险决策中，风险分配是指确定和分配与特定决策或行动相关的各种风险责任和影响的过程。这涉及将可能发生的不确定性和负面事件与相关各方之间进行明确的划分和分担。风险分配涉及公平和效率两个方面。其中，效率强调的是全体居民的风险分配效率和效果，而公平则是关注个体是否被暴露在风险中，通过公共协商的方式，不同利益相关者得以公平解决风险承担问题，这个过程涉及不同群体和组织之间的利益分配、相关风险的度量和成本的估算。

（3）公众可接受风险标准。公众可接受风险标准是指在风险决策过程中，针对特定活动、项目或决策所涉及的风险，社会大众愿意接受或认可的风险水平和程度。这一标准基于对公众意见、价值观、文化因素和风险认知的考量，反映了社会对于风险事件可能性和严重性的接受度。设定这样的标准有助于决策者更好地理解和平衡公众期望、利益和风险，从而在决策中考虑社会可持续性和公共利益。

（4）决策阶段。决策过程是多阶段的，包括方案制定、选择、执行等，决策的各个阶段的重点是不断发生变化的。

除此之外，还需要考虑经济水平、技术水平、法律法规、事件期限、成本效益等各类影响因素。

## 二、自然灾害风险决策理论和方法

风险决策主要分为评估备选方案和选择备选方案两个部分。评估备选方案包括评估方案的适用性以及实施成本和收益等，还应该考虑到该方案的剩余风险。剩余风险是指方案实施后仍存在的风险。如果剩余风险不能忍受，则需要将方案或措施进行优化。选择备选方案是指依据风险处置的目标，利用适当的方法，比较备选方案并将备选方案进行优先排序的过程。风险的类型、备选方案的特征以及决策者所掌握的信息情况等不同，选择备选方案所使用的方法也有所区别。常用的自然灾害风险决策理论和方法包括前景理论、案例推理法、期望值决策法等。

### （一）基于前景理论的群体应急决策方法

前景理论（Prospect Theory）于1979年由凡尼尔·卡尼曼（Daniel Kahneman）等人提出，并于1992年由丹尼尔·卡尼曼和阿莫斯·特沃斯基（Amos Tversky）扩展为行为经济理论。该理论描述了人们在已知结果概率时，在涉及风险的概率替代方案之间进行选择的方式。根据该理论，人们根据损失和收益的潜在价值而不是最终结果作出决定。前景理论被广泛应用于解决各种决策问题，例如资产配置、健康领域、投资组合保险、交通管理和多属性决策以及应急决策。

在前景理论中，第一个关键概念是参考点，参考点根据期望和结果之间的差异确定收益或损失；参考点的价值受到人们期望的影响。在多属性决策问题中，属性可以分为两种类型，即收益和成本。根据不同类型的属性，参考点随着人们对预期的收益或损失金额的期望而发生变化。

本书所讨论的基于前景理论的群体应急决策方法包括以下七个阶段。

（1）框架定义：定义了提议的GEDM（Group emergency decision-making）问题的符号和结构（专家、替代方案和标准）以及引出评估的表达域。

（2）信息收集过程：收集专家提供的关于不同属性备选方案的个别RP（Reference point）。

（3）聚合过程：聚合收集的单个RP被聚合以获得组参考点GRP（Group reference points）。

（4）损益计算：损益是根据不同备选方案的GRP计算的。

（5）前景值的计算：前景值表示得失的大小，反映专家的不同感受。

（6）计算属性权重：计算属性权重以加权每个属性的重要性。

（7）总体前景值：计算每个备选方案的总体前景值，得到GEDM备选方案的解集（见图6-2）。

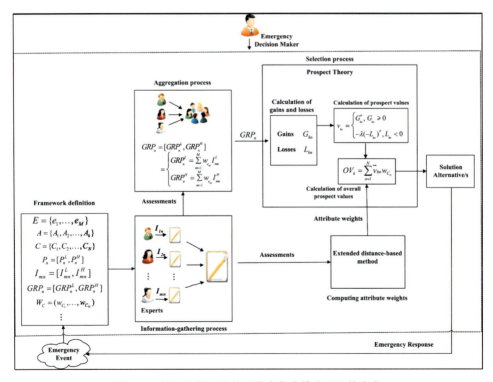

图6-2 基于前景理论的群体应急决策方法总体方案

注：图片来源于 *A group decision method based on prospect theory for emergency situations*。

在提议的 GEDM 方法中，首先需要对群体应急决策问题的框架进行定义，使用以下元素和符号：

$E=\{e_1, \cdots, e_m\}$：应急专家小组，其中 $e_m$ 表示第 $m$ 个专家，$m=1$，2，$\cdots$，$M$。

$W_E=(w_{e_1}, w_{e_2}, \cdots, w_{e_m})$：应急小组中每位专家相对重要性的加权向量，其中 $w_{e_m}$ 表示第 $m$ 个专家的相对权重，满足 $w_{e_m} \in [0, 1]$，$m=1,2,\cdots,M$ 和 $\sum_{m=1}^{M} w_{e_m}=1$。

$A=\{A_1, A_2, \cdots, A_k\}$：应急替代方案集，其中 $k$ 是第 $K$ 个紧急方案，$k=1$，2，$\cdots$，$K$；

$C=\{C_1, C_2, \cdots, C_n\}$：条件/属性集，其中 $C_n$ 表示第 $n$ 个标准/属性，$n=1$，2，$\cdots$，$N$；

$W_C=(w_{C_1}, \cdots, w_{C_n})$：属性的加权向量，其中 $w_{C_n}$ 表示第 $n$ 个属性的属性权重，满足 $w_{C_n} \in [0, 1]$，$n=1$，2，$\cdots$，$M$ 和 $\sum_{n=1}^{N} w_{C_n}=1$。

$I_{mn}=[I_{mn}^L, I_{mn}^H]$，$I_{mn}^H>I_{mn}^L$：间隔值，其中 $I_{mn}$ 表示第 $n$ 个专家提供的关于第 $n$ 个标准/属性的单个 $RP$，$m=1$，2，$\cdots$，$M$；$n=1$，2，$\cdots$，$N$。

$P_n=[P_n^L, P_n^H]$，$P_n^H>P_n^L$：备选方案关于属性 $C_n$ 的预定义有效控制范围，这意味着备选方案可以防止 $EE$ 对 $C_n$ 的损失，$n=1$，2，$\cdots$，$N$。

$$G_n=[G_n^L, G_n^H], \quad G_n^H>G_n^L \tag{6-1}$$

式（6-1）中，$G_n$ 表示相对于第 $n$ 个标准/属性的 GRP，$n=1$，2，$\cdots$，$N$。GRP 与 PT 中的 RP 类似，用于群体决策过程。为了不失一般性，我们假设 $G_n^L \geq 0$，$I_{mn}^L \geq 0$，$P_n^L \geq 0$。

信息收集过程，专家 $e_m$ 提供的关于属性 $C_n$ 的单个 $RP_s I_{mn}$ 为区间值。专家针对每个属性 $C_n$ 提供各自的 $RP_s$（见表 6-1）。

**表6-1　由专家提供的属性 $C_n$ 上的各自的 $RP_s$**

| 专家 | 评估 |
|:---:|:---:|
| $e_1$ | $\{I_{11}, \cdots, I_{1N}\}$ |
| $e_2$ | $\{I_{21}, \cdots, I_{2N}\}$ |
| $\cdots\cdots$ | $\cdots\cdots$ |
| $e_m$ | $\{I_{M1}, \cdots, I_{MN}\}$ |

在基于 PT 的 GEDM 中，$G$ 表示所有专家的期望，并通过聚合专家的个人 $RP_s$ 获得。我们提出的方法是通过加权平均来获得 $G_s$，其中每个专家 $e_m$ 被 $w_{e_m}$ 加权，以汇总各个 $RP_s$，$I_{mn}$，如式（6-2）所示：

$$G_n=[G_n^L, G_n^H]=\begin{cases} G_n^L=\sum_{m=1}^{M} w_{e_m} I_{mn}^L \\ G_n^H=\sum_{m=1}^{M} w_{e_m} I_{mn}^H \end{cases}, \quad n=1, 2, \cdots, N \tag{6-2}$$

如果所有的专家都同等重要，那么式（6-2）可以改写为：

$$G_n = [G_n^L, \ G_n^H] = \begin{cases} G_n^L = \dfrac{1}{M}\sum_{m=1}^{M} I_{mn}^L \\[2mm] G_n^H = \dfrac{1}{M}\sum_{m=1}^{M} I_{mn}^H \end{cases}, \quad n = 1, \ 2, \ \cdots, \ N \qquad (6-3)$$

式（6-3）中，$G_n = [G_n^L, \ G_n^H]$，表示所有专家对第 $n$ 个属性的期望，第 $n$ 个属性是聚合过程的结果。$G_n$ 不仅综合考虑了所有专家的个体 RP，而且以较低的时间成本将专家的个体 RP 进行了简单的聚合。

前景理论认为，收益或损失取决于专家的心理行为，如风险规避或风险寻求。为了根据得到的 $G_n$ 和预定义的备选方案的有效控制范围 $P_n$ 对不同的备选方案进行评价，需要确定 $G_n$ 和 $P_n$ 之间的关系。因为处理的是区间值，所以有 6 种可能的位置关系（见表6-2）。

表6-2　$G_n$ 和 $P_n$ 之间位置关系的可能情况

| 案例 | $G_n$ 和 $P_n$ 的位置关系 |
|---|---|
| 案例1　$P_n^H < G_n^L$ | |
| 案例2　$G_n^H < P_n^L$ | |
| 案例3　$P_n^L < G_n^L \leqslant P_n^H < G_n^H$ | |
| 案例4　$G_n^L < P_n^L \leqslant G_n^H < P_n^H$ | |
| 案例5　$P_n^L < G_n^L < G_n^H < P_n^H$ | |
| 案例6　$G_n^L \leqslant P_n^L < P_n^H \leqslant G_n^H$ | |

对于表6-2所示的不同情况，表6-3和表6-4分别给出了计算成本和效益属性的收益和损失的公式。

根据表6-3和表6-4，可以构建损益矩阵 GLM（Gains and losses matrix），用于在下一小节中计算应急备选方案的前景值。

**表6-3 所有可能情况下的收益和损失(成本属性)**

| 案例 | $G_{kn}$获得 | $L_{kn}$丢失 |
|---|---|---|
| 案例1 $P_n^H < G_n^L$ | $G_n^L - 0.5(P_n^L + P_n^H)$ | 0 |
| 案例2 $G_n^H < P_n^L$ | 0 | $G_n^H - 0.5(P_n^L + P_n^H)$ |
| 案例3 $P_n^L < G_n^L \leqslant P_n^H < G_n^H$ | $0.5(G_n^L - P_n^L)$ | 0 |
| 案例4 $G_n^L < P_n^L \leqslant G_n^H < P_n^H$ | 0 | $0.5(G_n^H - P_n^H)$ |
| 案例5 $P_n^L < G_n^L < G_n^H < P_n^H$ | $0.5(G_n^L - P_n^L)$ | $0.5(G_n^H - P_n^H)$ |
| 案例6 $G_n^L \leqslant P_n^L < P_n^H \leqslant G_n^H$ | 0 | 0 |

**表6-4 所有可能情况下的收益和损失(收益属性)**

| 案例 | $G_{kn}$获得 | $L_{kn}$丢失 |
|---|---|---|
| 案例1 $P_n^H < G_n^L$ | 0 | $0.5(P_n^L + P_n^H) - G_n^L$ |
| 案例2 $G_n^H < P_n^L$ | $0.5(P_n^L + P_n^H) - G_n^L$ | 0 |
| 案例3 $P_n^L < G_n^L \leqslant P_n^H < G_n^H$ | 0 | $0.5(P_n^L - G_n^L)$ |
| 案例4 $G_n^L < P_n^L \leqslant G_n^H < P_n^H$ | $0.5(P_n^H - G_n^H)$ | 0 |
| 案例5 $P_n^L < G_n^L < G_n^H < P_n^H$ | $0.5(P_n^H - G_n^H)$ | $0.5(P_n^L - G_n^L)$ |
| 案例6 $G_n^L \leqslant P_n^L < P_n^H \leqslant G_n^H$ | 0 | 0 |

(1)前景值的计算

前景值是通过使用反映专家行为的价值函数来衡量的。当前景值等于或大于零时,专家对自己的判断感到满意;否则,专家会对自己的判断感到后悔。运用PT可以清晰、容易地描述专家的心理行为。

设$GLM = (X_{kn})_{k \times n}$为GLM,其中$x_{kn}$表示$G_{kn}$或$L_{kn}$。每个属性$C_n$相对于每个备选项$A_k$的前景值$v_{kn}$可得为式(6-4):

$$v_{kn} = \begin{cases} G_{kn}^\alpha, & G_{kn} \geqslant 0 \\ -\lambda(-L_{kn})^\beta, & L_{kn} < 0 \end{cases} \qquad (6-4)$$

由此得到前景值矩阵$v = (v_{kn})_{k \times n}$。

由于不同属性的损益通常是不相称的,所以需要将$v$归一化为可比较的值。这是通过使用公式(6-5)将$v$中的每个元素归一化为矩阵$v = (v_{kn})_{k \times n}$中相应的元素来实现的。

$$\bar{v}_{kn} = \frac{v_{kn}}{v^*}, \quad k = 1, 2, \cdots, K, \quad n = 1, 2, \cdots, N \qquad (6-5)$$

当 $v^* = \max_{n \in N}\{|v_{kn}|\}$。

（2）计算属性权重

属性权重的确定是GEDM过程中的一个重要步骤。确定属性权重有不同的方法，如层次分析法、基于熵的方法和基于距离的方法。这里使用了基于距离的方法来计算属性权重，由于基于距离的方法处理的是计算属性权重的清晰值，不适合处理区间值的方法，因此对区间值进行了转换。对于每个专家提供的个别 $RP_s$，$I_{mn}$，提供以下定义。

定义1：对于区间值 $I_{mn}$，设 $\sigma$ 为区间数 $[I_{mn}^L, I_{mn}^H]$ 中的任意值，作为均匀分布的随机变量。$\sigma$ 的概率密度函数为：

$$f(\sigma) = \begin{cases} \dfrac{1}{I_{mn}^H - I_{mn}^L}, & I_{mn}^L \leqslant \sigma \leqslant I_{mn}^H, \\ 0, \end{cases} \quad m = 1, 2, \cdots, M, \ n = 1, \cdots, N \quad (6\text{-}6)$$

$\int_{I_{mn}^L}^{I_{mn}^H} \sigma$ 并且 $f(\sigma) \geqslant 0$ 对于所有的 $\sigma \in [I_{mn}^L, I_{mn}^H]$。

根据定义1，可得到信息矩阵 $Y = [y_{mn}]_{m \times n}$，即：

$$y_{mn} = \int_{I_{mn}^L}^{I_{mn}^H} \sigma \quad (6\text{-}7)$$

因此，介绍一种基于扩展距离的属性权重计算方法，如下所示。

（a）基于 $I_{mn}$，我们根据公式（6-6）、（6-7）得到了信息矩阵 $Y = [y_{mn}]_{m \times n}$，

（b）$Y = [y_{mn}]_{m \times n}$ 归一化，对于每个属性 $C_n$，所有值除以 $\sum_{m=1}^{M} y_{mn}$，也就是

$$\bar{y}_{mn} = \frac{y_{mn}}{\sum_{m=1}^{M} y_{mn}}, \quad n = 1, \cdots, N \quad (6\text{-}8)$$

这样，所有的值都归一化为区间 $[0, 1]$。归一化的目的是消除数据量的影响。

（c）确定每个属性 $C_n$ 的正负值。对于每个属性 $C_n$，正负值定义如下。

正值：$y^+ = (y_1^+, y_2^+, \cdots, y_N^+)$；

负值：$y^+ = (y_1^-, y_2^-, \cdots, y_N^-)$。

$$y_n^+ = \begin{cases} \max_{1 \leqslant m \leqslant M}\{\bar{y}_{mn}\}, & n \in N_1 \\ \min_{1 \leqslant m \leqslant M}\{\bar{y}_{mn}\}, & n \in N_2 \end{cases} \quad (6\text{-}9)$$

$$y_n^- = \begin{cases} \min_{1 \leqslant m \leqslant M}\{\bar{y}_{mn}\}, & n \in N_1 \\ \max_{1 \leqslant m \leqslant M}\{\bar{y}_{mn}\}, & n \in N_2 \end{cases} \quad (6\text{-}10)$$

其中 $N_1$ 和 $N_2$ 分别代表收益和成本属性。

（d）计算 $\bar{y}_{mn}$ 与 $\dfrac{y^+}{y^-}$ 之间的距离。$\bar{y}_{mn}$ 与 $\dfrac{y^+}{y^-}$ 之间的距离可由下列公式获得：

$$d_n^+ = \sqrt{\sum\nolimits_{m=1}^{M} (\bar{y}_{mn} - y_n^+)^2} \qquad (6\text{-}11)$$

$$d_n^- = \sqrt{\sum\nolimits_{m=1}^{M} (\bar{y}_{mn} - y_n^-)^2} \qquad (6\text{-}12)$$

（e）测量每个属性的离散度。在基于距离的方法中，每个属性 $C_n$ 的离散度度量表示为：

$$\xi_n = \frac{d_n^+}{d_n^+ + d_n^-} \qquad (6\text{-}13)$$

由式（6-13）可知，$\xi_n$ 的值越大，则离散度度量越大，相应地，属性 $C_n$ 越重要，这与属性权重确定的一般规律是一致的。

（f）确定属性权重 $\omega_{C_n}$，对于每个属性 $C_n$，可以根据离散度测量确定权重为：

$$\omega_{C_n} = \frac{\xi_n}{\sum_{n=1}^{N} \xi_n}, \quad n = 1, 2, \cdots, N \qquad (6\text{-}14)$$

（3）总体前景值的计算

一旦得到属性权重 $\omega_{C_n}$ 和归一化矩阵 $\bar{V} = (\bar{v}_{kn})_{k \times n}$，就可以用简单的加性加权法计算出各应急方案的总体前景值，即：

$$V_k = \sum_{n=1}^{N} \bar{v}_{kn} w_{C_n}, \quad k = 1, 2, \cdots, K, \ n = 1, \cdots, 2, \cdots, N \qquad (6\text{-}15)$$

$V_k$ 越大，替代 $A_k$ 越好。根据 $OV_k$ 的值，可以得到备选方案的排序。DM 可根据备选方案的排序，选择最优的备选方案来应对 EE。

综上所述，基于 PT 的 GEDM 方法的步骤如下。

步骤 1：定义 GEDM 问题的框架。

步骤 2：参与 EE 的每个专家都提供了他/她个人的 RP 值 $I_{mn}$。

步骤 3：$G_n$ 可以通过使用公式（6-2）或（6-3）将 $I_{mn}$ 聚合来计算。

步骤 4：收益 $G_{kn}$ 和损失 $L_{kn}$ 分别根据表 6-3 和表 6-4 计算成本/收益属性，得到 GLM 矩阵。

第 5 步：基于 GLM 矩阵，利用公式（6-4）计算前景值 $V = (v_{kn})_{k \times n}$，利用公式（6-5）归一化为 $\bar{V} = (\bar{v}_{kn})_{k \times n}$。

步骤 6：从 $I_{mn}$ 中，使用公式（6-6）和（6-7）计算出信息矩阵 $Y = \left[ y_{mn} \right]_{m \times n}$ 以及使用公式（6-8）-（6-15）获得属性权重 $w_{C_n}$。

步骤7：最后，使用公式（6-15）计算每个备选方案的总体前景值 $OV_k$，并用于对备选方案进行排序。

### （二）案例推理法

案例推理法（Case-Based Reasoning，CBR）是一种基于人工智能（AI）的问题解决方法，它通过利用已解决的问题案例来解决新问题。安全推理法基于类比推理的原理，即通过找到与当前问题相似的先前经验案例，从而应用类似的解决方案。其强调在两个前提下构建应急决策方法：一是相同或相似的事故条件适用相同或相似的应急处置方案；二是相同或相似的事故条件可能重复发生。1994年，阿莫特（Aamodt）将案例推理分为案例表示、案例检索、案例修正、案例保留四个部分（见图6-3）。

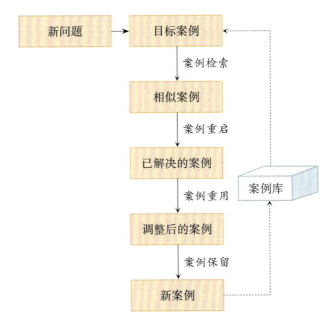

**图6-3　案例推理法流程**

**1.案例表示**

案例表示将真实场景及其潜在知识以计算机可识别和处理的方式呈现，以确保人类与计算机系统对案例的理解保持一致。最初的案例可能呈现为半结构化或非结构化形式，甚至以自然语言描述，需要被转化为结构化形式，以方便计算机进行检索、修改等操作。

**2.案例检索**

案例检索作为案例推理方法的核心环节，扮演着关键的角色。这个步骤并非简单地寻找相似之处，而是运用一系列计算方法，深入剖析新问题案例和已发生案例之间的关键要素，赋予它们权重，并通过计算其相似度来比较二者。其最终目标不仅在于寻找与待解决问题情境最相近的案例，更重要的是判断是否达到了预设的相似度标准。这是一个精细而复杂的过程，需要精准的计算和全面的评估，以确保最终所选案例与当前问题最贴切地契合。

**3. 案例修正**

鉴于最初存储在案例推理库中的案例数量受到限制，导致新案例与检索出的案例之间的相似度难以保持高水平，同时，对相似案例的再利用也可能并未能够产生令人满意的成果。因此，为了进一步提升结果质量，可以充分利用领域知识对案例进行调整，以确保获得更为优越的输出结果。这个过程旨在通过领域专业知识，对案例进行校准，使其更贴切地反映当前问题的特定要求，从而有效地弥补初始案例库规模的不足。

**4. 案例保留**

案例推理法能够不断积累经验和知识，得益于该方法可以对新案例及其解决方案进行评估并保留。在这一过程中，并非所有新案例都会无条件地被保留，通常只将具有价值的新案例存储在案例库中，这也同时提高了案例库检索的效率。

案例推理法具备明显的优势。一是其具有极为便捷的知识获取性能，可以通过强大的学习能力，能够将有价值的新案例存储在案例库中，逐步积累经验和知识，提高解决问题的能力。二是在实用性方面，其不需完整的领域模型，使得知识获取相对容易。三是在推理速度方面，其通过建立完备的检索机制，能够快速调取相似案例。另外，案例推理法的结果更易于用户理解和接受，因为其结果直接借用了过去类似案例的经验和知识，相对于领域内的直接知识更容易理解。

然而，案例推理法也存在一些不足之处。首先，它高度依赖经验和案例的质量，与基于规则的推理系统不同，案例一旦被提取出来，规则的正确性便无法被保证。其次，由于难以确保案例库覆盖领域内所有问题，案例推理法并非总能够提供有效的推理结果，也难以确保获得最佳的解决方法，这带来了结果的不确定性。

## （三）期望值决策法

期望值决策法是一种基于每个方案的可能结果及其概率来评估方案优劣的决策方法，即以期望值作为决策依据，通过比较不同风险处理方案的期望损失或期望收获值来选择最优方案。其公式如下：

$$E = \sum x_i p_i \qquad (6\text{-}16)$$

式（6-16）中，$E$表示决策方案的期望值，$x_i$表示该方案不同结果的损益值，$p_i$表示该方案下对应结果出现的概率。

应用期望值决策方法进行决策的基本步骤如下：

（1）资料收集与数据处理：首先需要收集与决策问题相关的资料和数据，并进行必要的处理和分析。

（2）自然状态识别：明确可能出现的自然状态，即风险因素的不同表现形式。

（3）行动方案制定：提出主要且可行的风险处理方案。

（4）概率分析：利用专业知识和历史数据，对各种自然状态的出现概率进行估计和判断。

（5）损益计算：基于相关资料和科技知识，预测每个行动方案在不同自然状态下的损失或收益。

（6）损益期望值计算：根据概率分布计算每个行动方案的损益期望值。

（7）最优方案选择：根据决策者的目标，选择具有最大效用或最小风险的行动方案。

期望值决策方法具有以下优点：

（1）结构化决策过程：为决策者提供一个清晰的结构化框架，有助于明确比较不同方案的优劣。

（2）考虑不确定性：能够处理不确定性环境下的决策问题，通过概率分布对风险因素进行分析。

同时，期望值决策方法在实际应用中也存在一些局限性：

（1）概率估计的准确性：决策结果的准确性在很大程度上依赖于对自然状态出现概率的准确估计。

（2）简化模型假设：该方法通常假设决策问题可以通过概率分布和期望值来完全描述，这在某些情况下可能过于简化问题。

## （四）模糊层次分析法

模糊层次分析法（FAHP）是一种用于处理多准则决策问题的数学方法。它结合了模糊理论和层次分析法，旨在解决传统层次分析法中对模糊和不确定性信息的处理困难问题。模糊层次分析法通过引入模糊数学的概念，允许决策者以模糊的方式表达判断，从而更灵活地处理实际问题。该方法涉及构建一个层次结构，对各层因素进行两两比较，形成模糊判断矩阵，最终通过模糊综合运算确定权重。模糊层次分析法在复杂系统的决策中具有广泛的应用，能够有效地处理现实世界中的模糊信息，提高决策的可靠性和适应性。

模糊层次分析法的应用过程包括四个关键阶段。首先是构建层次结构模型阶段，明确决策目标、确定对象属性和建立指标体系，使问题由抽象转为具体，确保思维过程自上而下进行，为最终结果奠定基础。其次是专家咨询阶段，该阶段包括制定专家咨询书、选聘专家和汇总咨询结果等步骤。再次是计算排序阶段，根据模糊层次分析法的计算步骤和公式进行层次单排序，计算优属度值，求解平均优属度值，并结合权重对最终评价值进行计算，然后进行层次总排序。最后一个阶段是选定最优方案，根据计算结果评定各个方案，选出最优的方案作为最终决策。这四个阶段有机结合，确保模糊层次分析法在决策过程中能够系统而有效地得出最佳解决方案（见图6-4）。

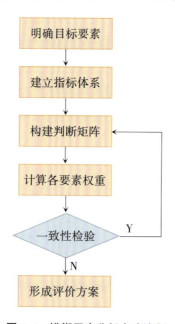

**图6-4 模糊层次分析方法流程**

在实际应用中，模糊层次分析法可以用于对不同风险组合进行多层级的风险评估。虽然在确定风险值和风险因子权重时可能存在难以精确把控的问题，但可以通过专家评分的办法将定性指标进行量化分析来解决这一问题。

模糊层次分析法的核心优势在于具有判断矩阵的模糊性和计算的简洁性，这使得它能最大程度地评估各因素的相互关系，并适用于解决结构复杂的目标系统。与传统的层次分析法相比，模糊层次分析法避免了标度烦琐和判断矩阵一致性难以达到的问题。在应用过程中，它首先构建层次结构模型，然后建立优先关系矩阵，进而通过该矩阵计算模糊一致矩阵。其次，通过选定的评价指标进行层次单排序，将单排序计算出的优属度进行层次总排序后，获得最终结果。通过对结果的比较，可以选出最优结果，完成模糊层次分析法的优选过程。

模糊层次分析法的应用不仅简化了计算，还使决策过程更加清晰。因此，它为风险决策提供了一种新的、有效的方法。然而，该方法也存在一些不足。首先，实际中影响目标的因素众多，不可能全面考虑每个因素，因为这样会导致样本容量过大，从而在选取评价指标时易受人为主观因素的影响，产生误差。其次，模型的建立过程过于单一，虽然有后续的检验方法，但仍可能存在模型不适用于特定实例的风险。

### （五）基于"情景-应对"理论的风险决策方法

"情景-应对"已成为应对非常规突发事件的基本范式，其强调对事件内在构造及其影响因素的分析，是一种基于情景分析的风险管理模式。考虑到自然灾害链的复合性和变化性，可能导致更为严重的次生衍生、耦合事件，因此需要根据不同的情景对非常规突发事件进行灾害情景的演化。此外，决策过程中的主体和客体也在不断调整，使得对灾害应对的未来情景更加难以预测。因此，"情景-应对"模式比传统的"预测-应对"模式更能满足当前灾害链应急决策的需求。

应用"情景-应对"理论进行风险决策的基本步骤如下：

（1）情景构建：首先，对所要应对的自然灾害突发事件进行全面的了解和分析，识别出可能出现的风险因素、事件或条件。然后，根据这些因素、事件或条件，构建可能出现的情景。这些情景应该涵盖从最乐观到最悲观的各种可能性。

（2）情景分析：对构建的每个情景进行深入分析，评估其发生的可能性和潜在的影响。这包括对事件的发展趋势、影响范围、持续时间等方面的预测。此外，还需要考虑情景中涉及的利益相关者、资源需求和技术可行性等因素。

（3）应对策略制定：基于情景的分析结果，制定相应的应对策略。这些策略应包括预防措施、应急计划和恢复计划。针对每个情景，都需要考虑如何最大限度地减少潜在损失、如何快速恢复到正常状态以及如何优化资源利用。

（4）资源分配与调整：根据情景的重要性和紧急性，合理分配资源和调整计划。确保关键情景的应对措施得到优先执行，这包括人员、物资、资金和技术等方面的分配。

（5）持续监测与更新：在实施应对策略后，要持续监测事件的发展和变化情况，并根据实际情况，及时调整和更新应对策略。此外，还需要定期回顾和评估已实施的应对策略的有效性，以便不断优化和完善应对方法。

（6）情景再评估与优化：随着事件的发展和变化，原先构建的情景可能不再适用或需要更新。因此，需要根据最新的信息和数据，对情景进行再评估和优化。这可能涉及重新分析风险因素、调整情景范围和更新应对策略等。

（7）跨部门/跨领域合作：在处理自然灾害突发事件时，往往需要多个部门或领域的合作。因此，基于情景的应对方法还需要注重跨部门/跨领域的沟通和协调。确保各方能够共同理解和应对复杂的情景，最大限度地减少潜在损失并提高应对效率。

（8）反馈与改进：在应对非常规突发事件的过程中，收集各方面的反馈意见和建议。利用这些反馈不断改进和完善基于情景的应对方法，提高其针对性和有效性。

（9）法律法规与政策考虑：在制定基于情景的应对策略时，还需要考虑相关的法律法规和政策要求。确保应对措施合法合规，并能够得到政府和相关机构的支持与合作。

## （六）基于DAPP自然灾害链风险决策模式

### 1.动态适应性政策路径（DAPP）

动态适应性政策路径（Dynamic adaptive policy pathways，简称DAPP）是深度不确定性决策下的一种稳健决策方法。该方法结合了适应性计划的两种互补方法：适应性政策制定和适应途径。适应性政策制定是一种理论方法，它描述了一个规划过程，其中包含不同类型的行动（例如缓解行动和对冲行动）以及监测，以确定是否需要适应的路标[①]。适应途径提供了一种分析方法，用于根据一段时间内的外部发展情况探索和排序一系列可能的行动。简而言之，这种综合方法包括代表各种相关不确定性及其随时间发展的瞬态情景，处理漏洞和机会的不同类型的行动，描述有希望的行动序列的适应途径。该方法的步骤如图6-5所示。

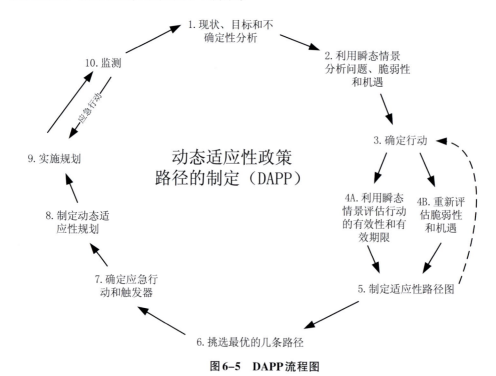

图6-5　DAPP流程图

注：图片来源于 *Dynamic adaptive policy pathways：A method for crafting robust decisions for a deeply uncertain world*。

---

① Marchau V. A. W. J., Walker W. E., Bloemen P. J. T. M., et al. *Decision Making under Deep Uncertainty：From Theory to Practice*（Cham：Springer International Publishing, 2019）, pp. 71-92.

（1）第一步是描述研究领域，包括系统的特征和目标、当前情况下的约束以及未来情况下的潜在约束。这是一个指标和目标方面的预期结果的规范，用于后续步骤评估行动绩效，并评估行动的"截止日期"。研究领域的描述包括对在决策问题中起作用的主要不确定因素的说明。这些不确定性不仅限于对未来的不确定性，还包括与正在使用的数据或模型相关的不确定性。

（2）第二步是问题分析。在此步骤中，将当前情况和可能的未来情况与指定的目标进行比较，以确定是否存在差距。假设没有实施新的政策，未来可能出现的情况是"参考案例"，由跨越第一步确定的不确定性的（暂时的）情景组成。缺口表明需要采取行动。机遇和弱点都应加以考虑。机会和漏洞的识别可以基于对参考案例的分析，最好使用计算模型来完成。

（3）在第三步中，确定可以采取哪些可能的行动来满足成功的定义。因此，可以根据先前确定的机会和漏洞来指定这些行动，并可以根据适应性政策制定框架中指定的行动类型（即塑造、缓解、对冲和资本化行动）进行分类。这个步骤的目的是集合一组丰富的可能的操作。识别不同角度的行动可以加强这一点。

（4）第四步是评估行动。针对每种情况评估个别行动对结果指标的影响，并可以使用记分卡表示。结果用于确定每个操作的销售截止日期。此外，需要重新评估脆弱性和机遇，比如，操作是否能够减少或删除指定的漏洞，行动是否能够利用特定的机会，行动是否创造了新的机会和/或漏洞，无效的行动是否被筛选出来，只有有希望的行动才能在接下来的步骤中被用作适应路径组装的基本构建块。

（5）第五步是使用前面步骤中生成的信息组装路径。可以想象，在前一步中对漏洞和机会的重新评估触发了一个迭代过程（回到步骤三），其中新的或额外的操作被识别。一旦一系列行动被认为是足够的，就可以设计路径。一个路径由一系列动作组成，当一个新动作的前身不再能够满足成功的定义时，它就会被激活。路径可以以不同的方式组装，例如，分析人员可以用所有可用的操作探索所有可能的路径，然后可以对每条路径的性能进行评估。此外，可以利用行动的紧迫性、影响的严重性、所涉及的不确定性以及保留各种选择的愿望等基本标准来制定一套有希望的路径。结果是一个适应图，它总结了实现"成功"（如步骤一中定义的）的所有逻辑潜在路径。需要注意的是，操作不需要是单个操作，而是可以在步骤三到步骤五的迭代之后构建的操作组合。

（6）第六步是制定一些可控的首选路径。首选路径是在特定角度内非常适合的路径。指定两到四条反映不同观点的路径可能会很有用。首选路径将形成动态自适应计划的基本结构（如自适应政策制定框架中的基本计划）。

（7）第七步是通过应急计划来提高首选路径的稳健性，换句话说，定义行动，使每条路径都走上成功的轨道。一般来说，这些是预测和准备一个或多个首选路径的行动（例如保持开放的选择）以及纠正行动，以防未来的结果与预期不同。我们从适应性政策制定中区分出三种类型的应急行动：纠正、防御和资本化。这三种应急行动与监测系统和触发值相关。监测系统指定要监测的内容，触发器指定应在何时激活应急操作。

（8）第八步是将前面所有步骤的结果转化为动态适应性计划。这个计划应该回答以下问题：考虑到未来的一系列路径和不确定性，现在应该采取哪些行动/决定，而哪些行动/决定可以推迟。该计划总结了前面步骤的结果，如目标、问题、潜在的和首选的路径。面临的挑战是起草一份计划，尽可能长时间地保持首选路径的开放。

（9）最后，实施行动，建立监测体系。随着时间收集与触发器相关的路径信息，并根据这些信息启动、更改、停止或扩展操作。在初始操作实现之后，其他操作的激活被暂停，直到触发事件发生。

**2. DAPP 在灾害风险决策中的应用**

DAPP方法旨在减少不确定性从而制定动态的适应计划。此类计划通常概括了未来的策略组合，其核心是拟定符合短期利益的策略的同时，也建立了未来策略组合的框架及其适应对策路径，是在对系统内部和外部信息不断监控的过程中，根据最新信息不断修正最初的策略，以提高决策对不确定因素的适应性。该方法的前提是，政策/决策具有设计寿命，并且在操作条件发生变化时可能失效。一旦行动失败，就需要采取额外或其他行动，以确保仍能实现最初的目标，并出现一组潜在的途径。根据未来的发展情况，当预定的条件出现时，可以改变路线，以确保目标仍然能够实现。DAPP方法的目的是在整体计划中建立灵活性，通过按时间顺序执行行动，使系统能够适应不断变化的条件，并指定可选择的顺序来处理一系列可能的未来条件。虽然最初是为实施水管理的气候适应性途径而开发的，但它是一种通用方法，可以应用于不确定条件下的其他长期战略规划问题。该方法通过使用"sell-by"日期的概念实现动态鲁棒性，该日期是策略开始表现不佳并实施替代策略的日期，以及允许最终用户触发启动策略适应过程的监控系统。DAPP方法的一个优点是，它刺激规划者在他们的计划中包括随着时间的推移的适应——明确考虑现在可能需要采取的行动，以保持选择余地，以及可以推迟的决定。计划者通过监测和纠正措施，将努力使系统朝着最初的目标前进。

下文以莱克斯恩特伦斯应对海平面上升的DAPP战略规划[①]为例，说明DAPP在灾害链当中的风险决策分析。

---

① 陈奇放、翟国方、葛懿夫：《国外应对海平面上升的DAPP规划方法及其启示——以澳大利亚莱克斯恩特伦斯为例》，载中国城市规划学会、成都市人民政府：《面向高质量发展的空间治理——2020中国城市规划年会论文集（01城市安全与防灾规划）》，2021，12。

（1）莱克斯恩特伦斯概况

莱克斯恩特伦斯是位于澳大利亚维多利亚州东南海岸的滨海小镇，常住人口约4810人。该镇的大部分地区海拔均低于平均海平面3米，1952年（1%AEP[①]洪水）、1998年（20%AEP洪水）和2007年（20%AEP洪水）该镇均遭遇了极端洪水，既有研究表明，未来其海平面上升有可能严重影响该镇的极端洪水水位。为了应对海平面上升，2010年，维多利亚民事和行政法庭（Victorian civil and administrative tribunal）根据多项研究的结果，对该镇的建筑开发实施了一系列前所未有的控制措施。但这些措施并没有受到当地居民的欢迎，并引发了一场关于如何更好地适应海平面上升的讨论。此后，东吉普斯兰郡议会（East gippsland shire council）和3个州政府组织合作，开始了一个为期3年的研究项目，用于开发当地应对海平面上升的适应路径。

（2）应对海平面上升的DAPP战略规划方法

目前，研究团队通过运用ArcGIS软件、开源数据和编程语言，结合DAPP和RDM两种决策方法，开发出一套包括数据、模型、制定流程在内的沿海适应性规划制定方法，说明了地方政府如何制定沿海动态适应性战略规划以应对海平面上升的问题。下文将对该战略规划的制定步骤及相关方法做具体介绍。

步骤1：确定适应目标和不确定性因素

适应目标代表了决策者希望通过沿海洪水管理想要达到的目标，适应目标的确定一般遵循科学依据或利益相关者的要求。研究团队选择了澳大利亚传统洪水风险研究中的两个指标来反映保护生命和财产的目标，即年均暴露人口（Average annual people exposed，简称AAPE）和年均财产损失（Average annual damages，简称AAD）。目前，莱克斯恩特伦斯受洪水影响的基线AAPE为47人/年，基线AAD为180万美元/年，由于研究过程中没有公众参与，因此将可承受的洪水影响目标定为基线的2倍（见表6-5）。

表6-5　适应目标的确定

| 指标 | 适应目标 | 衡量标准 | 可承受影响 |
| --- | --- | --- | --- |
| 安全性 | 将受极端洪水影响的人数维持在当前基线的2倍以下 | AAPE | <94人/年 |
| 财产损失 | 将财产损失(商业和住宅)维持在当前基线的2倍以下 | AAD | <370万美元/年 |

不确定因素是未来状态未知的因素，用于构建未来的多种可能情景。洪水风险中的不确定性与灾害的危险性和系统的脆弱性有关。主要包括5类不确定性因素：平均海平面上升的幅度、海平面上升的影响因素（如风暴潮引发的海平面骤升）、最大结构性（不可移动资产）破坏情况、最大内部性破坏（可流动资产）情况和模拟所用的灾损指

① AEP：全称为Annual exceedance probability，指年超越概率。

数与实际情况的偏差。

步骤2到步骤4：基于RDM方法评估行动的稳健性和有效使用年份。

①生成情景库

基于R编程语言，使用拉丁超立方抽样（Latin hypercube sampling，简称LHS），并结合5类不确定性因素生成5000个未来情景。这些情景存储在一个平面文件数据库（CSV文件）中，用于评估未来不同情境下，海平面上升或极端洪水对实现适应目标的影响。

②建立模型，评估不同情境下极端洪水的影响

基于Python软件和水文动力学模型，评估每个情景中0.1%、0.2%、0.5%、1%、2%、5%、20%、40%、60%和90%的AEP洪水事件，对人口指标AAPE和经济指标AAD的影响。此过程需要利用遥感影像数据、谷歌街景数据和激光雷达数据，同时借助Python语言和ArcGIS软件共同完成。

③采用情景探索（Scenario discovery）方法找出适应临界点

情景探索是一种数据挖掘算法，也是RDM的核心，用于搜索所有情景中影响评估的结果。当评估结果中人口指标AAPE和经济指标AAD的某一项大于可承受影响时，即表示超出适应临界点。而当某一情景中两个指标均在可承受影响范围内，且无限靠近可承受影响时，构成该情景的条件就是定义适应临界点的基础。

④构建包含不同行动的瞬态情景，模拟灾害的影响并评估有效使用年限

情景探索明确了不能承受其影响的不确定性因素，这些不确定性因素被用来生成瞬态情景库，瞬态情景库还包含不同的政策行动（见表6-6）。其中，不确定性因素和行动均是随时间变化的，如海平面上升的速度、户均人口的变化率和行动的实施速率等。通过评估随着时间的推移，采取每一个行动后，洪水事件对人口指标AAPE和经济指标AAD的影响，以判断行动是否有效以及其有效使用年限。

表6-6　莱克斯恩特伦斯可采取的相关政策行动

| 行动类型 | 行动 | 描述 |
| --- | --- | --- |
| 维持现状 | 无政策 | 什么都不做(照常) |
| 保护 | 修建堤坝 | 通过修建堤坝或增高道路,保护财产免受2.5 m洪水的影响。在不能受到保护的低洼地区将土地利用类型转变为商业用地,逐渐减少住宅用地,进一步了解地下水位上升对住宅和基础设施的影响 |
| 适应 | 修改建筑建设标准 | 修改建筑开发要求。在低洼地区,将土地填埋至2.3 m,将住宅最低楼层提高至2.6 m,并改变住宅建设基础要求(如桩基),便于将来提高楼层或搬迁房屋。此外,鉴于洪泛区现有的房地产存量,可以适当放缓期 |
| | 改变土地利用 | 将低洼地区的土地类型改为商业用地,撤回住宅用地。可通过土地交换、收购或搬迁现有房屋等来实现土地利用的转变 |

| 行动类型 | 行动 | 描述 |
|---|---|---|
| 退让 | 规划退让 | 逐步减少低洼地区的用地,退让机制包括交换土地、收购和搬迁现有房屋等 |

（3）制定并评估适应路径

利用适应临界点、有效行动和行动有效使用年份绘制适应路径图（见图6-6）。根据对利益相关者的半结构化的访谈和调查,评估适应路径的成本、对生活性指标的影响（对沿海景观、自然环境、安全性、亲水性、居民生活方式的影响）、可能带来的政治风险以及相关政策或行动的执行速度（见图6-7）。制定完成后的适应路径图应保持开放性和灵活性,便于根据需求进行调整。此外,在下一个决策点达到前,需明确社会、技术和政治指标的变动,同时了解居民的意愿,定期更新适应路径,以便政策和行动的顺利实施。

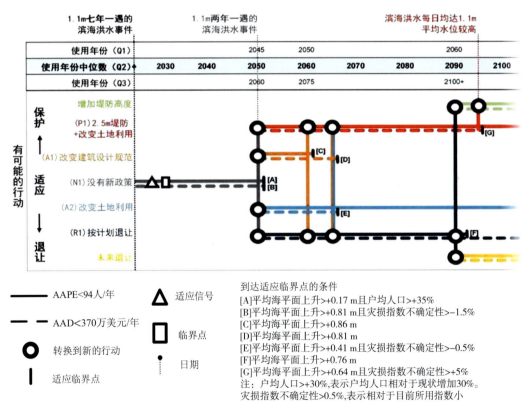

图6-6　莱克斯恩特伦斯适应路径图

注：图片来源于《国外应对海平面上升的DAPP规划方法及其启示——以澳大利亚莱克斯恩特伦斯为例》。

| 适应路径 | 相对成本 | 沿海景观 | 自然环境 | 安全性 | 亲水性 | 生活方式 | 短期政治风险 | 执行速度 |
|---|---|---|---|---|---|---|---|---|
| 1 | $ | ~ | − | + | ~ | ~ |  L | 🕐🕐🕐 |
| 2 | $ $ | − | − | + | ~ | ~ |  L | 🕐🕐 |
| 3 | $ | − | − | + | ~ | ~ |  L/M | 🕐 |
| 4 | $ $ | −− | −− | + | ~ | ~ |  L/M | 🕐 |
| 5 | $ | ~ | ~ | + | −− | − |  M | 🕐🕐 |
| 6 | $ $ | − | − | + | − | − |  M | 🕐🕐 |
| 7 | $ $ | + | + | ++ | −− | − |  M/H | 🕐 |
| 8 | $ $ $ | − | − | ++ | −− | − |  M | 🕐🕐 |
| 9 | $ $ $ | + | + | ++ | −− | −− |  M/H | 🕐 |

注:−−表示相对损失大,−相关损失,~没有变化,+相对获益,++相对获益大。

**图6-7　适应路径得分卡**

注：图片来源于《国外应对海平面上升的DAPP规划方法及其启示——以澳大利亚莱克斯恩特伦斯为例》。

# 第七章　西北地区自然灾害链案例库构建
与时空特征分析

灾害链研究目前主要集中在单个灾害事件触发的级联反应及其风险分析中[1]，如汶川地震引发的滑坡和泥石流，台风导致的暴雨灾害等。这些研究通常针对特定区域或个别案例。然而，灾害链的形成和演化与地理位置、气候条件以及城市基础设施等多种因素紧密相关。比如，山区更容易发生滑坡和泥石流，而平原地区更容易遭受内涝。此外，不同地区因受灾体的状况不同也会导致相同的初始灾害事件，产生不同的灾害链后果。基于专家知识的灾害链模型往往侧重于个别案例或特定区域的灾害链还原和分析，但这可能会因样本的特殊性或专家知识的局限性而不够全面和准确，有时还可能会忽视某些关键因素或出现偏差。鉴于此，探索新的灾害链知识来源和方法，提炼灾害链的普遍规律，建立一个灾害链知识模型，将有助于全面描述不同区域的灾害链类型和模式，为公众理解灾害链过程和应急管理决策提供科学依据。

我国人民在长期对抗自然灾害中积累了丰富的经验，并在历代的正史编修中记录了大量自然灾害事件，构筑了一个历时千年的灾害脉络。尽管目前官方统计数据如国家统计局公布的农作物受灾面积、人口受灾状况及经济损失、地震和海洋灾害的频次等，提供了区域性的数值信息，但这些数据尚未形成一个公开的便于获取的高质量自然灾害数据库或案例库，无法充分支撑对我国自然灾害总体状况及其内在关联的深入研究。同时，灾害数据的管理分散在不同的部门与数据库，且缺乏统一的数据标准，这进一步加剧了数据收集和分析的困难。因此，收集和整合真实可靠的历史灾情数据是构建灾害链知识模型的一项关键且基础性的准备工作。

在信息技术迅速发展的背景下，网络资源变成了获取信息的主要渠道，尤其是在大数据时代，网络文本对于灾害研究领域来说是一个极为丰富的资料库。一旦灾害事件发生，无论是国内还是国际媒体，都会对此进行广泛报道，尤其是一些重大或特殊的灾害事件，更是媒体追踪的对象。这些报道不仅包含了灾害事件的基本要素，如灾害发生的时间和地点，也详细记录了灾害的进展以及引发的次生灾害和影响。相较于传统的纸质文本和统计数据，网络新闻文本具有获取容易和开放性等特点。通过从这

---

[1] 叶丽梅、周月华、周悦，等：《暴雨洪涝灾害链实例分析及断链减灾框架构建》，《灾害学》2018年第1期，第65—70页。

些新闻文本中提取和分析信息，我们可以实时掌握灾害事件的全貌以及在其演变过程中产生的次生灾害和影响。因此，从网络新闻中提取有价值的灾害信息，已经成为灾害研究的新趋势。基于此，本章以2017年至2023年我国自然灾害相关的网络新闻报道为数据源，综合运用文本挖掘、统计分析、关联规则挖掘和可视化等方法，总结我国西北地区的主要自然灾害类型和灾害链特征，构建西北地区自然灾害链案例库并分析灾害链的时空分布规律，为后续章节的灾害风险管理研究提供理论和数据支撑。

# 第一节　西北地区自然灾害链案例库构建

自然灾害链案例库是自然灾害、自然灾害链案例和数据库三者的结合，是大量自然灾害案例数据集中存贮的载体。在寻找特定自然灾害或自然灾害链案例数据时，数据库可以为我们提供支持。然而，建立一个高质量的自然灾害链案例库不仅需要准确且全面的基础数据，还需要有合理的结构设计。同时，数据库还应具备有效的数据更新和维护机制，以保证案例库能及时地反映出最新的信息。这可以确保数据的及时性和准确性，用以支持关于自然灾害及其发展规律的研究与决策。

然而，目前我国的灾害案例库大多只提供目录检索和文献展示功能，并且已开发的地理信息系统历史专业数据库主要关注历史地理领域，在记录灾害发生的全过程，揭示成灾机理、孕灾环境、致灾因子、灾损情况以及韧性恢复等关键要素的综合性灾害案例库方面，仍然存在明显的不足。因此，在本书中，我们建立一个综合性的西北地区自然灾害链案例库，它能够全面记录灾害相关信息，并提供研究者所需的数据和知识。

## 一、自然灾害数据库现状及其分类

我国的古籍文献从很早就开始记载自然灾害的相关情况，如地方志史料、各地的灾害和异常年表、灾害大典以及灾害年鉴等，这些都为现代的灾害研究提供了重要的历史资料。随着计算机技术、数据库技术和地理信息系统技术的不断进步，使得整理、储存和分析大量的历史灾害数据成为可能，有助于我们更全面地理解灾害事件的演变和影响。通过将历史灾害记录和灾损数据转化为数字形式，并与地理空间数据进行关联，可以可视化地呈现灾害发生的时间和空间分布情况，帮助我们更好地理解灾害的时空演变规律。

## （一）自然灾害数据库现状

20世纪70年代，为了更高效地利用卫星遥感技术并快速生成各类经济专题地图，地图与遥感图像处理领域开始着手研究空间数据库。随着对自然灾害数据需求的不断增长，涌现出多种自然灾害数据库。在国际层面，一些著名的全球大型综合自然灾害数据库如慕尼黑再保险公司的NatCat数据库和瑞士再保险公司的Sigma数据库已经建立。各大洲也相继设立了各自的自然灾害数据库，例如拉丁美洲和加勒比地区的灾害信息中心数据库（LARED）、亚洲减灾中心（ADRC）。此外，各国或一些地区也拥有独立的自然灾害数据库，比如澳大利亚应急管理自然灾害数据库（EMA）、南非灾害事件监测制图与分析数据库（MANDISA）。同时，还有一些专注于特定灾害类型的自然灾害数据库，例如美国地质调查局的地震灾害数据库（USGS Database）、联合国世界粮食计划署（WFP）的干旱灾害数据库和加拿大渔业和海洋部（DFO）的洪水、滑坡和暴风灾害数据库。此外，还有一些记录各种自然灾害事件的数据库。其中，EM-DAT数据库由灾后流行病研究中心（CRED）管理和维护，主要为国际和国家级人道主义行动提供支持，并为备灾决策、自然灾害脆弱性评估和救灾资源优先配置提供数据支撑。另外，Desinventar历史灾害数据库在灾害数据收集、处理和分析方面表现卓越，并已成功应用于北美、印度和南非等地的自然灾害风险管理工作。

我国相关机构与学者从20世纪90年代开始着手建立中国灾害数据库。王静爱等人在1995年建立了中国自然灾害数据库。基于数据库，他们认为中国自然灾害在宏观上东西方向的分异比南北方向的分异更为显著[1]。随后，徐霞等（2000）对自然灾害数据库进行了分类，重建了自然灾害数据库的基本功能，并以我国1998年洪水灾害为例建立了自然灾害案例数据库。李月臣等（2007）建设了重庆市地质灾害数据库，并为地质信息进行了分类编码，分别构建了空间数据子库和属性数据库。韩丽蓉等（2005）基于MAPGIS平台建立了地质灾害数据库，在数据的图层划分、命名、编码方法、连接属性的关键字段等方面进行了有益的尝试。吴亚玲等（2010）运用WEB技术、地理信息系统等设计和构建了气象灾情数据库，实现了灾情查询、统计对比分析以及灾情分布与对应气象要素的叠加分析。张立宪等（2010）对云南地质灾害资料进行了分析和整理，设计了基于Geodatabase的地质灾害数据库。对比国内外已建立的自然灾害数据库，当前灾害数据库依然存在灾害的损失信息不完善，自然灾害事件的分类和定级标准不一致，次生灾害的影响与灾害链方面的记录较为匮乏等问题。因此，在今后的数据库建设中，应着力解决这些问题。首先，要提高数据的完整性，确保对损失信息的

---

[1] 王静爱、史培军、朱骊，等：《中国自然灾害数据库的建立与应用》，《北京师范大学学报》（自然科学版）1995年第1期，第121–125页。

全面统计，包括间接损失。其次，要完善数据库的分类和定级标准，使其在国内外具有较高的一致性。再次，要加强对次生灾害影响以及灾害链的记录。此外，我们还需要更加重视自然灾害元数据标准的制定和使用，同时引入最新的空间信息技术，提升空间数据存储和可视化的能力。这些改进将有助于提高自然灾害数据库的质量和价值。

## （二）国内外典型自然灾害案例库概述

### 1.国际典型自然灾害案例库

（1）EM-DAT

1988年，世界卫生组织和灾害后流行病学研究中心（CRED）联合建立了一个名为EM-DAT（Emergency Events Database）的紧急灾害数据库。该数据库由CRED负责维护，其宗旨是为国际和国家级的人道救援行动提供援助，以便在灾害发生前后作出明智的决策。此外，它也为评估灾害风险和优化救援资源的分配提供可靠的依据。该数据库收录了自1900年以来全球发生的超过15700起重大自然灾害事件及其影响情况，每年大约新增700条记录，经过验证后的新数据会在一个月内免费向公众开放。EM-DAT收录数据的标准是只有当自然灾害事件造成的死亡人数超过10人、受伤人数超过100人，宣布进入紧急状态或需要国际援助等条件满足时，该事件才会被纳入数据库，其中优先考虑国际组织提供的数据。

（2）DesInventar

DesInventar案例库不仅仅是一个用于统计自然灾害相关数据的数据库，实际上它也记录了任何对人类生命、财产和基础设施产生负面影响的事件。该案例库汇集了来自社区的第二手资料，提供了关于基层人群所面临的各种自然灾害风险的全面信息。DesInventar案例库还配备了分析模块，可以进行灾害类型和影响的构成分析、时间序列分析、空间分布分析、原因与影响分析以及统计分析（包括平均值、极值、误差和方差）。作为一个软件工具集，DesInventar案例库旨在以统一的数据模型收集不同级别的自然灾害信息，并根据时间尺度对数据进行整理，同时以相应的地理空间单元作为参考。此外，DesInventar案例库与多种数据库管理软件兼容，如Access、Oracle、SQL Server、PostgreSQL、MySQL等，具有良好的数据互用性。它还可以与地理信息系统（GIS）软件等协同工作，进一步提升其功能与效能。

（3）Sigma

瑞士再保险公司的自然灾害案例库主要收集了自1970年以来全球每年发生的重大自然灾害事件及其影响数据。目前，该案例库已经积累了超过7000条事件记录，并且每年新增约300条。自然灾害被分类为地震、洪水、风暴、干旱、霜冻和其他类型。对于一个事件而言，只要满足以下任意一项标准，就会被纳入案例库：死亡人数超过20人，无家可归者超过2000人，海上保险损失超过1400万美元，航空保险损失超过2800万美元，或其他所有保险损失总额超过3500万美元，或总损失超过7000万美元。通过该自然灾害案例库，我们可以深入了解全球范围内自然灾害的情况及其对人类社会和经济的影响，这对于风险评估、保险业务和相关决策制定都具有重要的参考价值。

（4）NatCat

慕尼黑再保险公司于1974年成立了自然灾害案例库研究组，致力于收集严重的自然灾害信息。这个案例库的内容包括自2004年起每年全球自然灾害的详尽记录、自1950年起全球重大自然灾害的资料汇编以及自1980年起造成巨大经济损失的自然灾害事件。自1986年起，案例库的数据已数字化，并包含了超过15000条记录，可追溯至1779年的自然灾害。慕尼黑再保险公司的自然灾害案例库是一个全球性的资源，详尽覆盖了各国的自然灾害情况，并对1950年以后的灾害数据进行了趋势分析。面对互联网时代数据源的激增，公司精选了多个可靠的数据来源，包括全球科学家网络、技术文档、各地分支机构、联络处和客户、科学期刊，以及诸如劳埃德周刊、路透社和保险公司公报等可信赖的自然灾害信息源。所有损失数据都基于官方损失估算，并通过其他可靠信息来源进行核实。

**2. 国内典型自然灾害案例库**

（1）地球系统科学数据共享平台

该平台的目标是为地球系统科学的基础研究和学科前沿创新提供科学数据支持和服务。它是唯一一个以整合科研院所、高校和科学家个人生成的分散科学数据为重点的数据共享平台。自然灾害案例库是该平台的核心组成部分，包含24个数据集，涵盖洪涝、干旱、滑坡、泥石流、冰雪、地震、台风等不同类型的自然灾害。每个数据集都有详细的元数据描述，并覆盖了超过100年的时间跨度，在空间尺度上覆盖了全国各地区和各省份。然而，大部分自然灾害数据处于离线状态，无法直接访问或下载，用户需要与数据所在单位的负责人联系，并提交申请，经过审核后才能获取相关自然灾害数据。

（2）农业农村部信息中心

农业农村部信息中心和农业农村部种植业管理司联合开发了中国自然灾害案例库。该案例库收集了自1949年以来的2.3万条自然灾害数据，并根据省份、年份和灾害类型对数据进行分类，主要包括洪涝、旱灾、风雹、低温和台风等自然灾害，还提供了增减、极值、比值、求和等统计分析工具。用户可以通过行政区划、经济区、南北方或主产区等多种方式进行查询。由于该案例库是官方建设，所收录的数据具有较高的权威性和可靠性。然而，原始数据无法直接访问或下载，且结果输出也受到一定限制。

（3）国家气象科学数据中心

国家气象科学数据中心是中国气象学科的重要机构，被认定为国家级数据中心。其主要职责是收集、处理、存储、检索和提供全国以及全球范围的气象数据及其产品的服务。该中心还致力于研究和应用最新的数据处理技术，开发多种气象数据产品，并提供技术指导来支持数据和档案业务。根据不同用户的需求，该中心向国内外用户提供各类气象数据及其产品的共享服务。

**3. 自然灾害案例库的数据结构**

厘清灾害数据结构，是对蕴含灾害信息及应急管理知识的多源数据进行规范化、结构化处理的前提，也是从整体上确定自然灾害案例库资源范围、概念、内容与价值的基础。目前，互联网上的数据按结构可以划分为三类：结构化数据、半结构化数据和非结构化数据。具体数据结构的分类如图7-1所示。

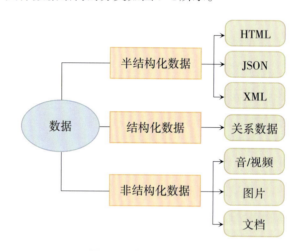

**图7-1 数据结构的分类**

（1）结构化数据

结构化数据是遵循预定义数据模型并以二维表结构形式存储在案例库中的数据。结构化数据的存储和排列格式的规范，有助于数据的查询修改，但存在案例库共享程度低不易获取、扩展性差等问题。

（2）半结构化数据

半结构化数据介于结构化数据和非结构化数据之间。它具有变化较大的结构规则。半结构化数据具有一定的结构性，通过标签等基础模型，分隔语义元素，具有较好的扩展性，同一类实体有不同数量和种类的属性。互联网的迅猛发展产生了大量半结构化灾害数据，常见的半结构化数据如 xML 文档、JSON 文档等，需要将数据中蕴含的知识挖掘出来才能产生价值。半结构化的灾害数据常通过新闻网站、气象网站和社交媒体等在线电子载体存储，用于获取实时的自然灾害发生后的承灾体数据（如受灾人口、经济损失、资源损失等数据），通过爬虫爬取，得到时效性的灾害资讯。

（3）非结构化数据

非结构化数据是指数据结构不规则或不完整的数据，无法以预定义的数据模型存储在数据库中。它包括各种格式的数据，例如普通文本、Office 文档、PDF 文档等。由于非结构化数据的多样性，没有一种标准的格式，因此对其进行管理和处理较为困难。传统的数据管理方法对非结构化数据的查询、存储和更新面临挑战，因此需要更加智能化的系统来处理这种类型的数据。这样的系统需要具备能够理解和分析非结构化数据的能力，并提供相应的工具和技术来进行有效的数据管理和应用。

非结构化数据没有固定的数据模型，用于表示灾害复杂的成因机理，通常以文本、图片和音视频等格式的非结构化数据格式进行表达。以泥石流灾害为例，非结构化数据主要以泥石流发生的地质环境、影响泥石流规模和危害等级的气象变化和人为活动等文字记录，泥石流实况照片、地图资料、卫星图像等图片，以及泥石流监测录像等音视频的表达形式进行存储，蕴藏着大量的价值。非结构化数据格式多样，比结构化信息存储更多的有用知识，但更难标准化，也更难理解。

**4. 自然灾害案例库的总结分析**

（1）自然灾害案例库的共性特征

一是自然灾害案例库中的大量数据根据不同的收录标准被组织成多个相互关联的数据集，它们共同构成一个完整的整体，而不是孤立存在。

二是这些收集起来的自然灾害数据能够满足特定组织或业务部门的需求，这些特定组织或业务部门可以从案例库中提取所需的信息或生成报表。在输出结果时，应保证简洁明了，易于理解。

三是自然灾害案例库的数据具有综合性和通用性，旨在为尽可能多的用户存储数据。在实际使用中，用户通常只需要案例库中的部分数据而非全部数据。不同用户还可以共享案例库中的一些数据，并采用不同的方式进行重叠使用。

四是一旦自然灾害数据集被存储到案例库中，就需要专人负责案例库的管理工作，包括数据的补充、更新和修正，以及对案例库软件和硬件的维护；同时，还需处理用户信息和权限的登记等任务。为了确保案例库的高效运行，管理者需要密切关注数据的质量和完整性，并根据用户反馈及时调整和优化案例库的内容和功能。

（2）面临的问题

随着人工智能的快速发展，新的技术方法被应用到自然灾害链的科学研究中，在自然灾害链表示、灾害链时空预测等领域取得了较为显著的成果，但同时也面临着一些亟须解决的问题：

一是现有知识表示模型不适用于表达自然灾害链复杂的过程知识和机理知识。灾害链是一种典型的复杂灾害，既具有自然灾害领域的基本特征，又具有社会和人为因素的特征，难以通过现有的灾害文本表示模型进行分析。

二是当前针对自然灾害的知识表示模型，仅通过本体建模的方法实现了部分静态事实知识的表示，没有蕴含时空信息，不能有效表达灾害演变过程和时空状态变化。目前，尚未建立起致灾因子、孕灾环境和承灾体之间复杂关联的表示，对灾害成因机理等概念知识的表达能力不足，无法形成数据层到模式层的映射，无法揭示致灾的机理。

三是在我国自然灾害案例库的建设过程中，仍存在一些挑战。首先，缺乏统一的管理机制，各方往往采取自建自用的方式进行建设，缺乏有效协同合作。其次，资金投入不足，制约了自然灾害案例库的规模和进一步发展。此外，数据库的规范化和标准化程度有待提高，无法充分满足用户对数据时效性的需求。同时，数据库的容量相对有限，且数据更新速度较慢，这同样限制了其应用效果。最后，在功能设计上存在一定的不足，需要进一步改进和完善。

## （三）新闻媒体在自然灾害研究中的应用

新闻媒体往往能聚合多方资源，通过多种渠道获得自然灾害的现场数据，我们可以通过对数据的筛选、清洗、分析、呈现，发现新闻背后隐藏的学术研究价值。

### 1. 基于新闻媒体数据的自然灾害研究

随着互联网的迅猛发展，网络和新闻媒体逐渐成为当前信息分布和传播的重要渠道。在自然灾害领域，借助新闻媒体平台，可以及时了解事件的进展、受灾人员情况和受灾影响等一些信息，这也为从新闻文本中识别灾害类型并抽取因果关系提供了理论和现实支撑。与以往通过传统媒体渠道（如报纸、电视和广播等）传播灾害事件信息相比，现在可以更迅速地获取相关信息，减少信息的滞后性。表7-1给出了新闻媒体在灾害管理中的一些探索研究。

表7-1 基于新闻媒体数据的灾害研究

| 作者 | 数据来源 | 灾害类型 | 方法与技术 |
|---|---|---|---|
| 黄群英（Huang Qunying）（2017） | Tweets，Wikipedia | 飓风 | LDA、NLP、空间聚类 |
| 罗斯（Rosser）（2017） | 社交媒体 | 洪水 | 贝叶斯网络、统计模型 |
| 金（Kim）（2018） | Facebook | 洪水 | 社会网络分析 |

| 作者 | 数据来源 | 灾害类型 | 方法与技术 |
| --- | --- | --- | --- |
| 方健(Fang Jian)<br>(2019) | 新浪微博 | 暴雨、洪水 | 词频分析 |
| 单思青(Shan Siqing)<br>(2019) | 新浪微博 | 爆炸 | LDA、情感分析 |
| 刘晓(Liu Xiao)<br>(2021) | 中国新闻网 | 洪涝灾害 | LDA、贝叶斯网络、知识图谱 |
| 李军利(Li Junli) | 新浪微博 | 暴雨 | 情感分词、核密度分析 |
| 曹凯(Cao Kai)<br>(2022) | 江西水文信息网 | 气象、水旱、地震、地质、海洋五大生态灾害 | GIS、文本标注、Map Server数据可视化 |
| 杨晨晨(Yang Chenchen)<br>(2023) | 中国新闻网 | 15种自然灾害 | FP-增长算法关联挖掘、时空分析 |

　　微博和新闻具有时效性强、网络成本低、广播态势感知能力强等特点。这些新闻文本包含大量的灾害信息，如灾害事件的基本要素（如时间、地点）和灾害的发展变化过程（如哪些灾害一起出现及其后果），有利于灾害信息更新，可以有效补充传统的灾害监测预警信息。最近的研究越来越关注对社交媒体上自然灾害的数据挖掘。目前，与自然灾害文本相关的研究包括以下内容：在灾难文本真实性方面，包括文本信息真实性识别、可信度分析和准确性判断；在灾害风险感知方面，新闻媒体可以构建公众对自然灾害风险的感知，了解与灾害相关的复原力及其变化，反映自然灾害引发的公众情绪。一些新闻数据源，如YouTube、微博、今日头条、一些官方媒体平台等已成为增强公众危机意识和促进安全策略的渠道，这可以减轻公众的恐惧并影响灾后重建。就不同灾害阶段的演变而言，社交媒体数据被认为是一种与天气无关的数据源，可以反映公众对灾害的实时响应，例如灾害感知和响应的时空差异、灾害事件的新闻监测以及灾害跟踪用户的社区结构，这有助于理解灾害的时空进化过程。关于灾害相关的公共应急管理、灾害地理文本等一些信息可以借助灾害数据丰富当地灾害应急管理的数据库建设。此外，社交媒体和权威数据的结合可以识别有用的信息和灾害管理的基础设施建设，多个数据的融合可以有效增强灾害治理，例如绘制灾害情况、进行灾害信息检索，可以为决策者提供支持灾害管理信息的潜在基础，加强各方的沟通策略，并为保险索赔数据作出贡献。使用与灾害相关的社交媒体数据还可以揭示自然灾害事件发生后基础设施损坏情况，有时还可以揭示行业的复苏，帮助进行损失评估，识别伤亡人口，并促进社区复原力。

新闻媒体是自然灾害信息传播的主要渠道，其中包含大量的数据和信息。在防灾减灾实践中，充分利用灾害新闻报道的数据和信息，可以促进多学科研究、增强公众意识、推动政策制定和实施、推动科技创新以及加强国际合作与交流，为应急管理实践提供科学依据。新闻媒体数据在自然灾害学术研究中的应用主要体现在以下几个方面。

（1）灾害信息收集

新闻媒体是灾害信息收集的重要来源。对新闻媒体报道的灾害事件进行收集和整理，可以得到灾害发生的时间、地点、影响范围、损失情况等基本信息。这些信息对于自然灾害研究具有重要的参考价值，有助于研究人员了解灾害的发生规律和特点。

（2）灾害影响评估

新闻媒体中包含的灾害信息可以用于灾害影响评估。对新闻媒体报道的灾害事件进行分析，可以评估灾害对受灾地区经济、社会、生态环境等方面的影响。此外，对新闻媒体报道的救援情况进行分析，还可以评估灾害应对措施的有效性。

（3）灾害风险分析

新闻媒体中包含的灾害信息可以用于灾害风险分析。对新闻媒体报道的灾害事件进行梳理，可以发现灾害发生的规律和趋势，从而为灾害风险分析提供数据支持。此外，新闻媒体中报道的灾害预警信息也可以用于评估灾害风险，增强人们的灾害防范意识。

（4）灾害应对策略研究

新闻媒体中包含的灾害信息可以用于灾害应对策略研究。对新闻媒体报道的灾害事件和救援措施进行分析，可以总结出一些有效的灾害应对策略。同时，新闻媒体中报道的灾害应对案例也可以为灾害应对策略研究提供实践依据。

（5）灾害救援和恢复

新闻媒体中包含的灾害信息对于灾害救援和恢复具有指导意义。对新闻媒体报道的灾害事件进行分析，可以了解灾区的需求和救援进展，从而为灾害救援和恢复提供参考。同时，新闻媒体中报道的救援成功案例和经验教训，也有助于提高灾害救援和恢复工作的效率。

综上所述，来源于新闻媒体的数据在自然灾害研究中具有重要应用价值。

**2. 基于新闻媒体的灾害链案例库建设的必要性**

目前，我国还没有统一完整、实时对外开放的自然灾害链案例库。学术界对自然灾害的研究往往是从一些专门的网站或机构如民政部、中国地震局、水利部等获取统计数据，数据来源宽泛且不统一，没有标准化的数据收集方法。其中灾害链分析还处于探索阶段，依然依赖专家的知识经验和统计指标，缺乏基于其他数据来源的研究。因此，当前的灾害风险研究主要集中在特定区域的单一灾种的研究。应急平台建设是应急管理的基础工作之一，具有至关重要的地位。具体来说，新闻媒体灾害链案例库建设的必要性可以总结为以下几个方面。

（1）提高防灾减灾效果

首先，新闻媒体是灾害信息传播的重要途径，通过收集和整理这些信息，可以更全面地了解灾害的发生规律、特点和趋势。在响应阶段，自然灾害链案例库能够为政府和相关部门制定防灾减灾措施提供有力的数据支持，从而提高防灾减灾工作的效果。在我国，统计灾情主要依赖于指标上报，然而这种方法存在时间滞后的问题。与此同时，新闻媒体可以提供关于灾害情况的数据支持，在整合上报数据方面发挥重要作用。其次，基于新闻媒体的灾害链案例库建设可以进行损失的快速评估。例如，基于灾害发生地区历史地质灾害及救灾案例数据，可以使救灾指挥决策者了解自然灾害发展趋势，作出初步灾害损失评估。同时，灾害数据库可以及时更新灾害预警信息，帮助公众了解灾害风险，增强防范意识和应对能力。在灾害发生时，准确地预警信息能够迅速传递给相关部门和公众，降低人员伤亡和财产损失。例如，微博和 Twitter 等社交媒体平台被广泛应用于估计台风灾区的破坏程度。美国联邦应急管理局甚至组织了公共和私人小组来分析与灾害相关的推文，以确定需求点并提供相应援助。此外，研究表明，新闻媒体数据源自广大公众，因此其需求信息可以精确到个人层面。综上所述，将新闻媒体数据和观测数据相结合可以提高前者的准确性，同时提高后者对时间的分辨率。详细的需求信息能够为救援工作提供重要参考，从而有效提高救援效率。

（2）促进跨部门合作与信息共享

出现灾害链的自然灾害往往涉及多个部门和领域，需要各方紧密合作、协同应对。新闻媒体灾害链案例库可以实现各级政府部门、救援队伍、社会组织等之间的信息共享，提高协作效率，确保灾害发生后能够迅速展开救援。此外，跨部门合作还有助于整合各方面资源，提高灾害应对的整体能力。

及时监测灾害进程是备灾阶段的必要措施。新闻媒体相关文本数据可以进行灾害链中关键节点的分析与预测，为灾害管理和应急决策人员识别灾害风险，开展防灾减灾和应急管理工作提供决策支持。例如，在台风等自然灾害来临时，借助新闻媒体信息的发布和应用，应急管理部门能够及时了解灾情，并建立起对应的防灾措施。同时，通过利用新闻预警报道和网络地图，在城市灾害准备阶段能够更加有效地监测和处理降雨与洪水等事件。这样的应用能够提升应急管理工作的效率和准确性。

（3）提高科研水平

灾害研究是防灾减灾工作的重要组成部分，需要大量的数据支持。新闻媒体灾害链案例库可以为科研机构提供丰富的数据资源，有利于科研人员开展灾害研究，提高对灾害规律的认识，为防灾减灾工作提供科技支持。同时，灾害链案例库还可以为政策制定者提供依据，帮助他们制定更有效的政策和措施。

（4）增强社会灾害防范意识

媒体宣传和灾害链案例库的建设，可以提高社会公众对灾害的认识，进而增强防范意识，有利于形成全民参与的防灾减灾格局。一是媒体宣传能够引导公众关注灾害问题，增强公众的防灾意识，从而降低灾害对社会的影响。二是新闻媒体报道的灾害信息，语言表达贴近大众，有助于公众理解灾害过程，增强防灾减灾意识，掌握防灾减灾常识，从而提高防灾减灾能力。三是新闻媒体公布的灾害数据还可以为公众提供灾害防范和自救的知识，提高公众的应对能力。四是新闻媒体可以反映和测度灾民的社会舆情，帮助政府与民众适应灾后环境并加强灾害治理与灾后重建。

（5）促进国际合作与交流

灾害问题是全球性问题，需要各国共同应对。新闻媒体灾害链案例库可以收集和整理国际灾害信息，为我国开展国际灾害合作与交流提供数据支持。通过参与国际合作和交流，可以借鉴其他国家在防灾减灾方面的先进经验和技术，进一步提升我国在灾害防治领域的国际影响力。同时，国际合作还能够促进各国在灾害问题上的相互理解和支持，共同应对全球性的灾害挑战。

综上所述，新闻媒体灾害链案例库建设具有重要的现实意义和战略价值，有利于提高我国防灾减灾能力和应对突发灾害事件的水平。

**3. 基于新闻媒体的灾害链案例库建设框架**

已有研究结果表明，基于新闻媒体的灾害链案例库构建虽然研究角度不同，但技术方法类似，大多遵循数据收集、数据预处理及数据分析和管理的建设框架。本研究的灾害链案例库建设框架也可以分为以下几个步骤。

（1）数据收集

①确定数据来源。各种新闻媒体平台能够提供丰富的位置、文本、图片和视频信息。因此，在构建自然灾害链案例库时需要确定要研究的灾害类型，如地震、洪水、台风等，同时也需要确定数据源，如社交媒体、新闻报道、政府公告、科研机构数据平台等。

②数据采集。当前，基于新闻报道的灾害链案例库建设有两种数据获取方式：一是通过人工方式收集灾害数据，如查阅书籍、期刊等；另一种日益受到重视的方法是使用爬虫技术，即从新闻网站（如新华网、人民网、中国新闻网等）采集灾害相关信息。无论是人工查阅、自动爬取，还是两者结合，都需要从数据源中收集灾害相关信息。这可能包括灾害发生的时间、地点、影响范围、伤亡人数和救援情况等。

（2）数据预处理

①数据清洗和标准化。原始新闻媒体数据含有较多噪音，可能存在格式不一、缺

失值、错误值等问题，需要进行数据清洗和标准化处理。这可能包括数据格式统一、缺失值填充、数据校对等。数据格式统一：将不同格式的数据转换为统一的格式，如JSON、XML等。缺失值填充：对数据中的缺失值进行填充，如使用均值、中位数等方法。数据校对：检查数据中的错误，如日期、地点等，并进行修正。

②数据存储。将清洗和标准化后的数据存储到案例库中，如使用关系型数据库（如 MySQL、Oracle 等）或 NoSQL 数据库（如 MongoDB、Redis 等）存储灾害数据。同时，设计合理的数据库结构，包括数据表、字段、索引等，以便于数据的查询和管理。

（3）数据分析和管理

①数据分析和可视化。自然灾害研究的重点不仅仅是收集和存储数据，更重要的是如何充分利用这些数据，发掘其潜在的信息价值。为了实现这一目标，可以运用多种数据分析和可视化技术，比如数据挖掘、统计分析以及图表展示等方法。通过这些技术手段，可以提取有价值的信息，并对灾害的原因和驱动力进行深入分析。同时，结合灾害的特点，还可以进一步提取灾害应急管理所需的相关信息。这样的数据分析与信息提取过程将为制定有效的灾害应急管理策略提供科学依据。

②数据应用。基于灾害链案例库，可以进行灾害风险评估，如预测灾害发生的可能性、影响范围等，以便于提前做好防范和应对措施。也可嵌入成熟的灾害分析模型，如地质灾害风险评估模型、洪水风险评估模型等。此外，通过数据分析和可视化技术得到致灾强度、损失分布、舆情信息和需求信息等，服务于灾害研究并有效提高应急管理的效率。

③数据更新和维护。由于灾害数据是动态变化的，需要定期对案例库进行更新和维护，以保证数据的准确性和及时性。应该建立数据更新和维护的机制，如自动化更新、人工审核等。

④用户接口设计。为了方便用户查询和使用灾害数据，需要设计用户友好的接口，如网页界面、API 接口等。可参考的相关技术和框架有 HTML、CSS、JavaScript、RESTful API 等。

## 二、西北地区自然灾害链数据收集

数据收集是西北地区自然灾害链案例库构建的起点，信息收集的真实性和全面性对于后续数据处理和分析结果的可靠性至关重要。在面对大量数据和文本时，文本挖掘技术具有明显优势，因此常被应用于大规模的数据和文本分析中。这就要求我们在文本收集过程中提出更高的要求，并借助一系列技术（如网络爬虫和文字识别）来替代传统的人工收集方式。本书通过利用爬虫技术，从澎湃网、中国网、中国新闻网等网站上抓取自然灾害案例，可以确保对西北地区自然灾害案例文本收集工作的准确性和全面性。

## （一）文本挖掘的流程和方法

文本挖掘技术（Text Mining Technology）是一种处理大量非结构化文本数据并从中提取有价值知识的方法。这些知识通常涉及概念、规律或模式等形式的定性规则，而不是精确的数据，表达方式也各不相同。文本挖掘常见的方法和手段是聚类分析、文本分类、文本特征分析和趋势预测等。值得注意的是，文本挖掘并非指特定的方法或技术，而是涵盖了数据库、文本识别、统计学、数据挖掘、机器学习和深度学习等多个领域的技术。因此，文本挖掘的发展受到来自不同领域方法的共同推动。

文本挖掘的过程如图7-2所示，这些环节相互关联，共同构成了文本挖掘的完整流程。在信息收集阶段，通过多角度的采集方式，可以获取全面的大规模文本数据，为后续的分析提供充分支持。在预处理阶段，利用一系列技术对大规模文本进行碎片化处理，并通过各种降维算法来剔除冗余信息，从而确保信息的价值密度。在此基础上，运用聚类分析、关键词计算、数据挖掘等方法，从文本中提取关键知识。这一步骤是文本挖掘的核心环节，通过对文本数据的深入挖掘，可以获取有价值的信息。在结果可视化阶段，将提取的信息以直观的方式呈现出来，使得用户能够有效地从海量文本中获取有用信息。这一环节不仅提高了信息传递的效率，也使文本挖掘结果更加易于理解和应用。

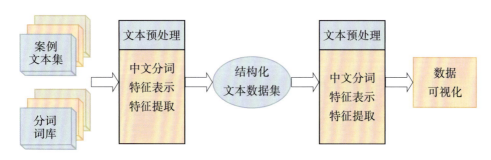

**图7-2　文本挖掘的基本流程**

网络爬虫在数据挖掘领域得到广泛应用，它可以从特定网站获取与自然灾害链相关的特定的或更新的数据并存储下来。当前，网络爬虫工具越来越受到大众的认可和广泛应用。这些工具简化并实现了数据抓取过程的自动化，让每个人都能方便地获取网站上的数据资源。通过使用网络爬虫工具，用户可以避免重复输入和复制粘贴等烦琐操作，轻松地获取网页上的数据。此外，网络爬虫工具还使用户能够有秩序、高效地抓取网页，无须具备编程知识。而且，这些工具还能将抓取到的数据转换为用户所需的各种格式，进一步方便了用户对数据的处理和使用。总之，网络爬虫工具为用户提供了便捷、高效的数据抓取方式，使得数据获取变得更加简单。

## （二）西北地区自然灾害链文本采集

### 1. 西北地区自然灾害链数据监测源

对于西北地区自然灾害链新闻文本的收集有两种方法：第一种是分别搜索西北五省（区）各自的主要新闻媒体数据，统合后形成整体西北地区灾害链案例库；另一种是收集全国灾害新闻，然后挑选出属于西北五省（区）的灾害案例。经过对西北五省（区）共计28家主要新闻媒体的统计分析，发现地方媒体有关灾害新闻的报道质量不高，且各省区灾害新闻报道的模式和标准也相差较大。因此，本书最终选择通过收集全国灾害新闻，然后从中挑选出属于西北地区的自然灾害文本。本研究意向中的灾害新闻爬取网站均是全国或各省主要新闻门户网站，西北五省（区）的新闻媒体具体名称和网址见表7-2，全国新闻媒体的名称和网址见表7-3。

**表7-2　监测的西北五省(区)主要官方网站和新闻媒体**

| 地区 | 网站 | 网址 |
|---|---|---|
| 陕西省 | 陕西省应急管理厅 | http://yjt.shaanxi.gov.cn/xw/yjyw/index.shtml |
| | 陕西网 | https://www.ishaanxi.com/search/result.shtml?siteID=122&query=%E7%81%BE%E5%AE%B3 |
| 甘肃省 | 甘肃省应急管理厅 | http://yjgl.gansu.gov.cn/ |
| | 每日甘肃网 | https://gansu.gansudaily.com.cn/gsbb/index.shtml |
| 宁夏回族自治区 | 宁夏回族自治区应急管理厅 | http://nxyjglt.nx.gov.cn/yjfc/sgdcclyzrqymd/ |
| | 宁夏新闻网 | https://www.nxnews.net/ |
| 新疆维吾尔自治区 | 新疆维吾尔自治区应急管理厅 | http://yjgl.xinjiang.gov.cn/xjyjgl/c113120/zfxxgk_list.shtml |
| | 天山网 | https://www.ts.cn/ |
| 青海省 | 青海省应急管理厅 | http://yjt.qinghai.gov.cn/ |
| | 青海新闻网 | http://www.qhnews.com.cn/index/swmt/index.shtml |
| | 青海日报 | https://epaper.tibet3.com/qhrb/html/202407/11/node_1.html |

**表7-3　监测的全国灾害相关新闻媒体**

| 监测源 | 网址 | 栏目名称 |
|---|---|---|
| 国家突发事件预警信息发布网 | http://www.12379.cn/index.shtml | 突发事件 |
| 中国国家应急广播 | http://www.cneb.gov.cn/ | 国内新闻 |
| 安全管理网 | http://www.safehoo.com/ | 国内新闻 |
| 中华人民共和国应急管理部 | https://www.mem.gov.cn/ | 灾害事故信息 |
| 中华人民共和国应急管理部 | https://www.mem.gov.cn/ | 公开—事故及灾难查处 |
| 中国应急信息网 | https://www.emerinfo.cn/ | 自然灾害 |
| 中国应急信息网 | https://www.emerinfo.cn/ | 事故灾难 |
| 中国国家应急广播 | http://www.cneb.gov.cn/ | 国内突发 |
| 宁夏回族自治区应急管理厅 | http://nxyjglt.nx.gov.cn/ | 突发事件 |
| 应急服务网 | http://www.52safety.com/ | 突发事件—自然灾害 |
| 中华人民共和国应急管理部 | https://www.mem.gov.cn/ | 警示信息 |
| 国家矿山安全监察局 | https://www.chinamine-safety.gov.cn/ | 事故案例 |
| 中国地震局 | https://www.cea.gov.cn/ | 新闻资讯—震情速递 |
| 国家减灾网 | https://www.ndrcc.org.cn/ | 最新灾情 |
| 环球网 | https://china.huanqiu.com/ | 国内要闻 |
| 中国青年网 | http://news.youth.cn/ | 国内 |
| 天气通讯社 | http://news.weather.com.cn/ | 资讯 |
| 澎湃网 | https://www.thepaper.cn/ | 暖闻 |
| 中国网 | http://news.china.com.cn/ | 新闻中心 |
| 中国新闻网 | https://www.chinanews.com.cn/ | 社会 |

　　基于西北地区自然灾害链文本抽取任务，总结出适合用来爬取文本进行自然灾害和灾害链统计分析的新闻网站的几个特征。

　　（1）更新频率高

　　新闻网站的更新频率是非常重要的，特别是在灾难发生后的实时报道中，一个优秀的新闻网站应该能够快速地更新有关自然灾害的新闻报道，以便能够及时获取最新的信息。

（2）数据量充足

一个专业的新闻网站应该提供多种类型的新闻报道，例如实时报道、深度报道、评论和分析等。此外，网站应具有广泛覆盖国内外各类自然灾害的新闻报道，包括洪涝、地震、台风、干旱、山体滑坡等。这样可以提供更全面的信息，有助于更准确地进行统计分析。

（3）良好的分类和检索功能

适合进行灾害新闻爬取的新闻网站应具备明确的内容分类，方便爬虫对相关报道进行定位和抓取。例如，网站应提供新闻类型、新闻地点等相关分类。良好的分类和检索功能可以帮助快速定位到相关的新闻报道。通过关键字搜索、分类筛选等方式，可以更快地找到所需的信息。

（4）数据结构清晰

进行文本爬取时，数据的结构越清晰越容易进行处理。理想的新闻网站应该提供易于解析的数据结构，具有良好的导航和搜索功能，便于爬虫快速定位到所需内容，例如使用 HTML 标签进行内容分类、使用标准化的日期格式等。

（5）官方或权威性质

在进行自然灾害链统计分析时，选择官方或权威性质的新闻网站可以确保数据的准确性和可靠性。这些网站通常会提供更加详细和准确的信息，有助于进行高质量的分析。

（6）可爬取性

拥有开放式 API 的新闻网站可以通过程序进行数据抓取，无须手动浏览和复制粘贴，提高了数据收集的效率。爬虫抓取网站数据需要网站允许爬取，否则可能会违反网站的使用条款。因此，选择进行西北地区自然灾害链案例库构建的新闻采集源需要具备可爬取性。

仔细审查了表 7-2 和表 7-3 所列的所有监测源后，初步确定满足以上 6 点要求的有 3 个监测源，分别是澎湃网、中国网、中国新闻网。

**2. 西北地区自然灾害链新闻的采集策略**

在本书中，对于自然灾害链相关新闻的收集是基于八爪鱼爬虫软件。八爪鱼采集器是一款全网通用的互联网数据采集器，由深圳视界信息技术有限公司自主研发。八爪鱼采集器页面操作简单，模拟人浏览网页行为自动生成采集流程，并将网页数据转化为适合后续分析与处理的结构化数据。八爪鱼采集器提供基于云计算的大数据云采集解决方案，结合智能识别算法和可视化的操作界面，可以从不同的网站或者网页获取标准化数据。

（1）基于多关键词的新闻采集

首先，本书的新闻采集策略是将多个灾害名称作为关键词，按照国家标准《自然灾害分类与编码》（GB/T 28921-2012）的相关内容，采集澎湃网、中国网、中国新闻网3个网站的灾害新闻报道（见表7-4）。在同一个网站中用不同灾类和下属的灾种作为关键词并列采集，各关键词之间的逻辑关系是"or"，关键词检索内容包括标题和正文文本。由于西北地区很少出现"海洋灾害"，因此在每个网站按照4类灾害关键词进行检索，共构建采集任务12个。

表7-4 自然灾害分类国家标准（按关键词整理）

| 灾类 | 灾种 |
| --- | --- |
| 气象水文灾害 | 干旱、洪涝、台风、暴雨、大风、冰雹、雷电、低温、冰雪、高温、沙尘暴、大雾及其他气象水文灾害 |
| 地质地震灾害 | 地震、火山、崩塌、滑坡、泥石流、地面塌陷、地面沉降、地裂缝及其他地质灾害 |
| 生物灾害 | 植物病、疫病、鼠害、草害、赤潮、森林草原火灾及其他生物灾害 |
| 生态环境灾害 | 水土流失、风蚀沙化、盐渍化、石漠化及其他生态环境灾害 |

注：表格内容来自国家标准《自然灾害分类与编码》（GB/T 28921-2012）。

基于多关键词的新闻采集在2023年8月进行，采集方式为云采集。通过对采集结果进行人工评价和确认，得到对3个网站采集的12个灾害面板数据，发现该爬取策略得到的灾害新闻结果不佳。原因可能有以下几点：一是数据结构复杂：不同的新闻网站可能有不同的网站结构和页面布局，在并行多个灾害关键词时爬虫软件无法正确识别和定位新闻到相关内容。此外，基于多关键词爬取的灾害数据的字符编码容易混乱，导致抓取到的文本出现乱码或无法解析。二是爬取时间较长且数据量过大：多关键词并行搜索时，每个页面检索和提取时间指数倍增加，导致爬取效果不佳。此外，多关键词爬取会造成数据量过大，并且存在大量的噪声和重复数据，后期文本处理难度极大。针对以上原因，本文采用了基于"灾害"关键词检索的采集策略。

（2）基于单关键词的新闻采集

基于单关键词的新闻采集在2023年9月进行，采用了基于"灾害"关键词检索的采集策略，"灾害"关键词检索的范围包括标题和正文，采集方式为云采集。通过对采集结果进行人工评价和确认，数据质量显著提高。通过对"灾害"单关键词的灾害新闻采集在前人研究中证明了合理性。自2023年9月3日至2023年9月10日，共收集了4万多条灾害新闻报道，详细情况见表7-5。

表7-5　"灾害"关键词的新闻采集结果

| 网站 | 网址 | 数据跨度/年 | 数据采集量/条 |
|---|---|---|---|
| 澎湃新闻 | https://www.thepaper.cn/searchResult?id=%E7%81%BE%E5%AE%B3 | 2014—2023 | 11132 |
| 中国网 | http://query.china.com.cn/query/cn.html?kw=%E7%81%BE%E5%AE%B3 | 2017—2023 | 13459 |
| 中国新闻网 | https://sou.chinanews.com.cn/search.do?q=%E7%81%BE%E5%AE%B3 | 2020—2023 | 18783 |

## 三、西北地区自然灾害链数据处理

### (一) 数据清洗

数据清洗就是利用数理统计或预定义的清理规则将脏数据转化为满足数据质量要求的数据。在自然灾害链案例库构建的过程中，脏数据主要包括缺失数据、异构数据和噪声数据，这些数据需要进行数据清洗。

**1.缺失数据清洗**

在获取到的自然灾害新闻文本中，一些灾害链文本定义的属性无法在原数据中获得，导致属性值缺失。比如正文文本的缺失和空白、标题的缺失、原数据没有附带地理信息等，此类数据需要删除。此外，即便是国内新闻网站，也会经常报道国外的自然灾害事件，因此，在第一阶段，我们主要对缺失值和国外新闻进行了删除。

**2.异构数据清洗**

在获取到的自然灾害文本数据中，一些灾害要素的原数据属性与定义的属性不一致。比如有的新闻灾害时间格式年月日在一块，而定义的时间属性格式年月日是分离的，为此需要将原格式转换成定义的格式。而且，有的灾害新闻中地名精确到县，有的精确到省，本案例库要求至少精确到地级市层面，因此需要对相关地名文本进行转换或删除。在第二阶段，我们主要对异构数据进行了修改和删除。

**3.噪声数据清洗**

西北地区灾害的噪声数据，一是预警和科普类的文本信息等不适合提取自然灾害链的新闻需要进行清洗；二是页码、评论点赞等数据也与本次研究无关，属于噪声数据，需要进行滤掉；三是在数据抽取过程中，经常会出现不属于西北五省（区）甚至国外的新闻报道，需要清洗；四是同一灾害事件的连续报道，需要将相同部分进行合并。一般认为，在同一时间、同一地点连续发生两起相同灾害是小概率事件。因此，本研究将灾害事件的时间和空间信息作为灾害事件归并的依据，根据大多数自然灾害发生的特点，将时间窗口设置为7天，若两个相同或相似的灾害事件的发生在一个时间窗口内，且发生地点相同（同一个市、州、盟范围），则认为两个灾害事件属于同一个事件。在第三阶段，我们对与西北地区灾害链无关和重复的噪声数据进行了删除。

最终得到88条与自然灾害链事件相关的新闻文本集合，每一条数据都包含四个部分：新闻标题、采集网址、新闻发布时间和新闻正文。

## （二）数据抽取

本书的研究采用基于规则的方法处理具体的自然灾害新闻文本，使用筛选完成的88个灾害新闻案例作为自然灾害链数据抽取的数据源（见表7-6）。将报告标题和内容组合在一起，形成灾害新闻报道文本，用于提取自然灾害发生的时间和灾害链的类型和位置。

表7-6　新闻文本的数据清洗结果

| 网站 | 跨度 | 采集量/条 | 1筛/条 | 2筛/条 | 3筛/条 | 最终新闻案例/条 |
|---|---|---|---|---|---|---|
| 澎湃新闻 | 2014—2023年 | 11132 | 5463 | 900 | 60 | |
| 中国网 | 2017—2023年 | 13459 | 6774 | 1029 | 19 | 88 |
| 中国新闻网 | 2020—2023年 | 18783 | 10556 | 1014 | 90 | |

**1. 灾害类型识别**

目前，在灾害类型的识别领域，主要有两种主流方法：基于统计的大数据技术和基于规则的技术。基于统计的大数据技术方法，对大量灾害新闻语料库的文本特征进行学习和建模，从而对新的灾害新闻进行分类。然而，这种方法对训练数据的质量和数量要求较高，并且在处理含有多个灾害类型的新闻文本时效果有限。例如，在一个灾害事件中，可能涉及多种不同类型的灾害，这使得机器学习方法的应用受到了一定的限制。相比之下，基于规则的技术方法在处理结构较简单的灾害类型抽取时表现出色，具有较高的准确率，特别是考虑到灾害链报道经常涉及多种灾害类型同时出现的情况，比如暴雨可能引发洪涝等情况时更为有效。此外，由于获得的新闻文本数据规模较小，基于规则的技术更适合用于识别灾害类型。新闻标题作为新闻内容的概要，通常以简明扼要的方式传达新闻主旨，在网络新闻中尤其如此。通过分析灾害新闻标题，我们可以发现标题中经常直接出现灾害类型的关键词，如"暴雨""滑坡""地震"等。这些关键词直接揭示了事件的灾害类型，使得通过分析新闻标题来确定灾害类型成为一种高效且准确的方法。在灾害识别的研究与应用中，这种方法显示出了独特的优势。在本书中，我们将表7-4自然灾害分类国家标准规定的34个明确灾种的中文名称作为灾害类型的关键词，提取新闻报道文本中出现的关键词，如果88个灾害新闻案例的关键词出现在新闻报道文本中，则新闻文本被标记为该类型的灾难，并放入相应类型的新闻事件库中。

**2. 灾害时间抽取**

一篇自然灾害新闻文本中往往不止一个时间实体，可能包括原生灾害发生时间、次生灾害发生时间、媒体首次报道时间、媒体跟踪报道时间以及描述灾害过程的时间等。其中，媒体报道的时间往往出现在新闻正文开头，以"中国网""中新网""澎湃网""据""根据"等开头，以"报道""电""讯"等结尾。灾害发生时间在新闻文本中前面部分会有大致描述，并且经常会和表示事件发生的关键词出现在同一个句子中，比如"央视新闻7月26日消息，25日晚间和26日下午，甘肃临洮遭受两次暴雨袭击，降雨强度大，时间长，导致城区多处发生内涝"中，灾害时间出现两次，且跟新闻报道时间不完全一致。综上所述，结合灾害新闻格式特点，本研究确定的灾害发生时间抽取流程如下：

（1）检测文本中是否有时间实体，若无，就以新闻发布时间作为灾害发生时间。

（2）检测新闻中是否出现表示发生的关键词，如"突袭""突发""发生"等。

（3）若存在关键词，并且关键词所在的句子中存在时间，该时间即为灾害发生时间。

（4）若不存在关键词，就以报道时间为灾害发生时间。

（5）若不存在报道时间，则把新闻正文中最先识别到的时间实体作为灾害发生时间。

**3. 灾害地点抽取**

为了更好地分析灾害的空间特征，我们将灾害的地点至少精确到市级行政单位。其中，抽取出来的地点如果只有区县名，根据地名词典匹配到对应的市名。灾害发生地点在新闻文本中的位置同样具有明显的特征，灾害发生地点后面一般会出现表示灾害类型的关键词或者表示事件发生的动词；另外，灾害发生地点一般描述得比较详细，往往是最长的地点词语。

**4. 灾害链识别**

基于规则的模板匹配方法在识别灾害链关系时表现较好，因为新闻文本中的因果关系常常以相似的词语表达。这种方法具有较高的准确率，并且可解释性较强。本节采用基于模式匹配的方式来提取自然灾害新闻案例文本中的灾害链关系。例如，"暴雨导致城区多处发生内涝"这句话中，"暴雨"和"内涝"分别表示事件的原因和结果，"导致"则是表示因果关系的提示词。通过对这些模式的匹配，可以准确地提取出灾害链关系。我们在西北地区自然灾害链提取中，借鉴了刘晓构建的灾害联动因果提示词词典[①]（见表7-7）。

**表7-7　因果关系提示词**

| 词性 | 种子词 | 因果提示词扩展 |
|---|---|---|
| 动词 | 导致,致使,引发,造成,引起 | 致,使得,引致,酿成,诱发,迫使,影响,形成,遭遇 |
| 连词 | 因,由于,因为 | 之所以,以至(于),以至 |
| 连词对或连词动词组合 | 〈由于,从而〉,〈因,致使〉,〈因为,造成〉,〈因为,所以〉 | 〈由于,引起〉,〈由于,导致〉,〈由于,致〉,〈由于,使得〉,〈因,诱发〉,〈因为,使得〉,〈因为,遭遇〉,〈因为,酿成〉,〈由于,引致〉,〈由于,遭遇〉,〈因,引发〉,〈因为,导致〉,〈由于,迫使〉,〈因为,引发〉,〈因为,形成〉等 |
| 名词短语 | 原因 | 诱因,元凶,诱发因素,主因,成因,根源 |
| 动-名词组合 | 〈造成,原因〉,〈导致,原因〉 | 〈导致,主因〉,〈导致,诱发因素〉,〈造成,诱因〉,〈引发,诱因〉,〈导致,元凶〉,〈形成,原因〉,〈形成,原因〉,〈诱发,元凶〉,〈遭遇,根源〉等 |

注：表中内容根据《基于文本挖掘的灾害多级联动分析与预测研究》一文整理。

因此，基于上表的显式因果关系的自然灾害新闻灾害链抽取流程如下：首先，确定灾害链事件的触发词，并根据因果句法模板，识别拓展的提示词；其次，根据灾害类型的触发词或拓展提示词识别原生灾害类型。然后，通过更多的因果关系触发词和时间词，对详细的灾害因果关系进行识别，明确次生灾害。最后，基于上述处理流程构建基于灾害案例文本的西北地区自然灾害链案例库。根据这一步骤，最终确定2017—2023年西北地区自然灾害链共166条，包括冰雪灾害、暴雨、台风等。

### （三）数据编码

西北地区自然灾害链数据编码采用了自然灾害分类体系的思路，为灾害链时空特征分析提供了基础。通过为每一条灾害链分配唯一的序列号以消除重复数据，这种编码方式有助于提高案例库的运行速度，提升数据利用效率，并增强数据集的稳定性。同时，还优化了查询、检索、修改、更新和维护等操作的效率。本书的数据编码主要分为三部分，即时间编码、地点编码和自然灾害类型编码（见图7-3）。

---

① 刘晓：《基于文本挖掘的灾害多级联动分析与预测研究》，博士学位论文，中国地质大学经济管理学院，2021，第70页。

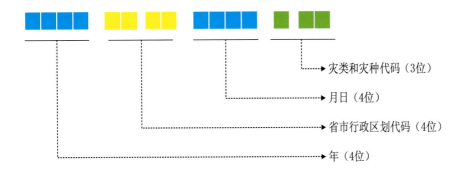

**图7-3　自然灾害链编码示例**

西北地区自然灾害链编码以自然灾害事件发生的年份+月日、发生地点、灾类灾种的格式呈现，对每个自然灾害链均给予唯一的15位序列号编码。蓝色的8位表示发生日期，年份在前，月日在后，例如5月12日表示为0512；中间黄色4位代表地点，此处参考了西北地区行政区划代码（见表7-8）；最后绿色的3位代表灾类和灾种①。五大类自然灾害以A-E大写英文字母表示，具体灾种，以十进制的两位阿拉伯数字表示（见表7-9）。此编码方法的突出优点是日后可以对现有的编码进行扩充或细化，有利于延长编码的使用周期。

**表7-8　行政区划代码**

| 新疆维吾尔自治区 | | 青海省 | | 甘肃省 | | 陕西省 | | 宁夏回族自治区 | |
| --- | --- | --- | --- | --- | --- | --- | --- | --- | --- |
| 地区/市 | 代码 | 地区/市 | 代码 | 地区/市 | 代码 | 地区/市 | 代码 | 地区/市 | 代码 |
| 乌鲁木齐市 | 650100 | 西宁市 | 630100 | 兰州市 | 620100 | 西安市 | 610100 | 银川市 | 640100 |
| 克拉玛依市 | 650200 | 海东地区 | 632000 | 嘉峪关市 | 620200 | 铜川市 | 610200 | 石嘴山市 | 640200 |
| 吐鲁番地区 | 652100 | 海北藏族自治州 | 632200 | 金昌市 | 620300 | 宝鸡市 | 610300 | 吴忠市 | 640300 |
| 哈密地区 | 652200 | 黄南藏族自治州 | 632300 | 白银市 | 620400 | 咸阳市 | 610400 | 固原市 | 640400 |
| 昌吉回族自治州 | 652300 | 海南藏族自治州 | 632500 | 天水市 | 620500 | 渭南市 | 610500 | 中卫市 | 640500 |
| 博尔塔拉蒙古自治州 | 652700 | 果洛藏族自治州 | 632600 | 武威市 | 620600 | 延安市 | 610600 | | |
| 巴音郭楞蒙古自治州 | 652800 | 玉树藏族自治州 | 632700 | 张掖市 | 620700 | 汉中市 | 6107 | | |

① 此处借鉴了国家标准《自然灾害分类与代码》(GB/T 28921–2012)。

续表7-8

| 新疆维吾尔自治区 | | 青海省 | | 甘肃省 | | 陕西省 | | 宁夏回族自治区 | |
|---|---|---|---|---|---|---|---|---|---|
| 地区/市 | 代码 | 地区/市 | 代码 | 地区/市 | 代码 | 地区/市 | 代码 | 地区/市 | 代码 |
| 阿克苏地区 | 652900 | 海西蒙古族藏族自治州 | 632800 | 平凉市 | 620800 | 榆林市 | 6108 | | |
| 克孜勒苏柯尔克孜自治州 | 653000 | | | 酒泉市 | 620900 | 安康市 | 610900 | | |
| 喀什地区 | 653100 | | | 庆阳市 | 621000 | 商洛市 | 611000 | | |
| 和田地区 | 653200 | | | 定西市 | 621100 | | | | |
| 伊犁哈萨克自治州 | 654000 | | | 陇南市 | 621200 | | | | |
| 塔城地区 | 654200 | | | 临夏回族自治州 | 622900 | | | | |
| 阿勒泰地区 | 654300 | | | 甘南藏族自治州 | 623000 | | | | |
| 直辖行政单位 | 659000 | | | | | | | | |

注：表中内容参考政府网站信息。

表7-9  自然灾害分类国家标准(按编码整理)

| 灾类 | 代码 | 灾种 |
|---|---|---|
| 气象水文灾害 | A | 干旱灾害(01)、洪涝灾害(02)、台风灾害(03)、暴雨灾害(04)、大风灾害(05)、冰雹灾害(06)、雷电灾害(07)、低温灾害(08)、冰雪灾害(09)、高温灾害(10)、沙尘暴灾害(11)、大雾灾害(12)、其他气象水文灾害(99) |
| 地质地震灾害 | B | 地震灾害(01)、火山灾害(02)、崩塌灾害(03)、滑坡灾害(04)、泥石流灾害(05)、地面塌陷灾害(06)、地面沉降灾害(07)、地裂缝灾害(08)、其他地质灾害(99) |
| 海洋灾害 | C | 海浪灾害(01)、海冰灾害(02)、海啸灾害(03)、赤潮灾害(04)、其他海洋灾害(99) |
| 生物灾害 | D | 植物病虫害(01)、疫病灾害(02)、鼠害(03)、草害(04)、赤潮灾害(05)、森林草原火灾(06)、其他生物灾害(99) |
| 生态环境灾害 | E | 水土流失灾害(01)、风蚀沙化灾害(02)、盐渍化灾害(03)、石漠化灾害(04)、其他生态环境灾害(99) |

注：表中内容参考国家标准《自然灾害分类与代码》(GB/T 28921-2012)整理。

经过数据清洗、数据抽取和数据编码，最终形成西北地区自然灾害链数据整理（见表7-10），共有166条自然灾害链。

表7-10　西北地区自然灾害链列表

| 代码 | 时间 | 地点 | 原生灾类 | 原生灾种 | 灾害链 |
|---|---|---|---|---|---|
| 2023-6107-0821-A04 | 2023年8月21日 | 陕西省汉中市 | 气象水文灾害 | 暴雨 | 暴雨→变电站受损→电力中断 |
| | | | | | 暴雨→洪涝→农作物受损 |
| | | | | | 暴雨→道路损毁→交通中断 |
| | | | | | 暴雨→塌方 |
| 2023-6101-0811-A04 | 2023年8月11日 | 陕西省西安市 | 气象水文灾害 | 暴雨 | 暴雨→洪涝→泥石流 |
| | | | | | 暴雨→泥石流→道路损毁 |
| | | | | | 暴雨→泥石流→通信中断 |
| 2023-6326-0810-A04 | 2023年8月10日 | 青海省果洛藏族自治州 | 气象水文灾害 | 暴雨 | 暴雨→洪涝→山体滑坡 |
| | | | | | 暴雨→洪涝→道路损坏 |
| | | | | | 暴雨→洪涝→人员被困 |
| 2023-6401-0810-A04 | 2023年8月10日 | 宁夏回族自治区银川市 | 气象水文灾害 | 暴雨 | 暴雨→洪涝 |
| 2023-6230-0713-A04 | 2023年7月13日 | 甘肃省甘南藏族自治州 | 气象水文灾害 | 暴雨 | 暴雨→洪涝→泥石流 |
| 2023-6107-0701-A04 | 2023年7月1日 | 陕西省汉中市 | 气象水文灾害 | 暴雨 | 暴雨→洪涝→道路损毁 |
| | | | | | 暴雨→洪涝→房屋倒塌 |
| 2022-6210-1004-A04 | 2022年10月4日 | 甘肃省庆阳市 | 气象水文灾害 | 暴雨 | 暴雨→城市内涝→车辆被淹 |
| | | | | | 暴雨→道路损毁 |
| 2022-6107-0901-A04 | 2022年9月1日 | 青海省海东市 | 气象水文灾害 | 暴雨 | 暴雨→滑坡→人员被困 |
| 2022-6310-0817-A04 | 2022年8月17日 | 青海省西宁市 | 气象水文灾害 | 暴雨 | 暴雨→洪涝→泥石流→河流改道 |
| 2022-6529-0814-A04 | 2022年8月14日 | 新疆维吾尔自治区第一师阿拉尔市 | 气象水文灾害 | 暴雨 | 暴雨→洪涝 |
| 2022-6212-0715-A04 | 2022年7月15日 | 甘肃省陇南市 | 气象水文灾害 | 暴雨 | 暴雨→洪涝 |
| 2022-6210-0714-A04 | 2022年7月14日 | 甘肃省庆阳市 | 气象水文灾害 | 暴雨 | 暴雨→洪涝 |
| | | | | | 暴雨→河流改道 |

续表7-10

| 代码 | 时间 | 地点 | 原生灾类 | 原生灾种 | 灾害链 |
|------|------|------|----------|----------|--------|
| 2022-6212-0714-A04 | 2022年7月14日 | 甘肃省陇南市 | 气象水文灾害 | 暴雨 | 暴雨→洪涝<br>暴雨→河流改道 |
| 2022-6401-0621-A04 | 2022年6月21日 | 宁夏回族自治区银川市 | 气象水文灾害 | 暴雨 | 暴雨→洪涝→车辆被淹、人员被困 |
| 2022-6301-0111-B01 | 2022年1月11日 | 青海省西宁市 | 地质地震灾害 | 地震 | 地震→房屋倒塌<br>地震→道路损毁 |
| 2022-6322-0111-B01 | 2022年1月11日 | 青海省海北藏族自治州 | 地质地震灾害 | 地震 | 地震→塌方 |
| 2021-6208-1006-A04 | 2021年10月6日 | 甘肃省平凉市 | 气象水文灾害 | 暴雨 | 暴雨→滑坡→泥石流→道路损毁<br>暴雨→泥石流→塌方 |
| 2021-6107-1004-A04 | 2021年10月4日 | 陕西省汉中市 | 气象水文灾害 | 暴雨 | 暴雨→洪涝→电力设施损毁<br>暴雨→洪涝→基础设施损毁<br>暴雨→滑坡→交通中断 |
| 2021-6212-1004-A04 | 2021年10月4日 | 甘肃省陇南市 | 气象水文灾害 | 暴雨 | 暴雨→泥石流→交通中断<br>暴雨→塌方→交通中断<br>暴雨→洪涝→车辆被淹、人员被困 |
| 2021-6210-1004-A04 | 2021年10月4日 | 甘肃省庆阳市 | 气象水文灾害 | 暴雨 | 暴雨→塌方→交通中断 |
| 2021-6205-1002-A04 | 2021年10月2日 | 甘肃省天水市 | 气象水文灾害 | 暴雨 | 暴雨→洪涝<br>暴雨→滑坡<br>暴雨→房屋倒塌 |
| 2021-6210-1002-A04 | 2021年10月2日 | 甘肃省庆阳市 | 气象水文灾害 | 暴雨 | 暴雨→洪涝<br>暴雨→滑坡<br>暴雨→房屋倒塌 |
| 2021-6205-1002-A04 | 2021年10月2日 | 甘肃省平凉市 | 气象水文灾害 | 暴雨 | 暴雨→洪涝<br>暴雨→滑坡<br>暴雨→房屋倒塌 |
| 2021-6212-1002-A04 | 2021年10月2日 | 甘肃省陇南市 | 气象水文灾害 | 暴雨 | 暴雨→洪涝<br>暴雨→滑坡<br>暴雨→房屋倒塌 |

续表 7-10

| 代码 | 时间 | 地点 | 原生灾类 | 原生灾种 | 灾害链 |
|---|---|---|---|---|---|
| 2021-6109-0821-A04 | 2021年8月21日 | 陕西省安康市 | 气象水文灾害 | 暴雨 | 暴雨→电力中断<br>暴雨→滑坡→交通中断<br>暴雨→城市内涝 |
| 2021-6106-0813-A10 | 2021年8月13日 | 陕西省延安市 | 气象水文灾害 | 高温 | 高温→干旱 |
| 2021-6108-0813-A10 | 2021年8月13日 | 陕西省榆林市 | 气象水文灾害 | 高温 | 高温→降水不足→农作物受旱<br>高温→干旱→沙尘暴 |
| 2021-6110-0727-A04 | 2021年7月27日 | 陕西省商洛市 | 气象水文灾害 | 暴雨 | 暴雨→洪涝 |
| 2021-6328-0725-A04 | 2021年7月25日 | 青海省海西蒙古族藏族自治州 | 气象水文灾害 | 暴雨 | 暴雨→洪涝→道路损毁 |
| 2021-6320-0725-A06 | 2021年7月25日 | 青海省海东地区 | 气象水文灾害 | 冰雹 | 冰雹→农作物受损<br>冰雹→牲畜死亡 |
| 2021-6322-0725-A04 | 2021年7月25日 | 青海省海北藏族自治州 | 气象水文灾害 | 暴雨 | 暴雨→洪涝<br>暴雨→泥石流 |
| 2021-6110-0722-A04 | 2021年7月22日 | 陕西省商洛市 | 气象水文灾害 | 暴雨 | 暴雨→变电站受损→电力中断<br>暴雨→洪涝→房屋倒塌→交通中断<br>暴雨→洪涝→农作物受损<br>暴雨→洪涝→道路损毁→交通中断<br>暴雨→洪涝→道路损毁→变电站受损 |
| 2021-6107-0709-A04 | 2021年7月9日 | 陕西省汉中市 | 气象水文灾害 | 暴雨 | 暴雨→洪涝 |
| 2021-6229-0424-A04 | 2021年4月24日 | 甘肃省临夏回族自治州 | 气象水文灾害 | 暴雨 | 暴雨→泥石流 |
| 2021-6109-0407-A04 | 2021年4月7日 | 陕西省安康市 | 气象水文灾害 | 暴雨 | 暴雨→洪涝→农作物受损<br>暴雨→洪涝→基础设施受损<br>暴雨→洪涝→房屋倒塌 |
| 2021-6210-0228-A08 | 2021年2月28日 | 甘肃省庆阳市 | 气象水文灾害 | 低温 | 低温→冰雪→电线覆冰→电力中断<br>低温→道路覆冰→交通事故→撞坏设备→电路中断 |
| 2021-6211-0228-A09 | 2021年2月28日 | 甘肃省定西市 | 气象水文灾害 | 冰雪 | 低温降雪→电路冻结→电路中断 |

续表7-10

| 代码 | 时间 | 地点 | 原生灾类 | 原生灾种 | 灾害链 |
|---|---|---|---|---|---|
| 2020-6211-1221-A04 | 2020年12月21日 | 甘肃省陇南市 | 气象水文灾害 | 暴雨 | 暴雨→洪涝→道路水毁<br>暴雨→泥石流→交通中断 |
| 2022-6401-0803-A04 | 2019年8月3日 | 宁夏回族自治区银川市 | 气象水文灾害 | 暴雨 | 暴雨→房屋倒塌<br>暴雨→农作物受损 |
| 2017-6401-0608-A04 | 2017年6月8日 | 宁夏回族自治区银川市 | 气象水文灾害 | 暴雨 | 暴雨→洪涝→农作物受灾<br>暴雨→洪涝→房屋倒塌 |
| 2020-6212-1015-A04 | 2020年10月15日 | 甘肃省陇南市 | 气象水文灾害 | 暴雨 | 暴雨→洪涝→电力设施毁损→电力中断 |
| 2020-6212-0828-A04 | 2020年8月28日 | 甘肃省陇南市 | 气象水文灾害 | 暴雨 | 暴雨→洪涝<br>暴雨→泥石流<br>暴雨→滑坡 |
| 2020-6230-0824-A04 | 2020年8月24日 | 甘肃省甘南藏族自治州 | 气象水文灾害 | 暴雨 | 暴雨→洪涝<br>暴雨→泥石流 |
| 2020-6212-0823-A04 | 2020年8月23日 | 甘肃省陇南市 | 气象水文灾害 | 暴雨 | 暴雨→洪涝→房屋倒塌<br>暴雨→泥石流→房屋倒塌 |
| 2020-6109-0819-A04 | 2020年8月19日 | 陕西省安康市 | 气象水文灾害 | 暴雨 | 暴雨→泥石流→道路水毁 |
| 2020-6211-0818-A04 | 2020年8月18日 | 甘肃省定西市 | 气象水文灾害 | 暴雨 | 暴雨→滑坡→泥石流 |
| 2020-6212-0818-A04 | 2020年8月18日 | 甘肃省陇南市 | 气象水文灾害 | 暴雨 | 暴雨→洪涝→基础设施损毁 |
| 2020-6109-0818-A04 | 2020年8月18日 | 陕西省安康市 | 气象水文灾害 | 暴雨 | 暴雨→泥石流<br>暴雨→城市内涝灾害<br>暴雨→塌方<br>暴雨→滑坡 |
| 2020-6212-0814-A04 | 2020年8月14日 | 甘肃省陇南市 | 气象水文灾害 | 暴雨 | 暴雨→泥石流<br>暴雨→城市内涝灾害<br>暴雨→塌方<br>暴雨→滑坡 |
| 2020-6110-0809-A04 | 2020年8月9日 | 陕西省商洛市 | 气象水文灾害 | 暴雨 | 暴雨→洪涝→电力设施损毁→电力中断<br>暴雨→泥石流→道路损毁 |

| 代码 | 时间 | 地点 | 原生灾类 | 原生灾种 | 灾害链 |
|---|---|---|---|---|---|
| 2020-6109-0722-A04 | 2020年7月22日 | 陕西省安康市 | 气象水文灾害 | 暴雨 | 暴雨→滑坡→房屋倒塌 |
| 2020-6540-0721-A04 | 2020年7月21日 | 新疆维吾尔自治区伊犁哈萨克自治州 | 气象水文灾害 | 暴雨 | 暴雨→洪涝→山体滑坡 |
| | | | | | 暴雨→洪涝→泥石流 |
| 2020-6322-0721-A04 | 2020年7月21日 | 青海省海北藏族自治州 | 气象水文灾害 | 暴雨 | 暴雨→山体滑坡 |
| | | | | | 暴雨→城市内涝 |
| 2020-6103-0616-A04 | 2020年6月16日 | 陕西省宝鸡市 | 气象水文灾害 | 暴雨 | 暴雨→道路损毁 |
| | | | | | 暴雨→滑坡 |
| 2020-6102-0616-A04 | 2020年6月16日 | 陕西省铜川市 | 气象水文灾害 | 暴雨 | 暴雨→道路损毁 |
| | | | | | 暴雨→滑坡 |
| 2020-6106-0616-A04 | 2020年6月16日 | 陕西省延安市 | 气象水文灾害 | 暴雨 | 暴雨→道路损毁 |
| | | | | | 暴雨→滑坡 |
| 2020-6205-0612-A09 | 2020年6月12日 | 甘肃省天水市 | 气象水文灾害 | 冰雹 | 冰雹→农作物受损 |
| 2020-6230-0507-A04 | 2020年5月7日 | 甘肃省甘南藏族自治州 | 气象水文灾害 | 暴雨 | 暴雨→基础设施受损 |
| | | | | | 暴雨→农作物受损 |
| | | | | | 暴雨→滑坡→道路损毁→交通中断 |
| | | | | | 暴雨→低温→冰雹→交通中断 |
| 2019-6230-1027-B01 | 2019年10月27日 | 甘肃省甘南藏族自治州 | 地质地震灾害 | 地震 | 地震→房屋倒塌 |
| 2019-6401-0803-A04 | 2019年8月3日 | 宁夏回族自治区银川市 | 气象水文灾害 | 暴雨 | 暴雨→房屋倒塌 |
| 2019-6108-0803-A04 | 2019年8月2日 | 陕西省榆林市 | 气象水文灾害 | 暴雨 | 暴雨→农作物受损 |
| 2019-6102-0802-A04 | 2019年8月2日 | 陕西省铜川市 | 气象水文灾害 | 暴雨 | 暴雨→农作物受损 |
| 2019-6103-0802-A04 | 2019年8月2日 | 陕西省宝鸡市 | 气象水文灾害 | 暴雨 | 暴雨→农作物受损 |
| 2019-6101-0802-A04 | 2019年8月2日 | 陕西省西安市 | 气象水文灾害 | 暴雨 | 暴雨→农作物受损 |

续表7-10

| 代码 | 时间 | 地点 | 原生灾类 | 原生灾种 | 灾害链 |
|---|---|---|---|---|---|
| 2019-6107-0802-A04 | 2019年8月2日 | 陕西省汉中市 | 气象水文灾害 | 暴雨 | 暴雨→农作物受损 |
| 2019-6108-0725-A04 | 2019年7月25日 | 陕西省榆林市 | 气象水文灾害 | 暴雨 | 暴雨→洪涝→房屋倒塌 |
| 2019-6108-0603-A01 | 2019年6月3日 | 陕西省榆林市 | 气象水文灾害 | 干旱 | 干旱→农作物受损 |
| 2019-6110-0603-A01 | 2019年6月3日 | 陕西省商洛市 | 气象水文灾害 | 干旱 | 干旱→农作物受损 |
| 2019-6105-0603-A01 | 2019年6月3日 | 陕西省渭南市 | 气象水文灾害 | 干旱 | 干旱→农作物受损 |
| 2019-6327-0228-A09 | 2019年2月28日 | 青海省玉树藏族自治州 | 气象水文灾害 | 冰雪 | 冰雪→道路积雪 |
| 2019-6326-0228-A09 | 2019年2月28日 | 青海省果洛藏族自治州 | 气象水文灾害 | 冰雪 | 冰雪→道路积雪 |
| 2019-6106-0209-A09 | 2019年2月9日 | 陕西省延安市 | 气象水文灾害 | 冰雪 | 冰雪→交通堵塞<br>冰雪→电力设施损毁 |
| 2019-6108-0110-A04 | 2019年1月10日 | 陕西省榆林市 | 气象水文灾害 | 暴雨 | 地震→滑坡→交通中断 |
| 2018-6207-0821-A04 | 2018年8月21日 | 甘肃省张掖市 | 气象水文灾害 | 暴雨 | 暴雨→洪涝→房屋倒塌<br>暴雨→洪涝→农作物受损 |
| 2018-6540-0814-A09 | 2018年8月14日 | 新疆维吾尔自治区伊犁哈萨克自治州 | 气象水文灾害 | 冰雪 | 冰雪→山体滑坡<br>冰雪→泥石流 |
| 2018-6522-0804-A04 | 2018年8月4日 | 新疆维吾尔自治区哈密市 | 气象水文灾害 | 暴雨 | 暴雨→洪涝→电力设施损毁<br>暴雨→洪涝→房屋倒塌<br>暴雨→洪涝→交通中断 |
| 2018-6229-0719-A04 | 2018年7月19日 | 甘肃省临夏回族自治州 | 气象水文灾害 | 暴雨 | 暴雨→山体滑坡→电力设施受损<br>暴雨→洪水→房屋倒塌 |
| 2018-6211-0517-A04 | 2018年5月17日 | 甘肃省定西市 | 气象水文灾害 | 暴雨 | 暴雨→洪涝→道路损毁<br>暴雨→塌方<br>暴雨→电力中断 |

| 代码 | 时间 | 地点 | 原生灾类 | 原生灾种 | 灾害链 |
|---|---|---|---|---|---|
| 2017-6109-1015-A04 | 2017年10月15日 | 陕西省安康市 | 气象水文灾害 | 暴雨 | 暴雨→洪涝→农作物受灾 |
| | | | | | 暴雨→洪涝→房屋倒塌 |
| | | | | | 暴雨→滑坡 |
| | | | | | 暴雨→塌方 |
| | | | | | 暴雨→泥石流 |
| 2017-6107-0822-A04 | 2017年8月22日 | 陕西省汉中市 | 气象水文灾害 | 暴雨 | 暴雨→洪涝→房屋倒塌 |
| | | | | | 暴雨→洪涝→农作物受灾 |
| | | | | | 暴雨→电力设施受损 |
| 2017-6110-0822-A04 | 2017年8月22日 | 陕西省商洛市 | 气象水文灾害 | 暴雨 | 暴雨→洪涝→房屋倒塌 |
| | | | | | 暴雨→洪涝→农作物受灾 |
| | | | | | 暴雨→电力设施受损 |
| 2017-6204-0813-A04 | 2017年8月13日 | 甘肃省白银市 | 气象水文灾害 | 暴雨 | 暴雨→洪水→泥石流 |
| 2017-6212-0807-A04 | 2017年8月7日 | 甘肃省陇南市 | 气象水文灾害 | 暴雨 | 暴雨→洪涝→泥石流→电力设施受损→电力中断 |
| | | | | | 暴雨→洪水→泥石流→房屋倒塌 |
| | | | | | 暴雨→洪水→泥石流→农作物受灾 |
| 2017-6108-0726-A04 | 2017年7月26日 | 陕西省榆林市 | 气象水文灾害 | 暴雨 | 暴雨→洪涝 |
| 2017-6211-0726-A04 | 2017年7月26日 | 甘肃省定西市 | 气象水文灾害 | 暴雨 | 暴雨→洪涝→道路损毁→交通中断 |
| 2017-6401-0608-A04 | 2017年6月8日 | 宁夏回族自治区银川市 | 气象水文灾害 | 冰雹 | 冰雹→洪涝→房屋倒塌 |
| 2017-6531-0511-B01 | 2017年5月11日 | 新疆维吾尔自治区喀什地区 | 地质地震灾害 | 地震 | 地震→房屋倒塌→人员伤亡 |
| 2017-6523-0509-A04 | 2017年5月9日 | 新疆维吾尔自治区昌吉回族自治州 | 气象水文灾害 | 暴雨 | 暴雨→洪涝→农作物受损 |
| | | | | | 暴雨→洪涝→房屋受损 |
| 2017-6109-0420-A04 | 2017年4月20日 | 陕西省安康市 | 气象水文灾害 | 暴雨 | 暴雨→塌方 |

# 四、西北地区自然灾害链案例库的特点与不足

## （一）西北地区自然灾害链案例库的特点

### 1. 基于面板数据

面板数据在灾害研究中的应用具有很大的价值。它不仅可以提供多个个体在不同时间点的观测值，还可以揭示灾害发生、发展和恢复过程中的动态变化规律。本书基于面板数据构成的灾害链案例库具有以下几个方面的特点和优势：

（1）多维度信息：面板数据可以提供不同个体（如受灾地区、受灾群体、灾害类型等）在不同时间点的多个观测值，这使得研究者能够同时考虑多个因素对灾害的影响，增加了数据的信息含量和研究深度。

（2）动态变化分析：由于面板数据包含时间维度，因此可以揭示灾害发生、发展和恢复过程中的动态变化规律，有助于研究者更深入地了解灾害的演变过程和影响因素。

（3）关联性分析：面板数据可以揭示不同个体之间的关联性，比如同一地区不同年份的灾害发生情况、不同地区同一年份的灾害发生情况等。这有助于研究者发现潜在的灾害传播和影响机制，为灾害防治提供依据。

（4）政策效果评估：面板数据可以用于评估灾害应对政策和措施的效果。通过比较实施政策前后的灾害数据，可以直观地看出政策的成效和不足，为政策制定者提供参考。

（5）长期影响分析：面板数据可以提供较长时间的观测数据，有助于研究者分析灾害对社会、经济和环境等方面的长期影响，为灾害防治和恢复提供科学依据。

### 2. 涵盖空间地理特征

本书构建的灾害链案例库包含了一定的空间地理信息，可以展现西北地区灾害的时空分布情况。在研究灾害空间分布规律方面，地理信息系统发挥着重要作用。通过挖掘史料资源的数字化潜力，可以实现对灾害文献史料的多样化信息保护和传播，进而增强灾害与历史话语场域之间的集聚和耦合效应。同时，借助地理信息系统强大的空间管理和可视化表达功能，我们能够实现对灾害文献史料的场景化运用，从时空分布角度和可量化数据统计角度进行研究，以提升史料资源在空间表达和实践应用领域的功效，进一步拓展灾害史研究方法。此外，地理信息系统的强大逻辑运算功能也可以帮助我们从剖析和检视历史灾情的角度为当代防灾减灾工作提供基础性测算依据和标准。

### 3. 灾害数据模型和文本丰富

本书构建的自然灾害链案例库的模型不是单一的，文本也较为丰富。从宏观视角基于灾情数据模型，对于总结和分析灾害发生及演变过程具有重要意义。本书通过构建案例库，并运用可视化技术，使研究人员能够更直观地了解灾害的孕灾环境、致灾因子、承灾体和灾情信息。这样可以开展多角度、全方位、动态化的直观分析，为分析灾情的概貌及特征提供依据。此外，文本信息的丰富性也能展示灾损和应急救援情况。通过构建不同情境的灾害评估模型，并运用大数据分析和逻辑判断等方法，我们可以有效评估地质灾害等级、气象灾害程度，以及建筑物及基础设施等的灾损情况。这将为韧性城市建设和区域防灾减灾能力提升提供历史思维和有益参考。

## （二）西北地区自然灾害链案例库的不足

从新闻文本中构建灾害链案例库时，可能会遇到某些种类的灾害案例较少的情况。以下几点是可能造成这种情况的原因。

### 1. 灾害发生的频率较低

某些灾害类型可能比其他灾害类型罕见，因此新闻报道中关于这些灾害的案例较少。例如，海啸、火山喷发或台风等自然灾害只会发生在特定的地区或国家，并且不是每年都会发生，对于我国西北地区而言，此类灾害的新闻报道几乎没有。因此，火山、台风、海洋灾害等在西北地区自然灾害链案例库中没有出现。

### 2. 信息获取困难

一是某些灾害类型可能没有得到充分的数据收集和报告。例如，某些地区的灾害数据可能没有得到充分的记录和报告，导致相关案例数量较少。二是在一些情况下，比如政治、法律或文化原因，政府部门或相关机构可能没有公开披露某些灾害事件的信息。这些灾害事件可能包括一些政治敏感事件或军事冲突等。三是新闻报道和学术研究的灾害分类标准不同。新闻报道的陈述语更加贴近大众生活，往往较为口语化。例如西北地区的低温暴雪灾害，在新闻报道和牧民口中常被称为"白灾"。因此，某些灾害在西北地区自然灾害链案例库构建过程中可能没有被采集或被删除。

### 3. 新闻报道的偏见

新闻媒体可能会有偏见，更倾向于报道某些灾害类型，而忽略其他灾害类型。例如地震、台风、洪水等常见灾害，可能在新闻中更容易被报道，因此其案例数量相对较多。而一些罕见的自然灾害，如海洋灾害、生物灾害、生态环境灾害可能只影响了少数人，因此没有引起广泛的关注，新闻报道中相对较少，所以案例数量较少。

### 4. 灾害防御措施有效

某些灾害可能因为有有效的防御措施而减少了发生的频率和影响。例如，某些城市采取了一系列防洪措施，从而减少了洪水灾害的发生和影响。从我们收集的大样本新闻数据来看，单灾案例占比较大，而此类灾害新闻文本无法提取出灾害链，因此被删除。

**5.数据收集和处理的偏差**

首先，案例的时间范围是影响案例数量的因素之一。对于近几年发生的自然灾害，由于新闻报道的及时性和普及度较高，案例数量会相对较多。而对于较早时期的自然灾害，由于报道渠道有限，案例数量可能较少。其次，在构建灾害链案例库时，可能会存在数据采集和处理的偏差。例如，如果采集新闻数据的方法或关键词不合理，可能会导致某些灾害类型的案例被忽略或遗漏。

综上所述，西北地区自然灾害链案例库中某些种类的灾害案例较少可能是由于该类灾害发生的频率低、信息获取困难、新闻报道的偏见、灾害防御措施有效以及数据采集和处理的偏差等多种因素造成的。未来构建更加全面的灾害链案例库，需要考虑到这些因素，并采用多种数据来源和科学高效的灾害分类与筛选机制，以确保收集到尽可能全面和准确的数据。

# 第二节　西北地区自然灾害链演化模式

## 一、直链式灾害链

直链式是灾害事件之间单向成链的演化模式，也是灾害链最基本的结构。例如，编号为2017-6531-0511-B01的"2017年新疆喀什地区5·11地震灾害链"，5.5级地震造成当地大量的土木结构房屋倒塌，最终造成8人死亡，20多人受伤（如图7-4所示）。直链式灾害链仅由父灾害事件和事件间的连接线所决定，因此，只需避免父灾害事件或切断关联条件，即可避免灾害链事件的发生。

**图7-4　地震灾害链的直链式演化模式**

## 二、发散式灾害链

发散式灾害链是由一个父灾害事件诱发若干个子灾害事件的演化网络。例如，编号为2021-6108-0813-A10的"2021年陕西省榆林市8·13高温灾害链"，一方面，长期高温导致区域降水不足、地表蒸发量增大等，造成农作物减产或绝收；另一方面，连续高温天气致使地面土壤干燥，形成干旱灾害，进一步引起沙尘暴灾害（如图7-5所示）。高温灾害链的发散式演化模式导致2021年陕西省沙尘天气和强沙尘暴显著高于历史同期。在发散式灾害链中，最应优先控制父灾害事件，因为只要发散式灾害链中父灾害事件或灾害事件之间的连接边不发生，子灾害事件就不会发生。

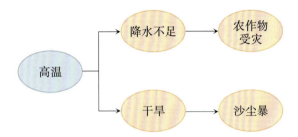

**图7-5　高温灾害链的发散式演化模式**

## 三、集中式灾害链

集中式灾害链是指由若干子灾害事件集中演化生成新的灾害事件。例如编号为2021-6210-0228-A08的"2021年甘肃省定西市2·28低温灾害链"，强对流低温天气在庆阳市不同地区分别导致了冰雪灾害和道路交通事故，其中，冰雪灾害造成电网覆冰坍塌，道路交通事故损坏了变压设备，造成区域电力中断（如图7-6所示）。在集中式灾害链演化模式中断链难度较大。因为如果父灾害事件的任意一个和其连接边发生，子灾害事件都可能会发生，但是可以通过控制子灾害事件本身或降低子灾害事件导致其他灾害事件发生的可能性来降低其危害程度。

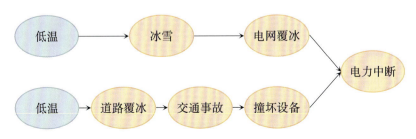

**图7-6　低温灾害链的集中式演化模式**

## 四、交叉式灾害链

交叉式灾害链是指有多种灾害事件相互影响、渗透、交叉演化的过程。例如编号为2021-6110-0722-A04的"2021年陕西省商洛市7·22暴雨灾害链"中，暴雨灾害导致洪涝灾害与变电站受损，其中变电站受损导致电力损毁，进而产生电力中断事件；而暴雨诱发的洪涝灾害导致道路损毁、房屋倒塌、农作物受损，其中，房屋倒塌和道路损毁影响了交通，道路损毁又进一步导致了变电站受损（如图7-7所示）。交叉式灾害链相较于前面几类灾害链，演化模式更为复杂，可视为不同灾害链形式的耦合。因此，在进行风险评估时，可利用复杂网络的相关理论进行网络拓扑结构分析。

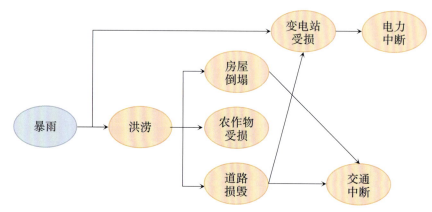

图7-7 暴雨灾害链的交叉式演化模式

# 第三节 西北地区自然灾害链特征分析

## 一、西北地区自然灾害链总体特征

### （一）西北地区自然灾害链灾害类型占比

在气象水文灾害、地质地震灾害、海洋灾害、生物灾害、生态环境灾害5种灾害类型中，西北地区灾害链案例库只涉及气象水文灾害和地质地震灾害。其中，气象水文类灾害161条，占比97%；地质地震类灾害链5条，占比3%（见图7-8）。

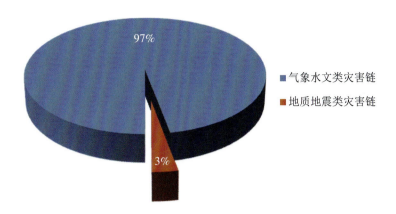

**图7-8　西北地区自然灾害链灾害类型占比**

## （二）西北地区自然灾害链灾害种类占比

在气象水文灾害类的13个灾种中，西北地区自然灾害链只涉及6类灾种，分别是暴雨、冰雹、冰雪、低温、干旱和高温。6类灾种的占比如图7-9所示。

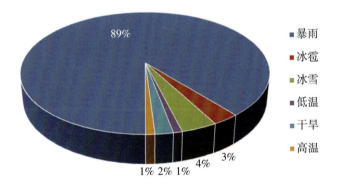

**图7-9　西北地区自然灾害链灾害种类占比**

通过图7-8、7-9不难发现，西北地区主要灾害类型是气象水文灾害，占比超过九成，而气象水文灾害中暴雨的占比最大，约占89%，排名第二的灾种是冰雪灾害。地质地震类灾害仅次于气象水文类灾害，在地质地震类灾害中，地震灾害占比最大。我们统计了2017年至2022年应急管理部和国家减灾委员会等部门公布的年度灾情总结（见表7-11），在排除了与西北地区明显无关的台风灾害后，我国整体自然灾害情况与西北地区自然灾害情况基本一致。

表 7-11　2017—2022 年我国官方发布的灾情总结

| 年份 | 主要灾害种类 | 次要灾害种类 | 影响人数 |
|---|---|---|---|
| 2017年 | 洪涝、台风、干旱和地震 | 风雹、低温冷冻、雪灾、崩塌、滑坡、泥石流和森林火灾等 | 1.4亿人次受灾，881人死亡，98人失踪，525.3万人次紧急转移安置，170.2万人次需紧急生活救助 |
| 2018年 | 洪涝、台风 | 干旱、风雹、地震、地质、低温冷冻、雪灾、森林火灾等 | 1.3亿人次受灾，589人死亡，46人失踪，524.5万人次紧急转移安置 |
| 2019年 | 洪涝、台风、干旱、地震 | 森林草原火灾和风雹、低温冷冻、雪灾等 | 1.3亿人次受灾，909人死亡失踪，528.6万人次紧急转移安置 |
| 2020年 | 洪涝、地质灾害、风雹、台风 | 地震、干旱、低温冷冻、雪灾、森林草原火灾等 | 1.38亿人次受灾，591人因灾死亡失踪，589.1万人次紧急转移安置 |
| 2021年 | 洪涝、风雹、干旱、台风、地震、地质灾害、低温冷冻和雪灾 | 沙尘暴、森林草原火灾和海洋灾害等 | 1.07亿人次受灾，867人因灾死亡失踪，紧急转移安置573.8万人次 |
| 2022年 | 洪涝、干旱、风雹、地震 | 台风、低温冷冻和雪灾、沙尘暴、森林草原火灾和海洋灾害等 | 1.12亿人次受灾，554人因灾死亡失踪，紧急转移安置242.8万人次 |

注：表格内容根据应急管理部网站信息整理。

## （三）西北地区不同灾种的灾害链数和长度

基于西北地区自然灾害链案例库 2017—2023 年 9 月的数据，我们统计了不同灾种诱发的灾害链数和长度（见图 7-10、7-11）。通过对比灾害链数和长度，可以为更加精细化的灾害风险评估和防灾减灾规划提供参考。

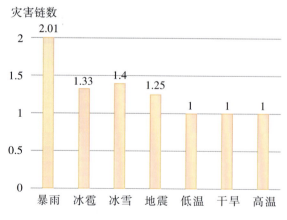

图 7-10　西北地区不同灾种的灾害链数

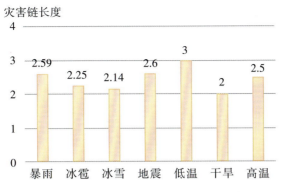

**图7-11 西北地区不同灾种的灾害链长度**

通过图7-10、7-11可以看到，西北地区的暴雨灾害平均能引起2.01个灾害链，排名第一，说明其灾害并发性最强；低温、干旱、高温灾害的灾害链较为简单，接近于单一灾害链。西北地区低温灾害的平均灾害链长度为3，排名第一；干旱灾害的平均灾害链长度为2，排名最低。结合图7-10、7-11的结果，可以认为西北地区暴雨的灾害链数最多，说明灾害链并发性最强，往往同时引起多个次生灾害或事故后果。低温灾害的灾害链最为单一，并发性较弱，但灾害链长度最长，引起的链式反应最明显。相比之下，干旱灾害的并发性和连续性都极低。

## 二、西北地区自然灾害链时间特征

自然灾害链往往表现出明显的时间特征。通过对以往自然灾害链史统计结果发现，自然灾害链发生的时间有一定的规律性，即周期性出现某种自然灾害链。自然灾害链的周期性和时间特征为灾害预测预报提供了一定的科学依据。

### （一）年度灾害数和灾害链数分析

年度灾害数是指在一年内发生在西北地区的自然灾害事件的总数量。这个指标可以用来评估西北地区的灾害频率和严重程度。年度灾害链数是指在西北地区一年内发生的自然灾害事件中涉及的连续性事件数量。年度灾害数和灾害链数都是评估自然灾害的重要指标，可以用来分析灾害风险和应急管理能力。通过对这些指标的分析，可以更好地制定风险管理策略，提升社会的防灾减灾能力。

图7-12展示了2017—2023年9月西北地区自然灾害链案例库中的数据，以当年灾害数或灾害链数为纵坐标，以年份为横坐标。从图中可以看出，西北地区自然灾害数和灾害链数具有相似的变化趋势，灾害数较多的年份灾害链也较多。2020年和2021年这两年，西北地区每次灾害引起的灾害链数显著增加。

**图7-12　2017—2023年西北地区年度灾害数和灾害链数**

## （二）年度灾害链长度分析

灾害链长度可以提供一些关于自然灾害及其影响的有用信息。一是较长的灾害链长度可能说明自然灾害具有更大的规模和复杂性。这意味着一次自然灾害可能引发多个连续性事件，导致更大范围的破坏和损失。例如，地震可能引发建筑物倒塌、火灾、供水管道断裂等连续性事件。二是灾害链长度也可以反映灾害的持续时间。较长的灾害链通常意味着自然灾害的影响会持续更久，甚至可能延续数天或数周。例如，一次洪水可能导致堤坝决堤、大面积涝灾、农田受损等连续性事件。三是灾害链长度还可以提供关于自然灾害影响范围的信息。较长的灾害链可能意味着自然灾害的影响覆盖更大的地理区域。例如，一次大规模的森林火灾可能引发山体滑坡、空气污染、野生动物灭绝等连续性事件。需要注意的是，灾害链长度只是一个指标，不能单独决定自然灾害的严重程度和影响。其他因素，如地理条件、人口密度、社会经济状况等也会对灾害产生重要影响。本书统计了每年的灾害链平均长度，结果显示，2017—2023年9月，西北地区自然灾害链长度呈现"V"形变化趋势，2017年和2023年灾害链程度接近2.9，最短的年份为2019年，略高于2.1（见图7-13）。

**图7-13　2017—2023年西北地区年度灾害链长度**

## （三）季度灾害数对比

本书基于气象学中北半球季节划分标准①，即冬季是12月—次年2月，春季是3月—5月，夏季是6月—8月，秋季是9月—11月，这样的划分适合西北地区季节变化规律。统计后的西北地区自然灾害季节对比图见图7-14。

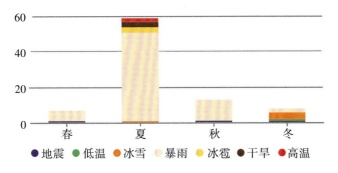

**图7-14　西北地区季度灾害数对比**

图7-14以横坐标为不同季度，以纵坐标为当月灾害链数量，图中不同的颜色表示不同的灾种。结果表明，西北地区的夏季是自然灾害的频发季，占全年灾害数的68.18%，其次为秋季，占比14.77%，春季自然灾害最少且灾害种类单一。从灾害种类来看，西北地区的暴雨主要集中在夏、秋两季，夏季发生次数最多，冬季冰雪灾害占比最大。

## （四）季度灾害链数和灾害链长度对比

季度灾害链数和灾害链长度的对比可以提供一些关于西北地区自然灾害及其影响的有用信息。一方面，季度灾害链数反映了在一个季度内发生的自然灾害事件的连续性数量。较高的季度灾害链数可能指示了该季度内发生的自然灾害频率较高。这可以提醒人们该季度可能存在更大的自然灾害风险和潜在的连锁反应。另一方面，季度灾害链长度反映了自然灾害事件的连续性事件数量。较长的灾害链长度可能说明当季自然灾害具有更大的规模和复杂性。此外，较长的灾害链通常意味着自然灾害的影响会持续更久，可能延续整个季度。这表明该季度可能需要更长时间来恢复和应对自然灾害的影响。

我们以不同季节作为横坐标，以当季灾害链数和灾害链长度为纵坐标，绘制了季度灾害链数和灾害链长度对比图（见图7-15）。

---

① 全英楠:《城市暴雨灾害链网络及关键演化路径研究》，硕士学位论文，重庆大学土木工程学院，2022，第46-51页。

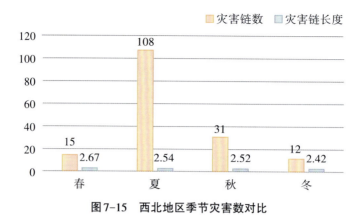

图7-15　西北地区季节灾害数对比

从图7-15可以发现，夏季依然是灾害链数最多的季节，单灾害链长度最长的季节是春季。夏季的灾害链数和严重程度高于其他季节的原因可能有以下几个方面：

（1）气候条件。夏季通常是西北地区的高温和多雨季节，这种气候条件对一些自然灾害的发生具有促进作用。例如，暴雨可能引发洪水、泥石流等灾害，而高温和干旱则可能导致森林火灾、干旱灾害等。

（2）水文过程。夏季通常是西北地区河流水位和地下水位上升的季节，这可能增加洪水和涝灾的风险。大量降雨和融化的冰川或雪水可能增加河流的水量，导致洪水。此外，夏季的高温也会导致融冰加剧，进一步增加洪水风险。

（3）水蒸发和散发。西北地区夏季的高温和较长的日照时间会加速水体的蒸发和散发过程。这可能导致湖泊、河流和水库的水位下降，增加干旱和水资源紧缺的风险。

## 三、西北地区自然灾害链空间特征

自然灾害链的空间特征是指不同类型的自然灾害链在地理空间上的分布和影响范围。自然灾害链的空间特征可以表现出多种形式，如集中性分布、分散性分布、线性分布、面状分布、点状分布等。本书基于西北地区自然灾害链数据，分析西北地区自然灾害链的空间特征。

### （一）西北地区灾害数和灾害链数分析

西北地区的自然灾害在某些方面存在相同点，但同时也存在一些差异。就相同点来说，暴雨、泥石流、干旱、沙尘暴、高温等是西北地区频发的灾害。然而，自然灾害的发生受到多种因素的影响，包括地理条件、气候变化、人类活动等。西北五省（区）灾害数和灾害链数差异分析有助于制定适当的防灾减灾措施，提高人们对西北地区自然灾害的应对能力。

　　通过对西北地区自然灾害数和灾害链的对比，可以看到陕西和甘肃两省的柱状图较高，这意味着这两省的灾害较多，自然灾害形势较为严重（见图7-16）。同时，这两省的蓝色柱状图较高，意味着灾害链数也较多，而新疆和宁夏地区的灾害数和灾害链数较少。

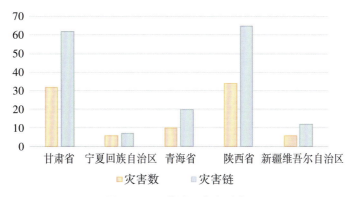

**图7-16　西北地区灾害对比**

　　按年份来说，西北地区灾害数和灾害链数总体都呈现先增后减的趋势（见图7-17和图7-18）。甘肃和陕西两省的灾害数和灾害链数呈现先增后减的趋势，且显著高于其他省份。宁夏、青海、新疆的灾害数和灾害链数在较低水平波动。

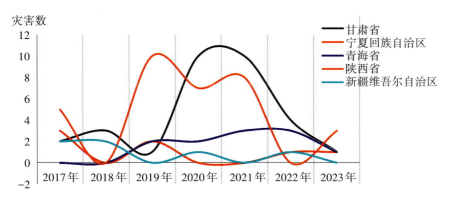

**图7-17　西北地区省域灾害数对比**

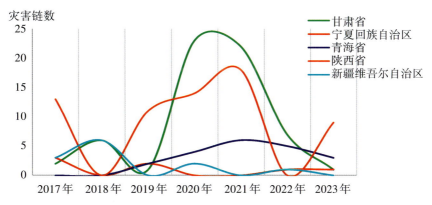

**图7-18　西北地区省域灾害链数对比**

　　各省每季度的灾害数和灾害链数对比结果如表7-12、7-13所示，从表中可以看出，夏季依然是灾害数和灾害链数最多的季节，这意味着西北地区夏季的灾害较为严重，与图7-15的结果一致。其中，甘肃省夏、秋两季的灾害数和灾害链数较多，灾害的延续性较强；陕西省虽然灾害数和灾害链数也较多，但集中分布在夏季。

**表7-12　西北五省(区)各季节灾害数对比**

| | 灾害数 | | | |
|---|---|---|---|---|
| | 春 | 夏 | 秋 | 冬 |
| 甘肃省 | 3 | 16 | 10 | 2 |
| 宁夏回族自治区 | 0 | 6 | 1 | 0 |
| 青海省 | 0 | 7 | 1 | 3 |
| 陕西省 | 2 | 28 | 1 | 2 |
| 新疆维吾尔自治区 | 2 | 4 | 0 | 0 |

**表7-13　西北五省(区)各季节灾害链数对比**

| | 灾害链数 | | | |
|---|---|---|---|---|
| | 春 | 夏 | 秋 | 冬 |
| 甘肃省 | 8 | 29 | 22 | 4 |
| 宁夏回族自治区 | 0 | 6 | 1 | 0 |
| 青海省 | 0 | 13 | 2 | 5 |
| 陕西省 | 4 | 52 | 4 | 5 |
| 新疆维吾尔自治区 | 3 | 8 | 0 | 0 |

## （二）西北地区灾害分布演化特征

　　通过整理西北地区每年的灾害数和灾害链数，可以分析得出西北地区灾害空间分布演化特征。因为各种自然灾害类型在不同的地区、不同的年份都呈现出差异性，因此西北地区灾害和灾害链空间分布呈现出一些演化特征。西北地区自然灾害数和灾害链数在2017—2023年呈现波动性，2017、2018、2022、2023年灾害较少，而2019、2021、2022年的灾害较为频繁。这种波动性可能受到气候变化、气候事件（如厄尔尼诺现象）、地质运动等因素的影响。自然灾害空间分布演化特征受到多种因素的影响，如气候、地质、人类活动等；此外，数据质量、监测手段和统计方法等也会对结果产生影响。

# 第八章　西北地区自然灾害链实证研究

本章以第七章构建的西北地区自然灾害链案例库为基础，通过对暴雨、泥石流、洪涝、干旱、地震等多种灾害形成的灾害链进行实证研究，深入探讨了灾害链风险识别、评估与处置等关键环节。一是西北地区灾害链风险识别与情景分析。对西北地区典型灾害链进行了深入分析，识别了各类灾害之间的关联性、触发条件和潜在风险，通过构建灾害链情景，量化了不同灾害组合下的风险程度。二是基于复杂网络的西北地区暴雨灾害链风险评估与处置研究。利用复杂网络理论，构建了暴雨灾害链的网络拓扑模型，从风险概率、节点风险损失以及边的脆弱性三个方面建立灾害链风险评价模型，从关键环节和关键链条两个方面提出了具有针对性和可操作性的处置措施。三是基于贝叶斯的西北地区地震灾害链风险处置策略推演。应用贝叶斯网络，对地震灾害链进行建模，并通过概率推理，推演了不同应急措施下的地震灾害链风险演化过程。以上研究为西北地区灾害链风险管理提供了基础验证，为构建区域性的灾害链风险管理体系奠定了理论基础。研究结果表明，基于灾害链视角的风险管理能够更全面、深入地认识和应对复杂多样的自然灾害，为提高灾害链防灾减灾能力提供科学依据。

## 第一节　西北地区自然灾害链风险识别与<br>情景分析

### 一、研究背景

西北地区位于中国西北部，是一个自然环境复杂、灾害多发的地区。这里的地质条件、气候状况和生态环境都十分脆弱，容易受到各种自然灾害的影响。其中，地震、滑坡、泥石流、干旱和洪水等灾害尤为常见，且常常形成链式演化关系，给当地的社会经济带来极大的影响和损失。

西北地区的地质条件复杂，地壳活动较为频繁，因此地震灾害经常发生。由于地震的影响，山体滑坡和泥石流等灾害也常常发生。这些灾害不仅会直接威胁到当地居民的生命财产安全，还会破坏生态环境和基础设施，对当地的经济和社会发展产生负面影响。此外，西北地区的干旱和洪水灾害也较为常见。干旱是由于长时间缺水导致的，会严重影响农作物的生长和农业产量的稳定，而洪水则是因为短时间内大量降雨导致的，常常会引发泥石流、滑坡等灾害，给当地居民带来极大的困扰和经济损失。

由于西北地区的自然灾害之间常常形成链式演化关系，一次灾害的发生往往会导致其他灾害的发生，因此，研究西北地区的自然灾害链对于预防和减轻灾害的损失具有重要意义。通过对灾害链的研究，可以更好地了解各种灾害之间的联系和影响，制定出更加科学有效的防灾减灾方案，为当地居民提供更加可靠的安全保障。

## 二、研究区域概况

西北地区具体包括陕西省、宁夏回族自治区、甘肃省、青海省和新疆维吾尔自治区。由于西北地区深居内陆，远离海洋，其地形以高原和山地为主，这些因素共同作用，导致该地区降水稀少，气候极度干旱。这使得该地区形成了广袤的沙漠和戈壁沙滩景观。

西北地区冬季气温严寒而干燥，夏季高温炎热，降水稀少，且自东向西呈递减趋势。由于气候干旱，该地区的日温差和年温差都很大。这种气候特点对该地区的生态环境和人类生活产生了深远的影响。

## 三、数据来源

本节所用的自然灾害案例数据主要来源于主流新闻媒体的报道文本，比如从中国网、中国新闻网、澎湃新闻等网站获取的关于西北五省（区）的主要自然灾害及其次生灾害的报道。以干旱、旱灾、沙尘暴、暴雨、滑坡、泥石流等关键词进行新闻标题及内容检索，从中选取典型案例进行暴雨、干旱灾害链的风险本体与情景构建工作。

## 四、西北地区暴雨灾害链风险情景构建与分析

本节通过对来源于中国网、中国新闻网、澎湃新闻等网站的有关西北地区自然灾害的报道进行人工灾害链识别，构建出具有西北五省（区）特征的暴雨灾害链风险情景以及干旱灾害链风险情景。

### （一）甘肃岷县"5·10"特大暴雨山洪泥石流灾害案例详情

2012年5月10日，在甘肃西南部地区，一场局地强降水事件引发了剧烈的暴雨，

主要影响了岷县的茶埠、麻子川、闾井等地。这次降雨表现出短时间内强度大、突发性强的特点。根据数据显示，1小时内的降水量达到33.2毫米，6小时内则达到48.2毫米。

由于这场强降水，茶埠镇、麻子川乡、闾井镇、申都乡等多个乡镇的沟道山洪暴发。相关资料表明，岷县的18个乡镇均受到了冰雹暴雨和山洪泥石流灾害的影响，其中9个乡镇的供电和通信曾一度中断。灾害导致49人死亡，23人失踪，23025公顷农作物受灾，国道212线多处中断，部分群众房屋倒塌或受损，紧急转移2.93万人，多所学校设施遭到严重损害，乡镇卫生院也受到不同程度的破坏，经济损失高达68.4亿元。

## （二）暴雨灾害链风险情景构建

### 1. 自然灾害链要素提取

由上述案例文本可知，本次灾害的致灾因子要素为暴雨、山洪、泥石流，孕灾环境要素为山地地形易诱发山洪及泥石流等地质灾害，承灾体要素为位于甘肃岷县境内的人口、建筑物、交通线路、通信与电力线路设施、农作物、学校及卫生院等基础设施。

### 2. 自然灾害链属性识别

本案例的时间属性为2012年5月10日。空间属性为甘肃岷县，经度为东经104.04°，纬度为北纬34.41°。其他属性则是指灾害事件其余信息，包括灾害事件名称、灾害类型、事件结果（灾害事件灾情）。本案例事件名称为甘肃岷县"5·10"特大冰雹山洪泥石流灾害；原生灾害类型为气象水文灾害；事件结果为35.8万人受灾，因灾死亡49人，失踪23人，受伤住院治疗51人，23025公顷农作物受灾，国道212线多处中断，部分群众房屋倒塌或受损（见表8-1）。

表8-1　案例暴雨灾害链属性内容

| 属性 | | 具体内容 |
| --- | --- | --- |
| 时间属性 | | 2012.5.10 |
| 空间属性 | | 甘肃岷县，东经104.04°，北纬34.41° |
| 其他属性 | 事件名称 | 甘肃岷县"5·10"特大冰雹山洪泥石流灾害 |
| | 灾害类型 | 气象水文灾害 |
| | 事件结果 | 造成35.8万人受灾，23025公顷农作物受灾，国道212线多处中断，部分群众房屋倒塌或受损 |

### 3.灾害链节点关系识别

本案例的语义关系主要包括暴雨引发山洪［Induces（暴雨，山洪）］，山洪引发泥石流［Induces（山洪，泥石流）］；原生灾害暴雨以及次生灾害山洪、泥石流均为整个暴雨灾害链的组成部分，即［Is Part of（暴雨/山洪/泥石流，暴雨灾害链）］；暴雨、山洪、泥石流等灾害对居民生命安全、农作物、道路住房等基础设施等承灾体造成损伤〔Damages（暴雨/山洪/泥石流，居民生命安全/农作物/道路住房/基础设施）〕。在时序关系方面，如果A灾害引发了B灾害，则A灾害必然发生在B灾害之前，表示为Before（B，A），因为案例中暴雨引发了山洪，山洪又引发了泥石流，因此三种灾害之间的时序关系可表示为Before（山洪，暴雨）和Before（泥石流，山洪）。由案例内容可知，上述暴雨灾害链中的灾害与灾害之间主要具有明显的空间关系（见表8-2）。

表8-2　案例暴雨灾害链节点关系

| 节点关系 | | 内容 |
| --- | --- | --- |
| 语义关系 | 因果关系 | 〔Induces(暴雨,山洪)〕,〔Induces(山洪,泥石流)〕 |
| | 整体–部分关系 | 〔Is Part of(暴雨/山洪/泥石流,暴雨灾害链)〕 |
| | 损坏关系 | 〔Damages(暴雨/山洪/泥石流,居民生命安全/农作物/道路住房/基础设施)〕 |
| 时序关系 | | Before(山洪,暴雨),Before(泥石流,山洪) |
| 空间关系 | | 方位关系 |

**4. 自然灾害链类型分析**

通过对案例中的灾害链要素提取、属性、节点关系等进行识别，已经可以明确甘肃"5·10"特大冰雹山洪泥石流灾害案例中的灾害链为暴雨灾害链，具体表现为暴雨-山洪-泥石流。因此，可以基于本书第二章第二节中提出的直线型、同源型、圆环型、网络型的自然灾害链分类方式，将该案例中的灾害链类型判别为直线型灾害链，因为暴雨-山洪-泥石流三者之间具有明显的单向因果关系。

**5. 基于匹配规则的西北地区暴雨灾害链风险情景构建**

通过对自然灾害链要素提取、属性识别、节点关系分析及灾害链类型分析后，已经提取出完备的关于此次甘肃岷县灾害链的致灾因子、孕灾环境、承灾体以及与之相关的属性、节点关系、链式类型等风险情景因素，基于本书第二章第二节中定义好的因果规则、催生规则、作用规则对上述零散情景因素进行匹配关联后，最终构建出如图8-1所示的甘肃岷县"5·10"暴雨灾害链风险情景。

甘肃岷县"5·10"暴雨灾害链为直线型灾害链（见图8-1）。就致灾因子而言，暴雨/强降水是整个灾害链当中的原生灾害，其可能引发崩塌、滑坡、泥石流、洪水、渍涝等次生灾害。在承灾体方面，暴雨灾害链风险情景中包含多种致灾因子，会造成道路损毁、基础设施损毁、农作物减产以及人员伤亡。

从孕灾环境的角度来看，西北地区发生如图8-1所示暴雨灾害链的原因主要有以下几个方面。

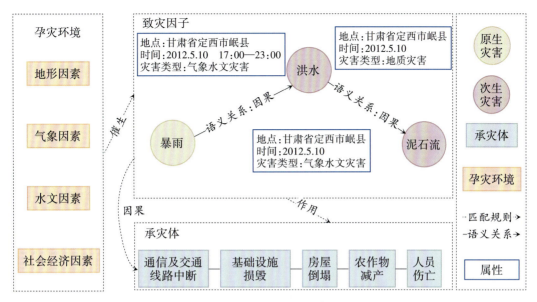

**图8-1　甘肃岷县"5·10"暴雨灾害链风险情景——直线型灾害链**

一是自然地理特征。西北地区位于我国内陆，气候总体上呈现出干燥的特点，年降水量较少且分布不均。这种自然地理特征使得该地区的土地和生态环境相对脆弱，缺乏足够的水分涵养，容易受到暴雨的侵害。在西北地区，由于其独特的自然地理特征，暴雨往往更容易引发灾害。例如，在甘肃的黄土高原，由于黄土的特殊土质性质，一旦受到暴雨的侵蚀，就容易引发严重的土壤侵蚀和地质灾害。再如，在宁夏地区，由于地表植被较少，土地荒漠化问题较为突出，一旦遭受暴雨冲刷，很容易造成土地流失和生态环境的恶化。

二是地貌特征。西北五省（区）的地貌特征复杂，山地、高原、盆地、平原等地貌单元交错分布。这种地貌特征使得该地区的暴雨容易形成山洪、泥石流、滑坡等自然灾害。这些自然灾害不仅会直接造成人员伤亡和财产损失，还会对当地的交通运输、电力通信等造成严重的影响。

三是气候变化。全球气候变化对西北五省（区）的气候也产生了影响。在全球气候变暖的大背景下，西北地区的降水量也呈现出增加的趋势。然而，这种增加的降水量往往伴随着极端天气的出现，如暴雨、洪涝等灾害的频率和强度都有所增加。这种现象对西北地区的生态环境和人类社会都带来了较大的影响和挑战。

四是城市规划不合理。西北五省（区）的城市化进程加快，但是城市规划不合理，建筑密度高，道路狭窄，排水系统不完善。在暴雨季节，这种不合理的城市规划容易导致城市内涝、交通堵塞等问题。例如，城市排水系统建设滞后，无法有效应对暴雨天气；城市建筑密度高，导致城市通风不畅、采光不足；城市道路狭窄，交通拥堵现象严重等。这些问题也会对城市的生态环境和居民生活质量产生负面影响。

## 五、西北地区干旱灾害链风险情景构建与分析

### （一）案例详情

**1. 2023年甘肃发生严重旱情，多地受灾**

2023年入汛后，西北地区遭遇持续干旱，严重影响了甘肃、内蒙古、青海和宁夏等地的农业生产和人畜饮水。干旱导致降水少、气温高，多地水库见底，农作物大面积减产，人畜饮水受到临时性影响。据统计，农作物受灾面积达到286.8万亩，牲畜面临饮水困难。据最新统计数据显示，当年甘肃的干旱灾害已经对当地造成了严重的影响。

**2. 甘肃民勤：前期异常干旱，9月出现强沙尘暴**

2023年9月6日傍晚到夜间，民勤出现了7～8级西北风，阵风最大达10～11级，同时伴有强沙尘暴，最小能见度133米，为民勤近40年来发生在9月的最强沙尘暴。

当时，民勤年沙尘暴日数达13天，仅次于2006年的14天。受拉尼娜现象后续及厄尔尼诺发展影响，2023年武威市气候非常异常，特别进入5月以后，气温持续偏高，降水持续偏少。同年5—8月，民勤平均气温23.3℃，较常年同期偏高1.7℃，为有气象记录以来同期最高。民勤降水量22.0毫米，较常年同期偏少72%，为1963年以来最少；高温日数偏多（19天），为有气象记录以来同期最多。长时间气温偏高，降水偏少，出现了严重的春旱、夏旱连伏旱，造成作物受灾。

**3. 兰州市永登县连日高温、干旱天气引起林木自燃**

2023年7月9日13时56分许，甘肃省兰州市永登县连城国家级自然保护区护林员日常巡山时，在保护区红沟内发现一处烟点。据现场勘查，该处地势陡峭，坡度约70°，一般无人员活动，初步分析判断可能因连日高温、干旱天气引起自燃。

2023年7月9日21时许，经现场作业后发现山火现场烟线长度约800米，最宽处约100米，局部有零星火点。现场指挥部考虑现场地势陡峭，情况较为复杂，于当天晚上重点开展火灾扑救的准备工作，并于7月10日凌晨5时开始依托有利天气形势组织扑救。7月10日9时50分，连城国家级自然保护区红沟内森林火场明火被扑灭，当天又发生复燃情况。经综合研判，火场总体形势可控。当日，经报请应急管理部批准，调派陕西省2架灭火直升机，于7月11日上午根据气象条件前往永登连城火场开展灭火作业。7月11日上午6时30分，7月10日复燃的一处火点明火被扑灭。截至2023年7月11日12时40分，经初步排查，此次火灾未出现人员伤亡。

### （二）干旱灾害链风险情景构建

**1.自然灾害链要素提取**

本书对西北地区3个干旱灾害案例进行了灾害链要素提取（见表8-3）。

**2.自然灾害链属性识别**

本书对西北地区3个干旱灾害案例进行了灾害链属性识别（见表8-4）。

表8-3　自然灾害链要素提取内容

| 案例 | 致灾因子要素 | 承灾体要素 | 孕灾环境要素 |
|---|---|---|---|
| 1 | 干旱、高温 | 农作物、人口以及牲畜 | 深居内陆、干旱少雨的西北地区 |
| 2 | 干旱、大风 | 农作物以及周边居民 | 降水较少、植被覆盖率低、大风天气较多的甘肃地区 |
| 3 | 干旱、高温 | 森林资源 | 干旱少雨、高温炎热且树木茂密的林地 |

表8-4　自然灾害链属性识别内容

| 案例 | 时间属性 | 空间属性 | 其他属性 |
|---|---|---|---|
| 1 | 2023年入汛以来 | 广大的西北地区,包括甘肃、青海、宁夏等省区 | 灾害类型为气象水文灾害;事件结果为农作物大面积减产,人畜饮水受到临时性影响 |
| 2 | 2023年9月6日 | 甘肃民勤地区,经度为东经103.1°,纬度为北纬38.6° | 事件名称为甘肃民勤长期干旱引起沙尘暴;灾害类型为气象水文灾害;事件结果为连续干旱,农作物受灾 |
| 3 | 2023年7月9日 | 甘肃省兰州市永登县自然保护区,经度为东经103.2°,纬度为北纬36.4° | 事件名称为7·9兰州永登山火,灾害类型为气象水文灾害;事件结果为无人员伤亡,部分树木被焚毁 |

**3.自然灾害链节点关系分析**

案例一：语义关系为干旱是该灾害链的主要组成部分，表示为［Is Part of（干旱，干旱灾害链）］；干旱对农作物生长、人畜饮用水安全造成严重威胁，表示为［Damages（干旱，农作物生长/人畜饮用水安全）］。

案例二：语义关系包括干旱引发沙尘暴，表示为［Induces（干旱，沙尘暴）］，干旱、沙尘暴为干旱灾害链的组成部分［Is Part of（干旱/沙尘暴，干旱灾害链）］，干旱和沙尘暴对居民的生命安全与农作物的生长造成威胁［Damages（干旱/沙尘暴，居民生命安全/农作物生长情况）］。在时序关系方面，由于甘肃民勤在2023年9月6日发生沙尘暴之前，其5—8月经历了长期干旱，所以干旱发生在沙尘暴之前，表示为［Before（干旱，沙尘暴）］。

案例三：语义关系主要涉及干旱引发森林火灾［Induces（干旱，森林火灾）］；干旱、森林火灾为干旱灾害链中的组成部分〔Is Part of（干旱/森林火灾，干旱灾害链）〕；干旱及火灾对保护区中的树木均造成了严重损坏〔Damages（干旱/火灾，林木资源）〕。在时序关系方面，因为案例中主要是由于长时间干旱外加高温引发了森林火灾，可表示为〔Before（森林火灾，干旱/高温）〕。

上述3个干旱灾害案例中，均未提及灾害事件间明确的空间关系，因而空间关系分析结果为None，灾害链节点关系分析内容详见表8-5。

表8-5　自然灾害链节点关系分析

| 案例 | 语义关系 | 时序关系 | 空间关系 |
|---|---|---|---|
| 1 | 〔Is Part of(干旱,干旱灾害链)〕；<br>〔Damages(干旱,农作物生长/人畜饮用水安全)〕 | None | None |
| 2 | 〔Induces(干旱,沙尘暴)〕；<br>〔Is Part of(干旱/沙尘暴,干旱灾害链)〕；<br>〔Damages(干旱/沙尘暴,居民生命安全/农作物生长情况)〕 | 〔Before(干旱,沙尘暴)〕 | None |
| 3 | 〔Induces(干旱,森林火灾)〕；<br>〔Is Part of(干旱/森林火灾,干旱灾害链)〕；<br>〔Damages(干旱/火灾,林木资源)〕 | 〔Before(森林火灾,干旱/高温)〕 | None |

**4.自然灾害链类型分析**

案例一：由于案例内容并未体现干旱引发其他次生灾害，主要描述了干旱对承灾体的影响，因而在此不对灾害链的类型进行识别。

案例二：由案例可知，甘肃民勤地区在2023年9月6日发生了干旱灾害链，具体为干旱-沙尘暴-农作物减产/居民出行困难。该灾害链为直线型灾害链，灾害事件之间具有较强的因果关系，灾害保持单向链发的演化状态。

案例三：由案例可知，兰州永登森林火灾案例中的灾害链为干旱灾害链，具体表现为干旱-森林火灾-林木资源受损。该灾害链为直线型灾害链，灾害事件之间具有较明显的因果关系，干旱与森林火灾保持单向链发的演化状态。自然灾害链类型分析的具体内容详见表8-6。

表8-6　自然灾害链类型分析

| 案例 | 灾害链内容 | 灾害链类型 |
|---|---|---|
| 1 | None | None |
| 2 | 干旱-沙尘暴-农作物减产/居民出行困难 | 直线型灾害链 |
| 3 | 干旱-森林火灾-林木资源受损 | 直线型灾害链 |

　　上述多种直线型干旱灾害链进行汇总合并后，可以发现干旱作为原生灾害，可以引发多种次生灾害，因而综合多个干旱灾害案例构建出的干旱灾害链为同源型灾害链。

**5.基于匹配规则的西北地区干旱灾害链风险情景构建**

　　经过对西北地区多个干旱灾害案例分析，通过自然灾害链要素提取、属性识别、节点关系分析及灾害链类型分析后，已经提取出完备的关于西北地区干旱灾害链的致灾因子、孕灾环境、承灾体以及与之相关的属性、节点关系、链式类型等风险情景因素，基于本书第二章第二节中定义好的因果规则、催生规则、作用规则对上述零散情景因素进行匹配关联后，最终构建出西北地区干旱灾害链风险情景（见图8-2）。由于不同案例灾害事件的属性不同，因而未在图8-2中体现属性识别内容。

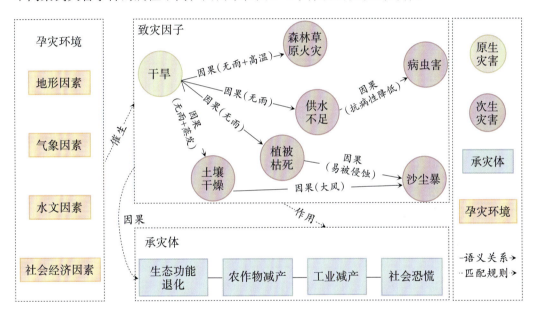

**图8-2　西北地区干旱灾害链风险情景——同源型灾害链**

　　由多案例构建的西北地区干旱灾害链为典型的同源型灾害链，干旱作为原生灾害引发了多种次生灾害，旱灾作为干旱灾害链风险情景中的原生灾害，可能会引发森林草原火灾、沙尘暴、病虫害等次生灾害。与地震、暴雨等其他灾害链风险情景不同，旱灾灾害链风险情景的承灾体一般不再是人或者各类基础设施，干旱通常不会对人们的生命安全造成威胁。而且，不同于地震、暴雨等瞬发式的自然灾害，旱灾的发生通常是一个所需时间较长的渐进式过程，某地出现干旱灾害通常会影响本地农业、工业发展及引起生活用水短缺，从而逐渐造成生态环境退化、工农业产量下降以及社会公众心理上的用水恐慌等负面影响。下面从孕灾环境和承灾体脆弱性两方面分析西北地区干旱灾害链出现的原因。

就孕灾环境而言，西北地区的大陆性气候、近年来的全球气候变化以及不合理的水资源开发利用行为是该地区干旱灾害链发生风险较高的孕灾环境因素。首先，这些地区处于内陆干旱半干旱地区，大部分地区受大陆性气候影响，降水量少，蒸发量大。这种自然地理条件是造成该地区干旱灾害链发生的主要原因。降水稀少、蒸发旺盛的气候特征使得该地区的土地和生态环境极易受到干旱的影响。以甘肃为例，甘肃位于中国西北内陆，气候干燥，降水稀少，且分布不均，这些自然地理条件加剧了该地区的干旱灾害链。其次，全球气候变化也在一定程度上影响了西北地区的气候，使得干旱灾害更加频繁。近年来，西北地区的气候变化表现出明显的暖干化趋势，这导致水资源的供需平衡被打破，增加了旱灾的风险和频率。例如，陕西气候变化导致降雨量减少，湿度降低，进一步加剧了该地区的干旱灾害链。再次，过度开发和不合理利用水资源也是造成西北地区干旱的重要原因。长期以来，由于人口增加和经济发展，对水资源的需求量日益增大，导致水资源严重短缺。同时，由于对水资源的开发和利用缺乏科学的规划和管理，也导致了水资源的浪费和枯竭。以新疆为例，该地区农业用水量大，但是水资源的利用缺乏科学的规划和管理，导致水资源短缺和浪费并存，进一步加剧了干旱灾害链的发生。

此外，承灾体脆弱性累积加重也是导致西北地区干旱灾害链发生的重要原因之一。受灾体在自然灾害的影响下表现出脆弱性，这种脆弱性的累积加重也会加剧干旱灾害链的影响。例如，植被覆盖率低、土地退化、水土流失等问题会降低土地的保水能力和抗旱能力，使得干旱灾害更容易发生并进一步恶化。以宁夏为例，该地区的土地沙漠化问题严重，植被覆盖率低，这使得该地区的干旱灾害链更为严重。同时，从历史人为因素的角度来看，过度开垦、过度放牧和过度开采水资源等行为也加剧了西北地区的干旱灾害链。历史上，这些地区的人口分布密集，经济发展滞后，对水资源的开发利用缺乏科学的规划和管理，导致了水资源的浪费和枯竭。这些行为不仅导致了土地退化和荒漠化等生态问题，也进一步加剧了干旱情况。

# 第二节　基于复杂网络的西北地区暴雨灾害链风险评估与处置研究

## 一、研究背景

近年来，西北地区暴雨灾害频发，如2010年8月12日，陇南市连续出现暴雨、大暴雨和多次强降雨过程，引发暴洪、泥石流灾害，造成33人遇难，63人失踪，229人受伤，92788人被紧急转移安置。2021年7月22日，陕西省洛南县突遭暴雨洪水袭击，多条河流水位暴涨，全县受灾严重，造成房屋倒塌121户527间、房屋损坏1485户4884间，财产损失5064.884万元。2022年7月16日，甘肃省陇南市武都区汉王镇两处沟道突发山洪，5人被冲入白龙江中，其中1人获救，4人遇难。2023年8月21日，陕西省汉中市勉县遭受大暴雨袭击，导致城区变电站主控机房进水，造成供电困难，农作物受灾面积达1146.04公顷，损坏房屋418间。这类暴雨灾害通常呈链式特征，且灾害链中原生灾害多为暴雨，各类灾害间相互关联形成暴雨灾害链。这种灾害耦合后产生的破坏性往往大于单一灾害，对当地人民的生命财产安全和可持续发展构成威胁。因此，针对西北地区的地理和气候特点，从灾害链式角度对暴雨灾害链风险进行评估，并制定相应的处置措施至关重要。

本研究首先基于新闻报道提取西北地区暴雨灾害链，构建了暴雨灾害链网络图，揭示了西北地区暴雨灾害链的时空分布特征和内在联系。其次，综合考虑风险概率、节点风险损失以及边的脆弱性三个方面，基于复杂网络理论和灾害链演化机理，建立了灾害链风险评价模型，从而对构建的网络图进行风险评估，找出了关键环节和关键链条。最后，针对风险评估结果，从关键环节和关键链条两个方面提出了具有针对性和可操作性的处置措施，包括工程措施和非工程措施，旨在降低西北地区灾害链风险，为提高西北地区灾害链应对能力提供参考。

## 二、数据采集与预处理

### （一）西北地区新闻媒体数据采集

首先，通过Python爬虫技术抓取中国网、中国新闻网、澎湃新闻等各网站中近几年自然灾害相关的新闻，筛选出其中有关西北地区的灾害链相关新闻并去除对同一灾害事件的重复报道，最终精简出典型的有关西北地区灾害链新闻85则。具体实施过程如下：

一是新闻报道数据汇总。将中国网、中国新闻网、澎湃新闻等各网站近7年的新闻报道数据进行整合与格式化，共43374个。

二是数据筛选与处理。第一次筛选剔除与自然灾害无关的以及对国外的相关新闻报道；第二次筛选剔除与灾害链无关以及非西北地区的报道；第三次筛选剔除对同一灾害的重复报道，最终得到新闻报道共85则（见表8-7）。

表8-7 新闻文本的数据清洗结果

| 网站 | 跨度/年 | 采集量/条 | 1筛/条 | 2筛/条 | 3筛/条 | 最终新闻案例/条 |
|------|---------|-----------|--------|--------|--------|------------------|
| 澎湃新闻 | 2017—2023 | 11132 | 5463 | 900 | 30 | |
| 中国网 | 2017—2023 | 13459 | 6774 | 1029 | 19 | 85 |
| 中国新闻网 | 2017—2023 | 18783 | 10556 | 1014 | 36 | |

## （二）数据预处理

### 1.数据编码

本书为每个案例进行编码处理，通过为每条灾害链设置独特的序列号，提高数据使用和操作效率。编码包括事件发生的日期、发生地点和灾害种类，编码的行政区划代码部分参考了西北地区行政区划代码，编码的最后三位代表灾害类型，参考国家标准《自然灾害分类与代码》（GB/T 28921-2012），大类由字母A-E表示，具体灾种则用两位数字表示。具体示例如图8-3所示：

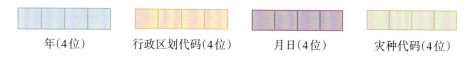

| 年（4位） | 行政区划代码（4位） | 月日（4位） | 灾种代码（4位） |

图8-3 自然灾害链编码示例

### 2.数据整合

将85则新闻报道分别按照代码、时间、地点、原生灾类、原生灾种、灾害发生情况6个要素进行汇总整理，其中陕西33则、甘肃31则、青海10则、新疆6则和宁夏5则。在这85则新闻报道中，原生灾种为暴雨的67则，为冰雹的3则，为冰雪的5则，为地震的4则，为低温的1则，为干旱的3则，为高温的2则。整理得到的部分结果见表8-8。

表8-8 西北地区自然灾害链列表

| 代码 | 时间 | 地点 | 原生灾类 | 原生灾种 | 灾害链 |
|------|------|------|----------|----------|--------|
| 2023-6107-0821-A04 | 2023年8月21日 | 陕西省汉中市勉县 | 气象水文灾害 | 暴雨 | 暴雨→电力中断 |
| | | | | | 暴雨→洪涝→农作物受损 |
| | | | | | 暴雨→道路损毁→交通中断 |
| | | | | | 暴雨→塌方 |
| 2023-6107-0822-A04 | 2023年8月22日 | 陕西省汉中市 | 气象水文灾害 | 暴雨 | 暴雨→洪涝 |

续表8-8

| 代码 | 时间 | 地点 | 原生灾类 | 原生灾种 | 灾害链 |
|------|------|------|---------|---------|--------|
| 2023-6101-0811-A04 | 2023年8月11日 | 陕西省西安市 | 气象水文灾害 | 暴雨 | 暴雨→洪涝→泥石流 |
| | | | | | 暴雨→泥石流→道路损毁 |
| | | | | | 暴雨→泥石流→通信中断 |
| 2023-6326-0811-A04 | 2023年8月11日 | 青海省果洛藏族自治州 | 气象水文灾害 | 暴雨 | 暴雨→洪涝→山体滑坡 |
| | | | | | 暴雨→洪涝→道路损坏 |
| 2023-6326-0810-A04 | 2023年8月10日 | 青海省果洛藏族自治州 | 气象水文灾害 | 暴雨 | 暴雨→洪涝→山体滑坡 |
| | | | | | 暴雨→洪涝→道路损坏 |
| | | | | | 暴雨→洪涝→人员被困 |

## 三、灾害链识别与空间分布

### （一）基于案例提取灾害链概念图

针对构建暴雨灾害链概念图，首先分别从致灾因子、孕灾环境和承灾体三个角度建立节点，其次梳理个节点之间的相互关系。这里以陕西勉县2021年8月21—23日发生的暴雨灾害为例，具体分析概念图见图8-4。

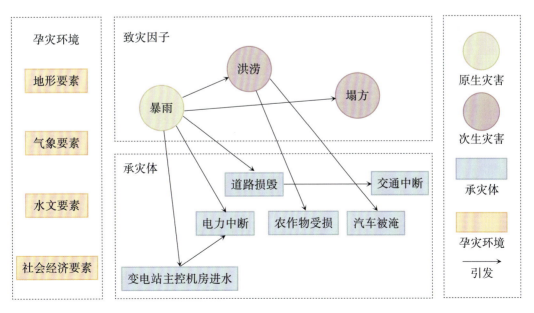

**图8-4　灾害链提取概念图**

对于这一则新闻，首先根据新闻内容提取出灾害链发生路径：暴雨→变电站主控机房进水→电力中断，暴雨→洪涝→汽车被淹，暴雨→洪涝→农作物受损，暴雨→道路损毁→交通中断，暴雨→电力中断，暴雨→塌方；原生灾害均为暴雨灾害，次生灾害有洪涝与塌方，承灾体有变电站主控机房进水、电力中断、汽车被淹、农作物受损、道路损毁与交通中断。图中箭头连接得到的关系图即为灾害链关系，以暴雨为起点，箭头依次连接各次生灾害与承灾体。

### （二）灾害词频分析

基于所提取的灾害链，进行词云分析（见图8-5）。从图8-5可以看出，西北地区发生的主要自然灾害类型有暴雨、洪涝、泥石流、滑坡等，其中暴雨灾害占比最高，其次为洪涝、农作物受损、房屋倒塌、泥石流、滑坡等灾害。

**图8-5　所提取的西北地区灾害链词云图**

## 四、基于复杂网络的西北暴雨灾害链风险评估模型

### （一）西北地区暴雨灾害链网络图构建

本书针对识别的西北地区暴雨灾害链构建网络演化图，将所提取的西北地区以暴雨为原生灾害的灾害链条整合在一起，将灾害事件作为节点，节点间的连接边代表灾害之间相互影响的情况，最终形成原生灾害为暴雨的西北地区灾害链演化网络图（见图8-6）。在针对某一地区进行实例分析时，可以针对本书此部分构建的暴雨灾害演化网络进行删减并确定关键链条，从而满足分析的需要。在图8-6中，原生灾害为暴雨，从暴雨向外直接连接的承灾体及次生灾害有农作物受损、房屋坍塌、洪涝、泥石流等；涉及承灾体的节点用矩形框表示，有农作物受损、房屋坍塌、道路损毁等。

### （二）灾害链风险概率分析

在本书中，灾害$i$和灾害$j$之间的风险概率指的是灾害$i$发生后灾害$j$发生的概率，也可称为共现率。本文用jaccard指数公式计算灾害链的风险概率。

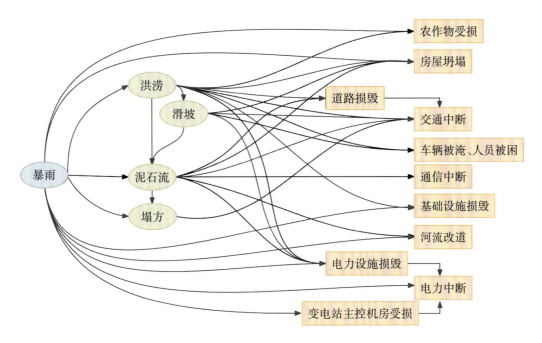

**图8-6 西北地区暴雨灾害链网络图**

$$P_{ij} = \frac{C_{ij}}{C_i + C_j - C_{ij}} \tag{8-1}$$

式（8-1）中，$P_{ij}$为$i$和$j$事件共现率，也就是若$i$灾害发生后$j$灾害也发生的概率，$C_{ij}$为$i$和$j$事件共同发生的频次，$C_i$表示提取出灾害链中事件$i$的频次，$C_j$表示提取出的灾害链中事件$j$的频次。

### （三）灾害链节点风险损失分析

依据复杂网络理论，用西北暴雨灾害链的网络节点度表示该节点处灾害事件的损失程度。其中，节点度为该节点处出度和入度之和，在无权有向的网络图中，出度为以该节点为起点的有向边数目，入度为以该节点为终点的有向边数目。

$$L_j = K_j \tag{8-2}$$

式（8-2）中，$L$表示节点$j$的风险损失，$K_j$表示节点$j$的节点度。

### （四）灾害链边的脆弱度分析

边的脆弱度是指除去灾害链网络图中的某条边后，对网络图的影响程度，边的脆弱度越大，该边产生的风险就越大。计算脆弱度公式为：

$$V_{ij} = \frac{B_{ij}L_{ij}}{H_{ij}} \tag{8-3}$$

式（8-3）中，$ij$ 指的是节点 $i$ 与节点 $j$ 之间的连接边，$B_{ij}$ 指的是边 $ij$ 的边介数，$L_{ij}$ 指的是该边的平均路径长度，$H_{ij}$ 指的是该边的连通度。

（1）边介数（$B_{ij}$）

边介数指的是网络拓扑图中，经过某条边的最短路径数目之和，计算方式为：

$$B_{ij} = \sum_{k,\ m} g_{km}(ij) \tag{8-4}$$

式（8-4）中，$g_{km}$ 为节点 $k$ 和 $m$ 之间最短路径经过边 $ij$ 的次数。

（2）平均路径长度（$L_{ij}$）

平均路径长度指的是网络图中移除边 $ij$ 后的平均路径长度，计算方式为：

$$L_{ij} = \frac{1}{N(N-1)} \sum_{k \neq m} d_{km} \tag{8-5}$$

式（8-5）中，$N$ 为网络图中的节点总数，$d_{km}$ 是节点 $k$ 与 $m$ 之间的最短距离（此时没有赋权，则相当于每条边权重为 1，最短路径即为 $k$ 和 $m$ 之间经过最少边数的路径，这条路径经过的边数就是最短距离）。

（3）连通度（$H_{ij}$）

连通度指的是在网络图中移除边 $ij$ 后可以连通的节点数占总节点数的比值，计算公式为：

$$H_{ij} = \frac{N_{ij}}{N} \tag{8-6}$$

式（8-6）中，$N_{ij}$ 为去除边 $ij$ 后，从原生灾害出发能够连通的节点个数。

## （五）灾害链综合风险评估

基于上述计算，最终确定灾害链中每一条边的风险值为节点损失、该边风险概率和脆弱度三者的乘积。以节点 $j$ 到节点 $j$ 之间的边为例：

$$R_{ij} = P_{ij} L_{ij} V_{ij} \tag{8-7}$$

式（8-7）中，$R_{ij}$ 代表节点 $i$ 与节点 $j$ 之间连接边的风险值，$P_{ij}$ 为该边风险概率，$L_j$ 为节点 $j$ 的节点损失，$V_{ij}$ 为该边脆弱度。

# 五、西北暴雨灾害链风险评估结果分析

## （一）暴雨灾害链关键节点确定

根据绘制出的西北地区暴雨灾害链网络图，确定各节点事件并用序号表示（见表 8-9）。

#### 表8-9　西北地区暴雨灾害链事件集合

| 节点序号 | 灾害事件 | 节点序号 | 灾害事件 |
| --- | --- | --- | --- |
| $x_1$ | 暴雨 | $x_9$ | 农作物受损 |
| $x_2$ | 洪涝 | $x_{10}$ | 房屋坍塌 |
| $x_3$ | 泥石流 | $x_{11}$ | 交通中断 |
| $x_4$ | 塌方 | $x_{12}$ | 车辆被淹、人员被困 |
| $x_5$ | 滑坡 | $x_{13}$ | 通信中断 |
| $x_6$ | 道路损毁 | $x_{14}$ | 基础设施损毁 |
| $x_7$ | 电力设施损毁 | $x_{15}$ | 河流改道 |
| $x_8$ | 变电站主控机房受损 | $x_{16}$ | 电力中断 |

### （二）暴雨灾害链风险概率分析

基于提炼出的西北地区灾害链案例，根据公式（8-1），得到灾害事件间的致灾率，结果如矩阵 $\boldsymbol{P}_{ij}$。风险概率值越大，代表该连接边越容易发生。

$$\boldsymbol{P}_{ij} = \begin{array}{c|cccccccccccccccc} & x_1 & x_2 & x_3 & x_4 & x_5 & x_6 & x_7 & x_8 & x_9 & x_{10} & x_{11} & x_{12} & x_{13} & x_{14} & x_{15} & x_{16} \\ x_1 & 1 & 0.7164 & 0.1622 & 0.8696 & 0 & 0 & 0.0270 & 0.0299 & 0.0843 & 0.0698 & 0 & 0 & 0 & 0.0143 & 0.0294 & 0.0270 \\ x_2 & 0 & 1 & 0.0984 & 0 & 0.0294 & 0.1379 & 0.0755 & 0 & 0.1452 & 0.2167 & 0.0204 & 0.0816 & 0 & 0.0612 & 0 & 0 \\ x_3 & 0 & 0 & 1 & 0.0385 & 0 & 0.1212 & 0.0370 & 0 & 0 & 0.0476 & 0.1000 & 0 & 0.0526 & 0 & 0.0476 & 0 \\ x_4 & 0 & 0 & 0 & 1 & 0 & 0 & 0 & 0 & 0 & 0.1000 & 0 & 0 & 0 & 0 & 0 & 0 \\ x_5 & 0 & 0 & 0.0513 & 0 & 1 & 0 & 0.0333 & 0 & 0 & 0.0217 & 0.0588 & 0.0385 & 0 & 0 & 0 & 0 \\ x_6 & 0 & 0 & 0 & 0 & 0 & 1 & 0 & 0 & 0 & 0 & 0.1034 & 0 & 0 & 0 & 0 & 0 \\ x_7 & 0 & 0 & 0 & 0 & 0 & 0 & 1 & 0 & 0 & 0 & 0 & 0 & 0 & 0 & 0 & 0.2857 \\ x_8 & 0 & 0 & 0 & 0 & 0 & 0 & 0 & 1 & 0 & 0 & 0 & 0 & 0 & 0 & 0 & 0.2222 \\ x_9 & 0 & 0 & 0 & 0 & 0 & 0 & 0 & 0 & 1 & 0 & 0 & 0 & 0 & 0 & 0 & 0 \\ x_{10} & 0 & 0 & 0 & 0 & 0 & 0 & 0 & 0 & 0 & 1 & 0 & 0 & 0 & 0 & 0 & 0 \\ x_{11} & 0 & 0 & 0 & 0 & 0 & 0 & 0 & 0 & 0 & 0 & 1 & 0 & 0 & 0 & 0 & 0 \\ x_{12} & 0 & 0 & 0 & 0 & 0 & 0 & 0 & 0 & 0 & 0 & 0 & 1 & 0 & 0 & 0 & 0 \\ x_{13} & 0 & 0 & 0 & 0 & 0 & 0 & 0 & 0 & 0 & 0 & 0 & 0 & 1 & 0 & 0 & 0 \\ x_{14} & 0 & 0 & 0 & 0 & 0 & 0 & 0 & 0 & 0 & 0 & 0 & 0 & 0 & 1 & 0 & 0 \\ x_{15} & 0 & 0 & 0 & 0 & 0 & 0 & 0 & 0 & 0 & 0 & 0 & 0 & 0 & 0 & 1 & 0 \\ x_{16} & 0 & 0 & 0 & 0 & 0 & 0 & 0 & 0 & 0 & 0 & 0 & 0 & 0 & 0 & 0 & 1 \end{array}$$

### （三）暴雨灾害链节点损失分析

基于西北地区暴雨灾害链网络图，根据公式（8-2），计算得到各点的出、入度以及损失度见表8-10。从表8-10可以看出，节点$x_1$、$x_2$、$x_3$损失度最大，其次为节点$x_5$损失度，而节点$x_{13}$损失度较小。节点的损失度越大，代表该节点灾害事件如果发生，产生的负面影响越大。

表8-10　灾害链节点损失

| 节点序号 | 出度 | 入度 | 损失度 |
|---|---|---|---|
| $x_1$ | 10 | 0 | 10 |
| $x_2$ | 9 | 1 | 10 |
| $x_3$ | 7 | 3 | 10 |
| $x_4$ | 1 | 2 | 3 |
| $x_5$ | 5 | 1 | 6 |
| $x_6$ | 1 | 2 | 3 |
| $x_7$ | 1 | 4 | 5 |
| $x_8$ | 1 | 1 | 2 |
| $x_9$ | 0 | 2 | 2 |
| $x_{10}$ | 0 | 4 | 4 |
| $x_{11}$ | 0 | 5 | 5 |
| $x_{12}$ | 0 | 2 | 2 |
| $x_{13}$ | 0 | 1 | 1 |
| $x_{14}$ | 0 | 2 | 2 |
| $x_{15}$ | 0 | 2 | 2 |
| $x_{16}$ | 0 | 3 | 3 |

## （四）暴雨灾害链连接边脆弱性分析

根据公式（8-4）计算边介数，结果如矩阵$B_{ij}$。其中，节点$x_1$到$x_2$边介数为最大值5，代表经过这条边的最短路径数目之和为5，节点$x_1$到$x_7$这条连接边的边介数为1，代表经过这条边的最短路径为1条。该值越大，代表经过这条边的最短路径数目越多。

$$B_{ij} =$$

| − | $x_1$ | $x_2$ | $x_3$ | $x_4$ | $x_5$ | $x_6$ | $x_7$ | $x_8$ | $x_9$ | $x_{10}$ | $x_{11}$ | $x_{12}$ | $x_{13}$ | $x_{14}$ | $x_{15}$ | $x_{16}$ |
|---|---|---|---|---|---|---|---|---|---|---|---|---|---|---|---|---|
| $x_1$ | 0 | 5 | 4 | 2 | 0 | 0 | 1 | 1 | 1 | 1 | 0 | 0 | 0 | 1 | 1 | 1 |
| $x_2$ | 0 | 0 | 4 | 0 | 2 | 2 | 2 | 0 | 1 | 1 | 2 | 2 | 0 | 1 | 0 | 0 |
| $x_3$ | 0 | 0 | 0 | 3 | 0 | 3 | 2 | 0 | 0 | 1 | 2 | 0 | 4 | 0 | 3 | 0 |
| $x_4$ | 0 | 0 | 0 | 0 | 0 | 0 | 0 | 0 | 0 | 0 | 2 | 0 | 0 | 0 | 0 | 0 |
| $x_5$ | 0 | 0 | 5 | 0 | 0 | 0 | 2 | 0 | 0 | 1 | 1 | 1 | 0 | 0 | 0 | 0 |
| $x_6$ | 0 | 0 | 0 | 0 | 0 | 0 | 0 | 0 | 0 | 0 | 1 | 0 | 0 | 0 | 0 | 0 |
| $x_7$ | 0 | 0 | 0 | 0 | 0 | 0 | 0 | 0 | 0 | 0 | 0 | 0 | 0 | 0 | 0 | 4 |
| $x_8$ | 0 | 0 | 0 | 0 | 0 | 0 | 0 | 0 | 0 | 0 | 0 | 0 | 0 | 0 | 0 | 1 |
| $x_9$ | 0 | 0 | 0 | 0 | 0 | 0 | 0 | 0 | 0 | 0 | 0 | 0 | 0 | 0 | 0 | 0 |
| $x_{10}$ | 0 | 0 | 0 | 0 | 0 | 0 | 0 | 0 | 0 | 0 | 0 | 0 | 0 | 0 | 0 | 0 |
| $x_{11}$ | 0 | 0 | 0 | 0 | 0 | 0 | 0 | 0 | 0 | 0 | 0 | 0 | 0 | 0 | 0 | 0 |
| $x_{12}$ | 0 | 0 | 0 | 0 | 0 | 0 | 0 | 0 | 0 | 0 | 0 | 0 | 0 | 0 | 0 | 0 |
| $x_{13}$ | 0 | 0 | 0 | 0 | 0 | 0 | 0 | 0 | 0 | 0 | 0 | 0 | 0 | 0 | 0 | 0 |
| $x_{14}$ | 0 | 0 | 0 | 0 | 0 | 0 | 0 | 0 | 0 | 0 | 0 | 0 | 0 | 0 | 0 | 0 |
| $x_{15}$ | 0 | 0 | 0 | 0 | 0 | 0 | 0 | 0 | 0 | 0 | 0 | 0 | 0 | 0 | 0 | 0 |
| $x_{16}$ | 0 | 0 | 0 | 0 | 0 | 0 | 0 | 0 | 0 | 0 | 0 | 0 | 0 | 0 | 0 | 0 |

根据公式（8-5）计算平均路径长度，结果如矩阵 $L_i$。其中，节点 $x_1$ 到 $x_2$ 的平均路径长度为 0.25，代表网络图中移除该边后的平均路径长度为 0.25，节点 $x_1$ 到 $x_3$ 这条连接边的平均路径长度为 0.2792，代表网络图中移除该边后的平均路径长度为 0.2792。该值越大，代表网络图中移除此条边后，两节点之间最短路径长度的均值越大。

$$L_i =$$

| − | $x_1$ | $x_2$ | $x_3$ | $x_4$ | $x_5$ | $x_6$ | $x_7$ | $x_8$ | $x_9$ | $x_{10}$ | $x_{11}$ | $x_{12}$ | $x_{13}$ | $x_{14}$ | $x_{15}$ | $x_{16}$ |
|---|---|---|---|---|---|---|---|---|---|---|---|---|---|---|---|---|
| $x_1$ | 0 | 0.25 | 0.2792 | 0.275 | 0 | 0 | 0.275 | 0.2667 | 0.275 | 0.275 | 0 | 0 | 0 | 0.275 | 0.275 | 0.275 |
| $x_2$ | 0 | 0 | 0.2875 | 0 | 0.2583 | 0.275 | 0.2792 | 0 | 0.2667 | 0.275 | 0.275 | 0.2792 | 0 | 0.2667 | 0 | 0 |
| $x_3$ | 0 | 0 | 0 | 0.25 | 0 | 0.2583 | 0.2583 | 0 | 0 | 0.2667 | 0.275 | 0 | 0.2417 | 0 | 0.25 | 0 |
| $x_4$ | 0 | 0 | 0 | 0 | 0 | 0 | 0 | 0 | 0 | 0 | 0.2667 | 0 | 0 | 0 | 0 | 0 |
| $x_5$ | 0 | 0 | 0.2333 | 0 | 0 | 0 | 0.2792 | 0 | 0 | 0.275 | 0.275 | 0.2667 | 0 | 0 | 0 | 0 |
| $x_6$ | 0 | 0 | 0 | 0 | 0 | 0 | 0 | 0 | 0 | 0 | 0.2667 | 0 | 0 | 0 | 0 | 0 |
| $x_7$ | 0 | 0 | 0 | 0 | 0 | 0 | 0 | 0 | 0 | 0 | 0 | 0 | 0 | 0 | 0 | 0.2417 |
| $x_8$ | 0 | 0 | 0 | 0 | 0 | 0 | 0 | 0 | 0 | 0 | 0 | 0 | 0 | 0 | 0 | 0.2667 |
| $x_9$ | 0 | 0 | 0 | 0 | 0 | 0 | 0 | 0 | 0 | 0 | 0 | 0 | 0 | 0 | 0 | 0 |
| $x_{10}$ | 0 | 0 | 0 | 0 | 0 | 0 | 0 | 0 | 0 | 0 | 0 | 0 | 0 | 0 | 0 | 0 |
| $x_{11}$ | 0 | 0 | 0 | 0 | 0 | 0 | 0 | 0 | 0 | 0 | 0 | 0 | 0 | 0 | 0 | 0 |
| $x_{12}$ | 0 | 0 | 0 | 0 | 0 | 0 | 0 | 0 | 0 | 0 | 0 | 0 | 0 | 0 | 0 | 0 |
| $x_{13}$ | 0 | 0 | 0 | 0 | 0 | 0 | 0 | 0 | 0 | 0 | 0 | 0 | 0 | 0 | 0 | 0 |
| $x_{14}$ | 0 | 0 | 0 | 0 | 0 | 0 | 0 | 0 | 0 | 0 | 0 | 0 | 0 | 0 | 0 | 0 |
| $x_{15}$ | 0 | 0 | 0 | 0 | 0 | 0 | 0 | 0 | 0 | 0 | 0 | 0 | 0 | 0 | 0 | 0 |
| $x_{16}$ | 0 | 0 | 0 | 0 | 0 | 0 | 0 | 0 | 0 | 0 | 0 | 0 | 0 | 0 | 0 | 0 |

根据公式（8-6）计算连通度，结果如矩阵 $H_{ij}$，其中，节点 $x_1$ 到 $x_2$ 的连通度为 0.8125，代表网络图中移除该边后可以连通的节点数占总节点数的比值为 0.8125，其余同理，连通度越大，代表该边相对来说造成的影响较小。

$$H_{ij} = \begin{array}{c|cccccccccccccccc}
- & x_1 & x_2 & x_3 & x_4 & x_5 & x_6 & x_7 & x_8 & x_9 & x_{10} & x_{11} & x_{12} & x_{13} & x_{14} & x_{15} & x_{16} \\
x_1 & 0 & 0.8125 & 1 & 1 & 0 & 0 & 1 & 0.9375 & 1 & 1 & 0 & 0 & 0 & 1 & 1 & 1 \\
x_2 & 0 & 0 & 1 & 0 & 0.9375 & 1 & 1 & 0 & 1 & 1 & 1 & 1 & 0 & 1 & 0 & 0 \\
x_3 & 0 & 0 & 0 & 1 & 0 & 1 & 1 & 0 & 0 & 1 & 1 & 0 & 0.9375 & 0 & 1 & 0 \\
x_4 & 0 & 0 & 0 & 0 & 0 & 0 & 0 & 0 & 0 & 0 & 1 & 0 & 0 & 0 & 0 & 0 \\
x_5 & 0 & 0 & 1 & 0 & 0 & 0 & 1 & 0 & 0 & 1 & 1 & 1 & 0 & 0 & 0 & 0 \\
x_6 & 0 & 0 & 0 & 0 & 0 & 0 & 0 & 0 & 0 & 0 & 1 & 0 & 0 & 0 & 0 & 0 \\
x_7 & 0 & 0 & 0 & 0 & 0 & 0 & 0 & 0 & 0 & 0 & 0 & 0 & 0 & 0 & 0 & 1 \\
x_8 & 0 & 0 & 0 & 0 & 0 & 0 & 0 & 0 & 0 & 0 & 0 & 0 & 0 & 0 & 0 & 1 \\
x_9 & 0 & 0 & 0 & 0 & 0 & 0 & 0 & 0 & 0 & 0 & 0 & 0 & 0 & 0 & 0 & 0 \\
x_{10} & 0 & 0 & 0 & 0 & 0 & 0 & 0 & 0 & 0 & 0 & 0 & 0 & 0 & 0 & 0 & 0 \\
x_{11} & 0 & 0 & 0 & 0 & 0 & 0 & 0 & 0 & 0 & 0 & 0 & 0 & 0 & 0 & 0 & 0 \\
x_{12} & 0 & 0 & 0 & 0 & 0 & 0 & 0 & 0 & 0 & 0 & 0 & 0 & 0 & 0 & 0 & 0 \\
x_{13} & 0 & 0 & 0 & 0 & 0 & 0 & 0 & 0 & 0 & 0 & 0 & 0 & 0 & 0 & 0 & 0 \\
x_{14} & 0 & 0 & 0 & 0 & 0 & 0 & 0 & 0 & 0 & 0 & 0 & 0 & 0 & 0 & 0 & 0 \\
x_{15} & 0 & 0 & 0 & 0 & 0 & 0 & 0 & 0 & 0 & 0 & 0 & 0 & 0 & 0 & 0 & 0 \\
x_{16} & 0 & 0 & 0 & 0 & 0 & 0 & 0 & 0 & 0 & 0 & 0 & 0 & 0 & 0 & 0 & 0 \\
\end{array}$$

最终基于以上边介数、平均路径长度和连通度的计算结果矩阵，根据公式（8-3），得到各边脆弱度如矩阵 $V_{ij}$。其中，节点 $x_1$ 到 $x_2$ 这条连接边脆弱度为1.5383，节点 $x_1$ 到 $x_3$ 这条连接边脆弱度为1.1168，脆弱度值越大，代表这条边越值得关注。

$$V_{ij} = \begin{array}{c|cccccccccccccccc}
- & x_1 & x_2 & x_3 & x_4 & x_5 & x_6 & x_7 & x_8 & x_9 & x_{10} & x_{11} & x_{12} & x_{13} & x_{14} & x_{15} & x_{16} \\
x_1 & 0 & 1.5385 & 1.1168 & 0.55 & 0 & 0 & 0.275 & 0.2845 & 0.275 & 0.275 & 0 & 0 & 0 & 0.275 & 0.275 & 0.275 \\
x_2 & 0 & 0 & 1.15 & 0 & 0.551 & 0.55 & 0.5584 & 0 & 0.2667 & 0.275 & 0.55 & 0.5584 & 0 & 0.2667 & 0 & 0 \\
x_3 & 0 & 0 & 0 & 0.75 & 0 & 0.7749 & 0.5166 & 0 & 0 & 0.2667 & 0.55 & 0 & 1.0313 & 0 & 0.75 & 0 \\
x_4 & 0 & 0 & 0 & 0 & 0 & 0 & 0 & 0 & 0 & 0.5334 & 0 & 0 & 0 & 0 & 0 & 0 \\
x_5 & 0 & 0 & 1.1665 & 0 & 0 & 0 & 0.5584 & 0 & 0 & 0.275 & 0.275 & 0.2667 & 0 & 0 & 0 & 0 \\
x_6 & 0 & 0 & 0 & 0 & 0 & 0 & 0 & 0 & 0 & 0.2667 & 0 & 0 & 0 & 0 & 0 & 0 \\
x_7 & 0 & 0 & 0 & 0 & 0 & 0 & 0 & 0 & 0 & 0 & 0 & 0 & 0 & 0 & 0 & 0.9668 \\
x_8 & 0 & 0 & 0 & 0 & 0 & 0 & 0 & 0 & 0 & 0 & 0 & 0 & 0 & 0 & 0 & 0.2667 \\
x_9 & 0 & 0 & 0 & 0 & 0 & 0 & 0 & 0 & 0 & 0 & 0 & 0 & 0 & 0 & 0 & 0 \\
x_{10} & 0 & 0 & 0 & 0 & 0 & 0 & 0 & 0 & 0 & 0 & 0 & 0 & 0 & 0 & 0 & 0 \\
x_{11} & 0 & 0 & 0 & 0 & 0 & 0 & 0 & 0 & 0 & 0 & 0 & 0 & 0 & 0 & 0 & 0 \\
x_{12} & 0 & 0 & 0 & 0 & 0 & 0 & 0 & 0 & 0 & 0 & 0 & 0 & 0 & 0 & 0 & 0 \\
x_{13} & 0 & 0 & 0 & 0 & 0 & 0 & 0 & 0 & 0 & 0 & 0 & 0 & 0 & 0 & 0 & 0 \\
x_{14} & 0 & 0 & 0 & 0 & 0 & 0 & 0 & 0 & 0 & 0 & 0 & 0 & 0 & 0 & 0 & 0 \\
x_{15} & 0 & 0 & 0 & 0 & 0 & 0 & 0 & 0 & 0 & 0 & 0 & 0 & 0 & 0 & 0 & 0 \\
x_{16} & 0 & 0 & 0 & 0 & 0 & 0 & 0 & 0 & 0 & 0 & 0 & 0 & 0 & 0 & 0 & 0 \\
\end{array}$$

## （五）各边风险值评估

基于以上计算结果，根据公式（8-7），计算得到各边风险值。风险值降序排列结果见表8-11。从表8-11可以看到 $x_1 \rightarrow x_2$ 这条边风险值最大，为11.0218，其次为 $x_1 \rightarrow x_3$，

$x_1 \rightarrow x_4$，$x_2 \rightarrow x_3$ 三条边，风险值依次为 1.8114，1.4348 和 1.1316。边的风险值越大，代表该边为控制措施的重点。

表8–11　各边风险值

| 边 | 风险值 | 边 | 风险值 |
|---|---|---|---|
| $x_1 \rightarrow x_2$ | 11.0218 | $x_3 \rightarrow x_4$ | 0.0866 |
| $x_1 \rightarrow x_3$ | 1.8114 | $x_5 \rightarrow x_{11}$ | 0.0808 |
| $x_1 \rightarrow x_4$ | 1.4348 | $x_2 \rightarrow x_9$ | 0.0774 |
| $x_2 \rightarrow x_3$ | 1.1316 | $x_1 \rightarrow x_{10}$ | 0.0768 |
| $x_7 \rightarrow x_{16}$ | 0.8286 | $x_3 \rightarrow x_{15}$ | 0.0714 |
| $x_5 \rightarrow x_3$ | 0.5984 | $x_2 \rightarrow x_{11}$ | 0.0561 |
| $x_3 \rightarrow x_6$ | 0.2818 | $x_3 \rightarrow x_{13}$ | 0.0542 |
| $x_3 \rightarrow x_{11}$ | 0.2750 | $x_3 \rightarrow x_{10}$ | 0.0508 |
| $x_4 \rightarrow x_{11}$ | 0.2667 | $x_1 \rightarrow x_9$ | 0.0464 |
| $x_2 \rightarrow x_{10}$ | 0.2384 | $x_1 \rightarrow x_7$ | 0.0371 |
| $x_2 \rightarrow x_6$ | 0.2275 | $x_2 \rightarrow x_{14}$ | 0.0326 |
| $x_2 \rightarrow x_7$ | 0.2108 | $x_5 \rightarrow x_{10}$ | 0.0239 |
| $x_8 \rightarrow x_{16}$ | 0.1778 | $x_1 \rightarrow x_{16}$ | 0.0223 |
| $x_6 \rightarrow x_{11}$ | 0.1379 | $x_5 \rightarrow x_{12}$ | 0.0205 |
| $x_2 \rightarrow x_5$ | 0.0972 | $x_1 \rightarrow x_8$ | 0.0170 |
| $x_3 \rightarrow x_7$ | 0.0956 | $x_1 \rightarrow x_{15}$ | 0.0162 |
| $x_5 \rightarrow x_7$ | 0.0930 | $x_1 \rightarrow x_{14}$ | 0.0079 |
| $x_2 \rightarrow x_{12}$ | 0.0911 | | |

## 六、暴雨灾害链断链减灾措施选择

结合以上暴雨灾害链风险评估结果，本节从关键环节断链和关键链条断链两个角度分别确定最优的断链措施。

### （一）关键环节断链

根据表 8-11 计算得出的各边风险值结果，发现前六条边风险值均大于 0.5。因此，本文选取风险值最大的前六条边作为关键环节，分别从工程措施和非工程措施两个角度提出具体措施，结果见表 8-12。

表8–12　风险值较大边的断链参考措施

| 边 | 断链措施 | |
| --- | --- | --- |
| | 工程措施 | 非工程措施 |
| 暴雨$(x_1) \to$洪涝$(x_2)$ | 1.在河流沿岸建设防洪堤，提高河道的防洪能力，防止洪水泛滥。<br>2.在适当的地方建设水库，通过调节水库水位，减轻下游地区的洪水压力。<br>3.对河道进行整治，包括清理河床、加固河岸等，提高河道的行洪能力。<br>4.在城市地区，加强排水系统的建设，确保雨水能够及时排出，防止城市内涝。<br>5.在山区，加强山洪灾害的防治工作，包括加强监测预警、建设山洪沟防洪工程等，减少山洪灾害的发生。 | 1.建立完善的洪水预警系统，及时发布洪水预警信息，提前做好防范措施。<br>2.通过宣传教育，提高公众对洪水灾害的认识和自我保护意识，使人们在灾害发生时能够正确应对。<br>3.政府和相关部门应制定详细的应急预案，明确应对洪水灾害的组织、指挥、协调、救援等具体措施，确保在灾害发生时能够迅速响应。<br>4.合理规划土地利用，避免在洪水易发区进行大规模的建设活动，减少人为因素对洪水灾害的影响。 |
| 暴雨$(x_1) \to$泥石流$(x_3)$ | 1.在易受暴雨影响的区域建设防洪工程，包括河道疏浚、堤坝建设等，减缓雨水流速，降低泥石流的危害。<br>2.对容易发生泥石流的陡峭山体进行治理，采取梯田、植被覆盖等方式，减缓坡面的侵蚀，减少泥石流的发生。<br>3.完善城市和农村的排水系统，包括排水沟、排水管道等，确保雨水能够迅速排除，减缓泥石流形成的速度。 | 1.加强社区宣传教育工作，普及泥石流知识，提高居民的防范意识，教育他们在暴雨来临时如何安全撤离。<br>2.定期组织社区居民进行泥石流灾害的演练，包括疏散逃生、急救等应对措施，提高居民的应急响应水平。<br>3.建立社区联防机制，组织社区居民参与巡逻、监测，及时发现险情，协助相关部门做好防范工作。 |
| 暴雨$(x_1) \to$塌方$(x_4)$ | 1.在工程建设前，进行详细的地质勘察，了解地质构造和土壤特性，为设计合理的工程结构提供依据。<br>2.设计合理的排水系统，确保雨水能够及时排出，避免积水对土壤造成过大的压力。<br>3.根据地质勘察结果，设计合理的支护结构，如挡土墙、抗滑桩等，以支撑土壤，防止塌方。<br>4.在施工过程中，加强监控，确保支护结构和施工安全，及时发现并解决潜在的问题。 | 1.建立完善的暴雨预警系统，及时发布预警信息，提醒相关人员采取防范措施。<br>2.定期对可能发生塌方的区域进行巡查监测，发现异常情况及时采取措施。<br>3.加强相关人员的培训与教育，提高他们对塌方灾害的认识和防范意识。<br>4.制定详细的应急预案，明确应对塌方灾害的流程和方法，确保灾害发生时能够迅速作出反应。 |

| 边 | 断链措施 | |
| --- | --- | --- |
| | 工程措施 | 非工程措施 |
| 洪涝($x_2$)→泥石流($x_3$) | 1.建设水库和堤坝可以调蓄雨水，减缓洪水的流速，降低泥石流的危险性。<br>2.完善排水系统，包括排水沟、排水管道等，以及排水沟的疏通和清理，确保雨水能够迅速排除。<br>3.对于易发生泥石流的陡峭坡面进行加固和治理，采用梯田、植被覆盖等方式来减缓坡面的侵蚀。 | 1.加强植被保护，在山坡上种植耐旱、根系发达的植物，以保持水土，降低泥石流发生概率。<br>2.加强公众对泥石流灾害的认识，教导居民在遇到泥石流时如何采取适当行动，以及如何预防和减轻泥石流的危害。<br>3.制定和执行相关政策和法规，规范土地利用和开发行为，防止过度开采和破坏自然环境。 |
| 电力设施损毁($x_7$)→电力中断($x_{16}$) | 1.优化电力设施的设计，提高其可靠性和耐用性。例如，使用高质量的材料和现代化的技术来建设更稳定的电力设施。<br>2.为关键电力设施建立备份系统，以确保在主系统发生故障时，备用系统能够及时接管并继续供电。 | 1.提供针对电力设施操作和维护的培训和教育，提高工作人员的专业技能，使其能够更有效地应对电力设施的突发故障。<br>2.制定并执行定期维护和检查计划，确保电力设施始终处于良好的运行状态。包括定期检查设备、清理周边环境、更换磨损部件等。 |
| 滑坡($x_5$)→泥石流($x_3$) | 1.对已经发生的滑坡进行治理，采用加固、护坡等措施，减缓滑坡发展的速度，降低泥石流的形成概率。<br>2.在易发滑坡的区域进行植被恢复工程，通过植被的根系来稳固土壤，减缓水土流失，降低泥石流风险。<br>3.在滑坡易发区域设置防洪沟，用以引导雨水流向安全区域，减少对滑坡的冲刷作用。<br>4.对潜在滑坡区域的坡面进行加固，可以采用梯田、挡土墙等工程手段，提高坡面的稳定性。 | 1.制定合理的土地利用规划，避免在潜在滑坡区域进行大规模建设，减少人员和财产的损失。<br>2.加强对居民的宣传教育，提高他们的地质灾害防范意识，让他们了解滑坡的危害以及应对措施。<br>3.对于易发滑坡区域的农业活动进行规范，避免过度开垦和植被破坏，减少土壤侵蚀。<br>4.定期组织居民参与滑坡灾害的应急演练，提高他们的自救和互救能力。 |

## （二）关键链条断链

依据公式（8-7），对西北地区暴雨灾害链网络图中各条边计算风险值，并将所有链的风险值降序排序呈现于图8-7。

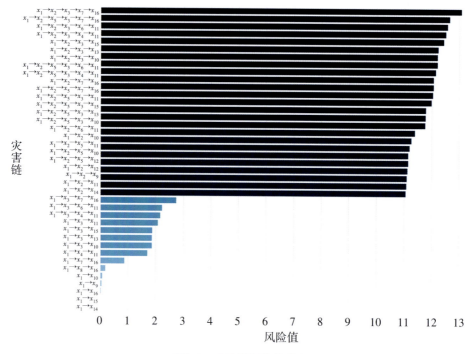

**图8-7 灾害链风险值排序**

从图8-7可以看出，前25条链的风险值较大，普遍在10以上，因此选取风险值排名前25的链进行重点分析。首先，前25条链均为暴雨灾害导致洪涝灾害，进而产生其他灾害，因此应采用孕源断链的策略，从源头上减缓暴雨洪涝灾害的发生，具体措施可以考虑如下几点：

（1）在城市规划中，充分考虑排水系统的设计和建设，确保城市排水系统畅通，避免积水成灾。

（2）增加城市的绿化覆盖，提高土壤的保水能力，减少地表径流，降低暴雨引发的洪涝灾害。

（3）在河流、湖泊等水域周边修建防洪堤坝、水泵站等工程，防止水位上涨引发洪水。

其次，在前25条重点链中，出现频率最高的是暴雨-洪涝-泥石流这一部分灾害链，次高的是暴雨-洪涝-滑坡和暴雨-洪涝-滑坡-泥石流，因此暴雨-洪涝-泥石流应为重点防范的链条，即发生洪涝灾害后，应重点防范泥石流这一次生灾害。

最后，灾害链作用的承灾体中，造成电力中断的风险是最大的，其次是交通中断和河流改道，因此应重点关注灾害链对电力系统、交通和河流的影响。例如，选择抗冲击能力强、防水性能好的电力设备和材料，提高设备的抗灾能力；在电力设施周围设置防护设施，如挡土墙、排水沟等，以减轻泥石流对设备的直接冲击等。

## 七、小结

本节基于复杂网络理论构建灾害链网络图风险评估模型，依据构建的模型对西北地区暴雨灾害链网络图进行实证研究，得到灾害网络图各边风险值。通过对中国网、中国新闻网、澎湃新闻等网站近7年新闻报道数据进行采集与清洗，提取出其中关于西北五省（区）灾害链的报道，涉及典型新闻报道的事件85起，最终汇总整理为西北地区自然灾害链数据集。分析了西北地区灾害链的词频与空间分布，结合其演化特征，构建了西北地区暴雨灾害链网络图，直观展现了西北地区自然灾害与其他灾害之间的相互作用。基于风险评估结果，分别从关键环节断链和关键链条断链两个角度提出具体的处置措施。首先，将各边风险值进行排序，针对风险值前六的关键环节提出相应的工程措施与非工程措施；其次，计算整条链的风险值并降序排序，以风险值最大的25条链作为重点链条进行措施分析。本书分析结果和提出的策略可为政府相关政策和规划制定提供参考，有助于提高西北地区自然灾害链的风险防范与处置能力。

# 第三节　基于贝叶斯的地震灾害链
# 风险处置策略推演研究

## 一、西北地区地震灾害链

### （一）西北地区"地震–滑坡"灾害链概况

我国西北地区大多是高原山地，海拔较高，河流切割深度大，地壳运动变化剧烈，地质构造和地层复杂。尽管地震并不经常发生，但其破坏力极大。由于地震的突发性和链式反应，地震造成的灾害后果通常十分严重且广泛。每当地震灾害发生后，往往会引发一系列连锁反应，形成明显的灾害链现象。地震不仅能引发滑坡、崩塌、喷砂冒水等灾害，还能破坏生命线和生产线。例如，1995年7月，甘肃永登发生了5.8级的地震，震中烈度达到Ⅷ度。尽管震级并不高，但裂度在Ⅵ度以上的地区仍出现了滑坡、崩塌、地裂缝等次生灾害，导致成千上万间房屋被毁坏，1万多人无家可归，直接经济损失达7132万元人民币[①]。

---

① 贾慧聪、王静爱、杨洋，等：《关于西北地区的自然灾害链》，《灾害学》2016年第1期，第72-77页。

我国西北地区的地震主要分布在甘肃河西走廊、青海、宁夏以及天山南北麓。同时，新疆地震构造区也是西北地区的强震多发区之一。这一现象与新生代挤压型盆地及其间的造山带运动密切相关。准噶尔盆地和塔里木盆地相对较为稳定，而天山、阿尔泰山则表现出强烈的隆起，地震多发生在山区与平原交界处。地震断层大多呈东西或北西走向，其中北西及北北西走向的断层多以挤压兼右走滑为主。西北地区的黄土高原区也是多地震区，自宁夏的石嘴山、银川，到中宁、中卫，一直延伸至海原、甘肃天水，形成了著名的南北地震带的北段。此外，祁连山、天山、阿尔泰山以及帕米尔高原等地也是强震多发区，历史上曾遭受过严重的震害。在新疆西部地区，如乌恰、喀什、伽师等县市，地震发生频率较高。以乌恰县为例，自1949年以来，共发生了8次5级以上的地震，其中包括2次7级以上的地震。此外，青海的共和县、兴海县和杂多县也多次遭受地震的破坏。

## （二）数据来源

本节收集了2003—2023年我国西北地区发生的19个典型地震案例。由于震级较小的地震灾害影响的范围和造成的损失较小，因此，本次选取的地震案例震级均大于5.0级。此外，我们从相关期刊、年鉴、澎湃新闻、中国网、中国新闻网等国内权威新闻网站上使用关键词检索标题和正文收集案例数据，完善地震案例中灾害发生地点、滑坡、伤亡人数等信息。

# 二、西北地区地震灾害链的贝叶斯模型的建立

## （一）贝叶斯模型介绍

### 1.贝叶斯定理

贝叶斯定理是概率论中的一项基本原理，用于在已知一些先验信息的情况下，通过新的证据来更新对事件概率的估计。它由18世纪的数学家托马斯·贝叶斯（Thomas Bayes）提出，后来由皮埃尔-西蒙·拉普拉斯（Pierre-Simon Laplace）进一步发展。在一般情况下，事件A在事件B已经发生的条件下发生的概率与事件B在事件A已经发生的条件下发生的概率是不同的。它可以表示为：

$$P(A|B) = P(B|A) \times P(A) / P(B) \tag{8-8}$$

其中，$P(A|B)$表示在事件B发生的条件下，事件A发生的概率（后验概率），$P(B|A)$表示在事件A发生的条件下，事件B发生的概率（似然性），$P(A)$表示事件A的先验概率，即在没有B的信息时，我们对A发生的概率估计，$P(B)$表示事件B的先验概率。

**2.贝叶斯网络**

贝叶斯网络是一种融合概率统计和图论的模型，以有向无环图的形式呈现，包含表示不同变量的节点以及连接这些节点的有向边。这些节点对应与问题相关的随机变量，而有向边则表达了变量之间的依赖关系。每个节点都携带其随机变量的概率分布表，其中根节点包含边缘分布，非根节点则包含条件概率分布表。贝叶斯网络通过其推理原理和强调节点依赖关系的特性，生动展示了灾害链中各致灾因子以及承灾体失效模式之间错综复杂的相互关系。此外，贝叶斯网络充分利用条件概率表达父节点与其后代节点之间的定量关系的特点，能够有效计算灾害链风险损伤概率。

基于构建的突发事件贝叶斯网络，将突发事件的演化过程抽象为网络中相关变量之间影响传递的过程。在该网络中，任何变量都可能通过某种方式影响其相关变量，而受影响的变量状态随之改变，进而进一步影响其他相关变量，如此循环推动事件的演化。通过利用历史数据或领域先验知识获取网络中变量间影响的条件概率和联合概率分布，当已知部分输入变量和状态变量取值信息时，以其作为证据变量，以网络中其他变量为目标变量，运用贝叶斯网络推理来更新目标变量的概率信息，获得目标变量的后验概率分布。这种方法可以实现突发事件演化趋势的预测，确定事件可能引发的结果及其可能性程度。当贝叶斯网络将新的观察结果作为证据时，通过比较先验概率和后验概率，可以确定对事故贡献最大的关键因素。本书所构建的贝叶斯网络可以实现对每个单元发生事故的先验概率和后验概率进行比较，从而确定对灾害链效应影响最大的节点。贝叶斯网络的另一个优点是考虑了共因失效和条件概率。与传统的风险评估方法相比，这些特性使贝叶斯网络更加灵活。目前，贝叶斯网络已经广泛应用于风险分析、可靠性分析和安全分析等各个领域。

## （二）贝叶斯模型构建

贝叶斯模型的建立主要包括以下几个步骤：首先，在建立模型前，需要收集分析事件的主要风险因素，确定其大致的因果关系。其次，确定贝叶斯网络的节点，基于案例研究和专家判断，确定贝叶斯网络节点变量及其状态分类。借鉴情景分析理论，确定了具体的节点变量，进一步确定各个节点变量之间的关联性，建立起贝叶斯网络结构。最后，确定所有节点的条件概率。在这一步骤中，可以利用专家评分法确定贝叶斯网络节点的条件概率。

**1.贝叶斯网络结构建立**

贝叶斯网络的构建方法主要有两种：一种是基于专家经验知识的构建；另一种是基于历史统计数据分析的构建。此外，还有一种方法是基于历史统计数据分析，并同时结合专家知识来确定节点及节点之间的因果关系。

（1）专家知识法

这一方法依赖于专家的知识和经验，通过专家的意见获得节点及节点之间的关系，以及各个节点的条件概率。然而，这种方法存在较大的主观性，专家选择过程中可能与实际情况不符，或与实际情况相去甚远，从而无法充分反映客观事实。

（2）数据训练法

数据训练法通过特定的算法对数据进行训练，从而获得网络结构。这种方法需要大量的数据支持进行网络学习，当数据量增大时，得到的结构也会变得更为复杂。

（3）综合分析法

首先依靠专家构建贝叶斯网络的初始结构，然后使用部分样本进行学习，剔除那些影响较小的节点或关系，以使得网络结构更加合理。

以上三种方法各有优缺点，综合分析法综合了前两种方法的优点，使得网络结构相对更为合理。所以，本节选用综合分析法，通过对历史事件的分析，并结合专家知识，绘制出贝叶斯网络。经过对我国西北地区典型"地震–滑坡"灾害事件进行案例研究和综合分析，并参考相关调查报告，提取了 12 个情景要素作为我国西北地区"地震–滑坡"灾害链贝叶斯网络的节点变量（见图 8-8）。

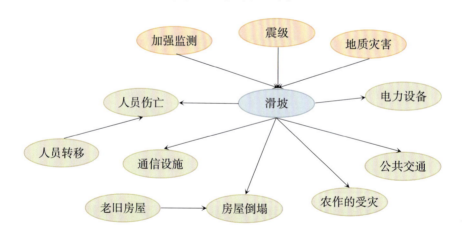

**图 8-8　西北地区"地震–滑坡"灾害链贝叶斯网络结构图**

**2.贝叶斯网络各节点的状态取值及条件概率分布**

基于上文已建立的网络结构确定了网络参数，即各节点的状态取值及条件概率分布。其中，各节点的状态取值如表 8-13 所示。

在构建了"地震–滑坡"灾害链贝叶斯网络结构并确定了节点的条件概率后，本节使用 Genle 软件进行贝叶斯网络的推理计算。本书所构建的贝叶斯网络共有 12 个节点，每个节点都用一个小方块表示，在软件中创建贝叶斯网络节点关系和各节点状态取值，把确定的节点和条件概率输入到 GeNIe 软件中，从而构建了完整的贝叶斯网络。得到

表8–13 西北地区"地震–滑坡"灾害链贝叶斯网络节点及状态取值

| 节点 | 描述 | 取值 |
|------|------|------|
| 震级 | $M<6,6{\leqslant}M<7,7{\leqslant}M<8.5$ | 1、2、3 |
| 地质灾害 | 极少、极多 | 1、2 |
| 加强监测 | 无、有 | 1、2 |
| 人员转移 | 无、有 | 1、2 |
| 老旧房屋 | 少、多 | 1、2 |
| 滑坡 | $0、(0{\sim}10]、(10{\sim}]10^4\ \mathrm{m}^3$ | 1、2、3 |
| 人员伤亡 | $[0{\sim}10]、(10{\sim}100]、(100{\sim}]$ | 1、2、3 |
| 房屋倒塌 | 少、多 | 1、2 |
| 公共交通 | 无/轻微破坏/破坏/严重破坏 | 1、2、3、4 |
| 农作物受灾 | 无/轻微破坏/破坏/严重破坏 | 1、2、3、4 |
| 电力设备 | 无/轻微破坏/破坏/严重破坏 | 1、2、3、4 |
| 通信设施 | 无/轻微破坏/破坏/严重破坏 | 1、2、3、4 |

带条件概率表的初始贝叶斯模型如图8-9所示，图中的数字代表了贝叶斯网络中各节点状态的概率（%）。

**3.Brier检验**

为了验证所建立的贝叶斯推理模型的准确性，本节利用该模型对2013年甘肃岷县"地震–滑坡"灾害链进行了推理预测。设置在灾害发生时已存在的证据变量概率为1。根据灾情资料数据，将震级和地质灾害作为已知证据变量输入贝叶斯网络模型，利用因果推理求得此时目标变量所有状态的后验概率。选取后验概率最大的值作为预测值，并将预测值与实测值进行对比。结果显示预测值与实测值基本一致。此外，利用Brier方法计算的$B$值为0.383，小于0.6，表明基于贝叶斯网络构建的灾害链推理模型具有较好的预测准确性，可用于后续的研究（见表8-14）。

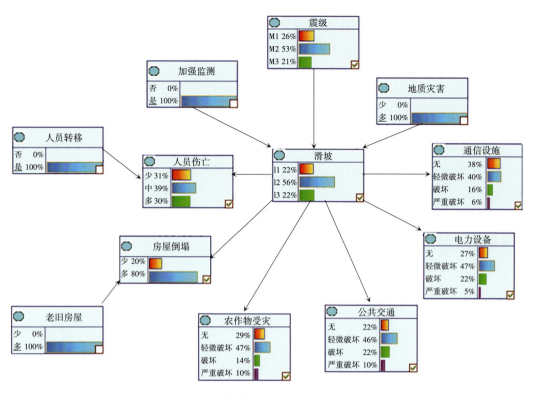

图8-9　西北地区"地震–滑坡"灾害链状态概率结果图

表8-14　西北地区"地震–滑坡"灾害链贝叶斯网络节点推理结果

| 节点 | 状态取值 | 后验概率 | 实际值 |
|---|---|---|---|
| 震级 | $M<6,6{\leqslant}M<7,7{\leqslant}M<8.5$ | $(0,1,0)$ | $6{\leqslant}M<7$ |
| 地质灾害 | 极少、极多 | $(0,1)$ | 极多 |
| 加强监测 | 无、有 | $(0,1)$ | 有 |
| 人员转移 | 无、有 | $(0,1)$ | 有 |
| 老旧房屋 | 少、多 | $(0,1)$ | 多 |
| 滑坡 | $0$、$(0{\sim}10]$、$(10{\sim}]10^4\,\mathrm{m}^3$ | $(0.15,0.60,0.25)$ | $[0{\sim}10]$ |
| 人员伤亡 | $[0{\sim}10]$、$(10{\sim}100]$、$(100{\sim}]$ | $(0.29,0.40,0.31)$ | $[100{\sim}]$ |
| 房屋倒塌 | 少、多 | $(0.19,0.81)$ | 多 |
| 公共交通 | 无/轻微破坏/破坏/严重破坏 | $(0.27,0.48,0.15,0.11)$ | 轻微破坏 |
| 农作物受灾 | 无/轻微破坏/破坏/严重破坏 | $(0.18,0.47,0.24,0.11)$ | 轻微破坏 |
| 电力设备 | 无/轻微破坏/破坏/严重破坏 | $(0.24,0.49,0.22,0.05)$ | 轻微破坏 |
| 通信设施 | 无/轻微破坏/破坏/严重破坏 | $(0.37,0.41,0.16,0.06)$ | 轻微破坏 |

## 三、西北地区地震灾害链风险评价

在我国西北地区，由于黄土多孔隙、弱胶结的结构特性，故而有着特殊的物理力学性质，天然状态下强度较高，如遇水浸湿或遭受中强地震，黄土的结构性就会被显著破坏，从而导致严重的地质灾害或者工程病害现象的发生。黄土高原地区沟壑纵横，地形地貌复杂，新构造活动强烈，强震频发，地震烈度在Ⅵ度以上地区面积达33.51万平方千米，与黄土有关的滑坡地质灾害十分频繁。

为探究地质灾害的影响，本小节只改变表8-18中"震级"和"地质灾害"这两个节点的先验概率，其他节点先验概率保持不变，分别得出"震级"为"$M<6$""$6{\leqslant}M<7$""$7{\leqslant}M<8.5$"时，在地质灾害发生较少和地质灾害发生较为频繁的地区，"滑坡""人员伤亡""房屋倒塌""公共交通""农作物受灾""电力设备""通信设施"等节点的状态概率结果，并基于此结果作出分析。

在"加强监测"状态为"无"、"老旧房屋"为"多"、"人员转移"状态为"无"，在地质灾害发生较少的地区，在震级$M<6$时，不同等级滑坡发生的概率分别为0.50、0.35、0.15；在震级$6{\leqslant}M<7$时，不同等级滑坡发生的概率分别为0.33、0.47、0.20；在震级$7{\leqslant}M<8.5$时，滑坡发生的概率分别为0.15、0.55、0.30。而在地质灾害发生较为频繁的地区，滑坡发生的概率也比较高，在震级$M<6$时，不同等级滑坡发生的概率分别为0.30、0.50、0.20；在震级$6{\leqslant}M<7$时，不同等级滑坡发生的概率分别为0.10、0.55、0.35；在震级$7{\leqslant}M<8.5$时，不同等级滑坡发生的概率分别为0.06、0.45、0.49。相对而言，地质灾害频发地区的地震更容易造成规模较大的滑坡。

在不同地质条件下，地震灾害链对"人员伤亡""房屋倒塌""公共交通""农作物受灾""电力设备""通信设施"等节点状态概率造成的影响也有一定的差距。在"加强监测"状态为"无"、"老旧房屋"为"多"、"人员转移"状态为"无"，在地质灾害发生较少的地区，在震级$M<6$时，不同人员伤亡发生的概率分别为0.29、0.35、0.37；在震级$6{\leqslant}M<7$时，不同人员伤亡发生的概率分别为0.25、0.35、0.40；在震级$7{\leqslant}M<8.5$时，不同人员伤亡发生的概率分别为0.20、0.35、0.45。而在地质灾害发生较为频繁的地区，在震级$M<6$时，不同人员伤亡发生的概率分别为0.24、0.35、0.41；在震级$6{\leqslant}M<7$时，不同等级滑坡发生的概率分别为0.19、0.35、0.47；在震级$7{\leqslant}M<8.5$时，不同等级滑坡发生的概率分别为0.16、0.35、0.49。由此可知，不在同的地质条件下，当"震级"由低到高变化时，"人员伤亡"节点状态为[0～10]的概率越来越低，为[100～]的概率越来越高；相比而言，在地质灾害发生较为频繁的地区，"人员伤亡"节点状态概率变化的幅度更大。

其他节点状态概率的具体数值不再列出。总体来说，在不同的地质条件下，当"震级"由低到高变化时，"房屋倒塌"节点状态为"少"的概率越来越低，为"多"的概率越来越高；"公共交通"节点状态为"无"的概率越来越低，为"破坏"的概率越来越高；"农作物受灾"节点状态为"无"的概率越来越低，为"轻微破坏"和"破坏"的概率越来越高；"电力设备"节点状态为"无"的概率越来越低，为"轻微破坏"和"破坏"的概率越来越高；"通信设施"节点状态为"无"的概率越来越低，为"轻微破坏"和"破坏"的概率越来越高。此外，相比而言，在地质灾害发生较为频繁的地区，上述节点状态概率变化的幅度更大。

## 四、风险处置策略选择

由于地震滑坡具有发生时间短、威力大、范围广的特点，因此地震滑坡预防就显得尤为重要，提前预防或进行治理，能最大程度地减少滑坡灾害对人身和财产造成的损害。为了分析断链措施，本节主要从弱势环节断链减灾，详细分析"加强监测""人员转移""老旧房屋"节点对于"地震-滑坡"灾害链的影响，推理比较灾害链中节点的概率差异。

### （一）加强监测

在地震发生后，要加强对滑坡等易发生地质灾害区域的监测，以提前发现地质灾害的迹象，使居民和相关部门有充足的时间做好紧急疏散和防范措施，从而减少人员伤亡和财产损失。为评估加强监测对"地震-滑坡"灾害链的影响，在图8-10中，"地质灾害"状态为"多"，"人员转移"状态为"无"，改变"加强监测"节点先验概率，得出对不同震级下的"滑坡""人员伤亡""房屋倒塌""公共交通""农作物受灾""电力设备""通信设施"节点状态的概率结果（见图8-10至图8-12）。

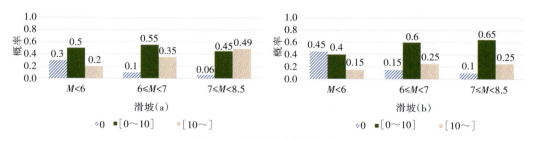

**图8-10 滑坡节点状态概率**

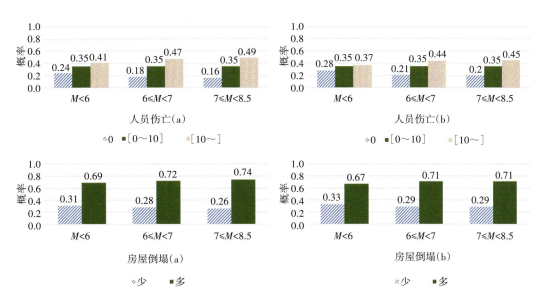

图8-11 "人员伤亡"和"房屋倒塌"节点状态概率

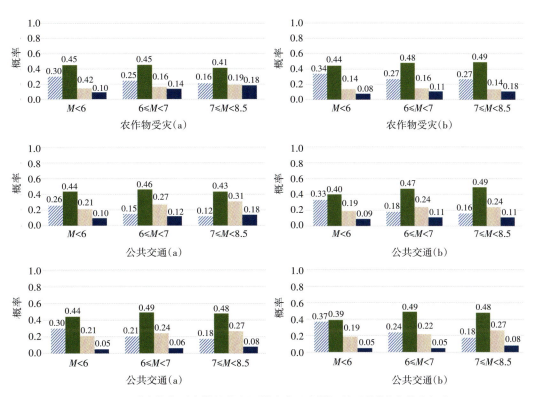

图8-12 "农作物受灾""公共交通""电力设备""通信设施"节点状态概率

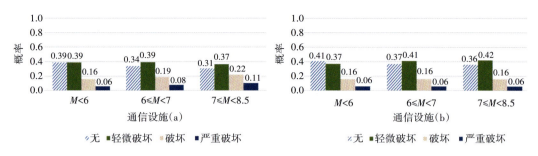

续图8-12

注：图8-10至图8-12，在不同震级下，（a）为"加强监测"，节点状态为"无"，（b）为"加强监测"，节点状态为"有"。

通过图8-11可以得出，"加强监测"节点对不同震级下的"滑坡"节点概率有一定影响。震级从"$M<6$"到"$6\leq M<7$"再到"$7\leq M<8.5$"，"加强监测"状态为"有"对比"加强监测"状态为"无"时，"滑坡"节点状态为"0"的概率更高，且"滑坡"节点状态为"［10～］"的概率更低。如在震级$6\leq M<7$时，"加强监测"节点为"无"和"有"，对应的"滑坡"节点状态为"0"的概率分别为0.1和0.15，而对应的"滑坡"节点状态为"［10～］"的概率分别为0.35和0.25。加强对地质环境脆弱地区的监测能够降低滑坡发生的概率，在震级较低时，能够减少滑坡发生的概率；在震级较高时，能够降低发生大规模滑坡的概率。

通过图8-11和图8-12可以得出，"加强监测"对不同震级下的"地震-滑坡"灾害链造成的结果有一定影响。"人员伤亡"为"无"和"房屋倒塌"为"少"的节点概率更高，"农作物受灾""公共交通""电力设备""通信设施"节点状态为"无"的节点概率更低。如在震级$6\leq M<7$时，"加强监测"节点为"无"和"有"，对应的"人员伤亡"节点状态为"［0～10］"的概率分别为0.18和0.21，"农作物受灾"节点状态为"严重破坏"的概率分别为0.14和0.11。

## （二）人员转移

地震诱发的高位滑坡具有体积规模大、破坏性强、发展迅速等特点，此外，地震在高烈度黄土地区造成的滑坡通常分布密集[1]。除了需要加强对地震灾害造成的次生灾害的监测，还需要制定其他防灾减灾措施。为了评估人员转移对"地震-滑坡"灾害链造成后果的影响，图8-13展示了"地质灾害"节点状态为"极多"，"加强监测"节点状态为"有"，在不同地震强度下，是否采取人员转移措施对"人员伤亡"节点概率的

---

[1] 陈永明、石玉成：《中国西北黄土地区地震滑坡基本特征》，《地震研究》2006年第3期，第276-280页。

影响变化。

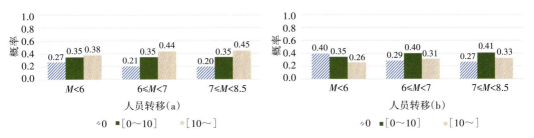

**图8-13　"人员伤亡"节点状态概率**

注：在不同震级下，(a) 为"人员转移"，节点状态为"无"，(b) 为"人员转移"，节点状态为"有"。

通过图8-13可知，在不同"人员转移"状态下，三种震级造成"人员伤亡"后果的概率差异，可以发现其余节点状态不变的情况下，随着震级从"$M<6$"增大至"$7 \leqslant M < 8.5$"，"人员转移"节点状态为"是"对应的"人员伤亡"状态为"［0～10］"的概率始终高于"人员转移"节点状态下对应的概率，且"人员转移"节点状态为"是"对应的"人员伤亡"状态为"［10～］"的概率始终低于"人员转移"节点状态下对应的概率。此外，值得注意的是，随着震级变大，不同"人员转移"节点状态下"人员伤亡"概率分布差异在缩小。

## （三）老旧房屋

地震灾害链的承灾体主要为房屋、乡村道路、输电线路、通信等设施，地震除了导致了滑坡等一系列衍生灾害，这些灾害进一步导致了房屋倒塌、道路倒塌等事件，使得地震灾害的危害范围进一步扩大。因此，地震灾害链引起的房屋、道路等承灾体损毁值得重视。本节主要将地震灾害链影响区域内老旧房屋的数量，用于衡量区域内房屋承灾体的易损度，图8-14展示了"地质灾害"节点状态为"极多"，"加强监测"节点状态为"有"，"人员转移"节点状态为"有"，不同地震强度下，"老旧房屋"节点状态对"房屋倒塌"节点概率的影响变化。

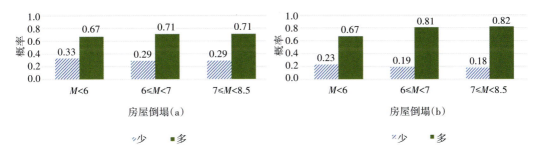

**图8-14　"房屋倒塌"节点状态概率**

注：(a) 为"加强监测"，节点状态为"无"，(b) 为"加强监测"，节点状态为"有"。

通过图 8-14 可知，"老旧房屋"节点设置为"少"，震级在"$M<6$""$6\leqslant M<7$""$7\leqslant M<8.5$"下，"房屋倒塌"为"多"的发生概率分别为 0.67、0.71、0.71；"老旧房屋"节点设置为"多"，震级在"$M<6$""$6\leqslant M<7$""$7\leqslant M<8.5$"下，"房屋倒塌"为"多"的发生概率分别为 0.77、0.81、0.82。由此可见，震级至"$7\leqslant M<8.5$"，"老旧房屋"节点为"多"，"房屋倒塌"为"多"的概率最高，相比之下，"老旧房屋"节点为"少"、"房屋倒塌"为"多"的概率较低，因此，为了降低"地震-滑坡"灾害链造成的损失，可以从房屋的加固和修缮入手。

### （四）风险处置策略建议

依据以上西北地区"地震-滑坡"灾害链贝叶斯网络分析结果，发现西北地区"地震-滑坡"灾害链是环境、诱发因素等综合作用的结果，脆弱的地质条件是造成西北地区"地震-滑坡"灾害链频发的重要原因。基于此，本节主要结合弱势环节断链减灾，针对早期孕育阶段和中期孕育阶段提出了以下几条建议。

**1.开展平时巡逻，震时加强监测**

在未发生地震时，应对地表环境脆弱、易发生地质灾害区域开展定期巡逻，并开展相关工作，减少滑坡发生风险，包括对山体做好加固工作，坡面使用土工格栅，在山体下部设置挡土墙和抗滑桩等。在发生地震后，应对易发生滑坡区域开展网格化密切监测，并关注已经发生滑坡的区域是否有泥石流等其他次生灾害的发生。

**2.预测震区地震活动趋势，震前提前开展人员转移**

在预测震区地震活动趋势方面，借助大数据分析和人工智能技术，可以对地震发生的概率和可能的影响范围进行全面评估。地方政府应针对易发生地质灾害地区，提前制定应急预案，包括安排人员转移和调配相关资源，定期完成预案演练，保障民众的生命财产安全。

**3.震前开展老旧房屋修缮，保持基础设施日常维护**

加强地质脆弱区域老旧房屋的结构稳固性，提高房屋建筑整体抗灾能力，使其更加具备应对自然灾害的能力。此外，还应当持续进行基础设施的日常维护工作，包括道路、桥梁、通信设施等方面的设施维护，可以大幅降低地震发生时建筑物和基础设施的损害程度，从而降低灾害造成的人员伤亡和财产损失。

因为黄土质地疏松，而西北黄土地区多山多震，所以西北地区"地震-滑坡"灾害链一旦发生，造成的影响十分严重。未来应加强对西北地区孕灾环境、承灾体、灾情及灾害链过程的基础研究，要发展灾害信息智能化、实时化处理技术，提升动态监测与准确分析能力，建立适合西北地区地质灾害应急服务技术体系，以满足西北地区复杂地质环境及灾害链过程的应急任务需求。

## 五、小结

贝叶斯网络作为一种建模和推理工具，其构建的拓扑结构可用于定性分析灾害节点之间的因果关系。目前，贝叶斯网络已用于暴雨灾害链、地铁灾害链的相关研究中，用于构建情景推演模型，但是，研究主要集中在特定某一事件的单一灾害风险预警上，模型的条件概率也多来源于专家打分法，这导致构建的模型的通用性较差。本书首先构建了西北地区"地震–滑坡"贝叶斯灾害链推理模型，提出了西北地区"地震–滑坡"灾害链模型的 12 个要素，采用专家打分法和案例数据结合的方法计算网络节点的条件概率。接着利用 GeNIe 软件推算出灾害节点状态概率，并以 2013 年甘肃岷县"地震–滑坡"为例，通过 Brier 检验的方法验证了模型的可靠性和可行性。然后主要从地质灾害的角度，对西北地区"地震–滑坡"灾害链进行了风险评价。最后，在对灾害链中节点的概率差异进行推理比较的基础上，结合弱势环节断链减灾策略，针对早期孕育阶段和中期孕育阶段提出了相关建议。

# 第九章 西北地区自然灾害链
# 风险管理路径

从第八章西北地区自然灾害链实证研究结果可以看出，当前我们面临的灾害链风险日益严峻，其不仅在成因和演化关系上更为复杂，其所造成的负面后果和不利影响也远超过传统的单一灾害风险，使得传统的灾害风险管理模式已无法满足新形势下的复合灾害链风险治理需求。面向西北地区自然灾害链的复杂特征与实际管理需求，需要从组织、技术和机制三个维度进行优化，探索自然灾害链风险管理模式形成和发展的实践路径。

## 第一节 灾害链风险管理的逻辑转向

在全球步入高度不确定性的"风险社会"之际，风险的形态已从孤立的单一风险跃迁为错综复杂的复合型、灾害链式风险，这一转变深刻地刻画了现代社会的风险图景。灾害链风险，作为多重致灾因子交织并发的产物，其本质在于多种风险事件的同时发生及相互作用，形成了一系列更为严峻、连续的灾害链事件。随着研究的深入，灾害风险的概念边界不断拓展，涵盖了系统崩溃、事件级联、交互影响及耦合叠加等多重维度，催生了诸如系统风险（Systemic risks）、级联风险（Cascading risk）、相互作用风险（Interacting risk）、相互关联风险（Interconnected risk）、多重灾害（Multiple hazards）、跨界风险（Transboundary crises）、灾害链（Disaster chain）及复合风险（Compound risks）[①]等多元化理论框架，且共同指向了风险形态从单一向多元的根本性转变，揭示了"灾害链风险"的核心内涵。相较于单一风险，灾害链风险在成因的叠加性、过程的非线性、后果的系统性以及影响范围的跨域性等方面均展现出显著的新特征，使得风险治理面临前所未有的挑战。

在此背景下，灾害风险治理的焦点逐渐转向应对复合链式风险的挑战。一是风险演化链条的延伸，衍生出"次生风险""二次伤害"等风险危机串联的灾害链条，并以

---

① Pescaroli G., Alexander D., "Understanding Compound, Interconnected, Interacting, and Cascading Risks: A Holistic Framework," *Risk Analysis* 38, no.11 (2018): 2245-2257.

一种"出人意料"的方式冲击常态的社会运转体系；二是极端风险与社会系统的深度融合，加剧了风险事件与社会脆弱性、文化信仰、民众生计等因素的相互作用，引发了对风险沟通、政府信任、社会公平正义等议题的关切；三是风险事件与技术系统的交互作用，特别是自然灾害与基础设施、生产设备的结合，放大了风险的"互联因果链"效应，同时低水平的风险应对技术也加剧了风险对社会的潜在冲击；四是多个极端事件的同时叠加成为可能，超极端事件的频发考验着公共组织的极限应对能力。

灾害链风险的涌现，不仅加剧了风险危机的复杂性，也促使风险治理体系与应对策略的根本性变革。面对耦合叠加的复合风险，风险评估与预警的难度加大，风险沟通的有效性受限，组织行动的优先级难以明确，传统风险治理模式的碎片化与结构性脆弱性问题愈发凸显。因此，以风险威胁为中心的单一管理模式显得力不从心，亟须探索新的风险治理路径，以应对复合型和灾害链风险带来的挑战。

# 第二节　灾害链风险管理的技术实现路径

## 一、自然灾害链风险管理的技术赋能潜力

自然灾害链风险对人类社会的可持续发展构成了重大威胁，如何有效规避、预测及应对这些风险，始终是学术界与实务界共同关注的焦点。与此同时，数字技术的迅猛发展与广泛应用，为自然灾害链风险管理的认知、理论、方法乃至实践带来了深刻的变革，有望实现对海量、多元、动态数据的即时、精确分析与智能化预测，进而强化风险识别、风险评估及风险控制等关键环节，挖掘数字技术在全面防范与化解自然灾害链风险方面的巨大潜力。

首先，数字技术可显著提升灾害链风险识别的准确性与监测预警的及时性。通过传感器、遥感设备、数据库等多种技术手段，能够获取丰富的多源异构灾害数据，进而深入分析并识别潜在的自然灾害链风险演化路径。不仅实现了对自然灾害领域潜在原生灾害风险的实时监测与动态追踪，还能够对难以察觉的次生灾害风险进行演化分析与研判，从而揭示出潜在问题与隐性风险，确保风险识别及预测的自动化、精确化与科学化。同时，数字技术的应用极大提高了风险监测预警的精确度，特别是通过专业化的数字技术手段，我们能够自动识别并解译受灾地区的影像信息，进而提升对自然灾害链引起的公共建筑与设施、交通状况、人群密集度等关键社会要素的监测能力，为挽救生命、减少损失提供有力支持。

其次，数字技术推动了灾害链风险评估的科学化与精细化。一方面，通过采集物理空间、社会空间、信息空间中的复杂动态数据，我们实现了从传统静态平面数据采集向动态立体数据采集的转变，为基于数字技术的风险评估奠定了坚实基础。另一方面，利用神经网络、决策树、深度学习等先进的人工智能模型与算法，我们能够深入挖掘多维数据的潜在价值，进行关联分析、倾向性判断、聚类分析、模式识别及趋势预测等灾害链风险评估工作。此外，可视化技术的应用使得评估结果更加直观易懂，有助于决策者快速发现灾害链事件情景状态与演化关系，准确判断灾害链风险的可能性与级链关系，便于应急管理人员更好地理解与接受评估结果。

最后，数字技术实现了灾害链风险控制的精准化与高效化。数字技术能够融合致灾因子、人流分布、行动轨迹、实时路况、卫星影像等多种数据源，进行在线实时数据的集成、挖掘与可视化分析，从而显著提升自然灾害链风险决策的效率与准确性。决策方式也从传统的"经验判断"转变为"数据支撑"，从"预测-应对"转向为"情景-应对"，融合了经验洞察、实时数据分析与仿真推演等多重结果，实现了决策方式的转型升级。例如，在应对自然灾害时，数字技术能够为实时追踪灾害扩散路径、预测灾害发展趋势和为可能受灾对象提供有力支持，有助于剖析灾害链风险的形成机理与演化关系，为自然灾害链风险管理决策提供系统性的参考依据。同时，数字技术的可视化、可量化、全息化、智能化及交互化等特点，也使得自然灾害链风险处置策略更加精准有效，能够根据风险演化态势动态调整孕源断链等干预策略，确保处置措施更具针对性与可操作性。

## 二、合理制定自然灾害链风险管理中的数字技术应用战略

在自然灾害链风险管理体系中，数字技术扮演着引领技术创新与全局规划的关键作用。因此，制定一套科学合理的自然灾害链风险管理数字技术应用战略至关重要。它将有力推动数字基础设施在自然灾害重点区域的战略部署，加速数字技术在自然灾害防控关键领域的创新应用，以及促进数字技术与数据资源的跨部门高效协同。在全球范围内，各国政府正高度重视大数据技术在政府治理中的潜力，并纷纷出台国家级大数据发展战略，如美国的《大数据研究与开发计划》与《联邦大数据研究与开发战略计划》、澳大利亚的大数据国家战略及公共服务大数据政策、法国的《数字化路线图》等。我国自党的十八届五中全会首次提出"国家大数据战略"以来，国务院于2015年发布了《促进大数据发展行动纲要》，标志着大数据正式上升为国家战略，随后于2017年实施了《大数据产业发展规划（2016—2020年）》。然而，这些宏观战略与政策虽已明确大数据技术的应用目标与路径，但在自然灾害链风险管理这一特定领域，

仍需结合领域特性与风险治理的不同阶段，深入探讨并制定更为精细化的关键技术应用战略。

尽管当前大数据技术已在交通安全、食品安全、环境保护、网络安全、能源保障、反恐防暴、跨境犯罪打击及自然灾害预警等多个公共安全领域初步展现其应用价值，但这些应用仍显得相对分散，尚未形成一个高度集成、协同作战的技术生态系统，缺乏统一的战略规划与指导。因此，数据驱动的自然灾害链风险管理不能仅仅停留于大数据技术的单一应用，而应推动"管理理念革新+大数据技术突破+业务流程优化+体制机制改革"的四位一体综合变革，遵循数字化、协同化、智慧化的实施路径，强化跨部门、跨系统、跨地域、跨层级的无缝协作，全面整合自然灾害相关部门的数字化资源、技术、理念与战略，为自然灾害链风险管理体系和治理能力现代化转型提供助力。

此外，自然灾害链风险管理中的数据技术应用战略制定是一项涉及技术研发、人才培养、社会组织协同与机制构建的综合性工程。新美国安全中心（CNAS）强调，技术战略应全面覆盖研发投资、人力资源、基础设施、技术优势保护、技术规范与标准，以及创新友好的监管框架等核心要素，并遵循积极主动、开放包容、全民参与、灵活适应、持续迭代、国际合作等六大原则[①]。同时，美国信息技术促进灾害管理委员会在其《促进灾害管理：信息技术在减缓、准备、响应和恢复阶段的角色》研究报告中，针对信息技术战略如何有效支撑公共危机管理战略的实施，提出了十项具体建议[②]，包括充分利用现有技术资源或调整政策流程以快速提升危机应对能力；通过中央政府搭建的多学科研究平台，充分挖掘关键技术潜力；中央政府与危机管理各方共同制定并动态更新技术研发规划；实施多元化的技术应用策略，如扩大商业技术应用、推广开源软件与标准开放性成果；加强危机管理部门与技术供应商的紧密合作；将危机应对能力融入应急管理部门的日常操作系统，确保在非常规与危机条件下系统的应急响应效能；采用成本效益分析指导技术投资决策；利用独立评估机制评估信息技术在危机管理中的实际效果、经验教训与最佳实践；培养兼具危机管理与信息技术专业知识的复合型人才；建立并维护由ICT技术专家、危机管理学者与实践者组成的协同合作网络等。

---

① 唐璐、张志强：《新美国安全中心"美国国家技术战略"报告剖析及启示》，《图书与情报》2022年第1期，第49-56页。

② National Research Council, *Improving Disaster Management: The Role of IT in Mitigation, Preparedness, Response, and Recovery*（National Academies Press, 2007）。

# 三、推进数字技术与公共安全风险治理的有效融合

## （一）数字技术与自然灾害链风险识别的融合

在数字化时代，智能设备、传感器、物联网及遥感设备的广泛应用，使得自然环境的微妙变化与人类社会的各种活动均得以被详尽记录与量化。这些持续生成并累积的数据，为深入剖析并识别潜在的自然灾害链风险提供了宝贵的资源。借助数字技术的多源数据采集、高效运算处理、交互式可视化，以及模拟仿真、情景推演、深度学习等先进手段，我们得以对自然灾害、事故灾难等领域的潜在风险进行系统性的挖掘与预判。因此，将数字技术的优势融入自然灾害链风险识别中，构建创新的风险识别理论与方法，是推动自然灾害链风险管理现代化、智能化的关键路径。

首先，全面识别自然灾害链风险数据。利用数字技术，我们可以对自然灾害链风险相关的数据进行全方位、立体式、多层次的采集。以地质灾害风险识别为例，随着监测设备的普及，地质结构、水文条件等关键信息变得"透明"与"可知"，为准确识别地质灾害风险提供了坚实基础。其次，基于风险数据进行深入分析与趋势预测。数字技术使我们能够对自然灾害链风险数据进行多角度、深层次的挖掘与分析，从而更全面、精准地洞察灾害链风险演化规律与发展趋势。最后，有效识别特定类型的自然灾害链风险。通过深入挖掘与关联分析，我们可以更准确地识别和预测特定类型的自然灾害链风险事件，如通过分析气象数据、地形地貌数据等，预测暴雨引发的山洪、泥石流等灾害链的发生概率与影响范围。

## （二）数字技术与自然灾害链风险评估的融合

在自然灾害链风险识别的基础上，我们需充分利用数字技术构建完善的风险评估体系，对风险源、脆弱性、应对能力等进行全面评估。将数字技术融入自然灾害链风险评估的关键环节，实现前瞻性的灾害链风险评估与预防管理。首先，利用数字技术方法对风险源的灾害性进行解构与分析，评估其影响范围及概率。通过深入挖掘与分析收集到的信息与数据，我们可以利用数字智能系统对识别到的风险进行量化评估，从而更准确地分类、分级风险。其次，优化升级风险评估指标体系。在传统风险评估指标体系的基础上，利用机器学习等算法对风险受体的物理脆弱性、社会脆弱性等进行更精准的评估。例如，结合遥感影像数据、社交媒体数据等，构建更全面的脆弱性评价指标体系。最后，全面评估应对能力。利用数字技术的信息获取与大规模计算优势，我们可以对自然灾害链风险管理部门的监测、预警、响应能力及其所有可用资源

进行全面评估，为制定有效的风险应对策略提供支持。

### （三）数字技术与自然灾害链风险控制的融合

在自然灾害链风险识别与精准评估的基础上，制定并实施有效的风险控制方案至关重要。数字技术与风险控制的融合为这一目标提供了强大的赋能潜力。首先，基于风险数据制定风险决策方案。利用数字技术建模、推演灾情信息等已成为风险决策的重要前提。通过实验计算各种策略的可能后果，我们可以帮助决策者制定最优或满意的决策方案。例如，利用数字技术预测不同响应措施下的灾害发展趋势，为政府提供科学的决策依据。其次，形成风险处置最佳策略组合。数字技术不仅可以在应急物资调配、人员疏散等方面发挥重要作用，还可以通过精准定位、人群感知等技术手段提高救援效率与响应速度。例如，利用数字技术开发的防疫健康码可以高效识别个体风险并进行精准管控，提高防疫效率。最后，落实风险处置措施。风险处置措施的执行是风险控制的关键，通过明确的目标、清晰的职能任务、得当的处置方法与可感知的处置效果，我们可以确保风险处置措施的有效实施。

### （四）数字技术与自然灾害链风险沟通的融合

风险沟通贯穿自然灾害链风险管理的全过程，是风险治理的核心能力之一。然而，受多种因素影响，风险沟通面临诸多挑战。从技术角度出发，将数字技术的可视化、交互化、自动化优势融入风险沟通的全生命周期，是提升风险沟通效果、解决风险沟通难题的有效途径。利用数字技术开发有效的风险沟通工具，如协作式风险地图、社交平台辟谣模块等，可以显著提高公众的风险意识与应对能力，确保在灾害发生前、中、后都能进行有效的风险沟通。

# 第三节　灾害链风险管理的组织实现路径

## 一、自然灾害链风险协同管理的现实困境

### （一）协同理论

组织间的协同合作是当代管理发展的必然趋势。协同理论[①]指出，系统内部各组成部分或子系统间的协同作用决定了系统能否发挥出协同效应；当各部分协同得当，系统的整体性将能得到优化。在系统内部，人、组织、环境等子系统及其相互间的协调配合，共同围绕既定目标高效运作，能够产生超越个体总和的协同效应。反之，若系统内部存在相互制约、离散、冲突或摩擦，将导致管理系统的内耗增加，各子系统难以发挥应有功能，整个系统可能陷入混乱状态。美国管理学家切斯特·巴纳德强调，正式组织的协作系统包含协作意愿、共同目标、信息联系与沟通三大基本要素。自20世纪90年代以来，面对社会公共事务日益复杂化、动态化和多元化的挑战，世界各国开始探索政府、企业、社会组织与公民之间跨部门协同的机制与模式。协同治理（Collaborative Governance）作为个人、公共与私人机构共同处理事务的多种方式组合，是一个调和不同利益主体冲突、促进联合行动的持续过程。它既包括具有法律效力的正式制度与规则，也涵盖促进协商与和解的非正式制度安排。公共事务的协同管理使管理主体能够跨越公共机构、政府层级以及政府、私人与市民社会的界限，从而实现公共管理目标。

协同管理作为多元主体协调互动以实现公共事务管理的制度安排，正逐渐成为解决自然灾害链风险管理问题的重要途径。传统的自然灾害风险管理模式往往依赖于单一主体的"孤军奋战"，即不同灾害风险由不同的治理主体分别应对，各主体间互动有限，业务隔离。然而，在风险社会时代，自然灾害风险呈现复合链式效应，其复杂性以及政府专业能力与资源的有限性，要求政府必须联合其他治理主体进行合作治理。一方面，自然灾害致灾因子间的耦合性日益增强，风险相互关联、交叉，并形成由致灾因子、孕灾环境与承灾体构成的复杂系统。系统内部风险因素不断耦合、叠加与演化，在时间与空间上连续扩展，导致风险威胁性扩大并产生级联效应。在此背景下，

---

[①] 赫尔曼·哈肯：《协同学：大自然构成的奥秘》，上海译文出版社，2005。

治理主体之间容易出现职责不清、越位与错位的现象，难以规范履行职责。另一方面，政府、社会、企业与公众等单一主体在面对自然灾害链风险时，由于专业知识、可用资源、应对能力等的限制，制约了其对自然灾害链风险管理的有效性，甚至导致其管理低效或"失灵"。具体表现为：基于传统"人治"理念管理风险社会的公共危机，使政府陷入两难境地；基于现行官僚体制管理风险社会的公共危机，形成"有组织地不负责任"的局面；基于垄断式管理模式管理风险社会的公共危机，使政府力不从心[①]。

对于灾害链风险管理来说，人们已普遍认识到，风险的应对不仅仅是政府或某一机构的责任，而是需要公私等多元主体的协同治理。2017年，国际风险管理理事会（IRGC）对风险管理框架进行了补充修订，强调了利益相关方在全流程上的参与及社会政治文化背景对风险管理的影响，突出了多元治理主体与治理对象的共生关系。在风险管理中引入不同的利益相关者（Stakeholder）参与治理过程，使政府部门间、政府与非政府组织等能够有效地协同解决公共风险问题。因此，对于作为自然灾害链风险管理核心主体的政府而言，这意味着金字塔式的"命令-控制"等级结构被打破，也标志着整个社会治理结构从"中心-边缘"的线性结构向多中心的网络结构转型。协同管理成为化解单一主体应对自然灾害链风险"失败"或"失灵"的基本路径。

传统的科层制提倡通过精细的专业分工来增强协同效率，但这要求组织管理者具备高度的能力与丰富的资源，这在当前复杂多变的灾害链治理环境中往往难以实现。自然灾害链风险的复杂性、紧密关联性和高度不确定性，使得跨部门、跨公私领域以及跨地域的灾害风险问题频繁出现。同时，多元治理主体间资源禀赋的差异决定了它们之间的相互依赖，这意味着需要动员多元化的社会力量，实现多层次的协同合作。尽管政府在自然灾害风险管理中发挥着主导作用，但它无法替代其他社会主体所具备的独特功能与优势[②]。

## （二）现实困境

在自然灾害链风险管理的实践中，我们面临着政府内外部以及跨界协同的现实困境。

### 1.政府内外部协同的困境

首先，协同治理主体间对灾害链风险事件的认知和理解存在差异，这种差异源自

---

[①] 金太军:《政府公共危机管理失灵:内在机理与消解路径——基于风险社会视域》,《学术月刊》2011年第9期,第5—13页。

[②] 范如国:《复杂网络结构范型下的社会治理协同创新》,《中国社会科学》2014年第4期,第98—120页。

不同的专业领域和利益考量。这种价值差异性会直接或间接地影响协同治理的行动效能，即使各方达成了协同治理的共识，原有的价值差异仍会增加跨域协同治理的难度。其次，政府内外各主体在协同定位上存在不准确的问题，且协同过程中容易出现脱节。例如，在应对某些自然灾害时，不同部门基于自身政策目标在不同环节承担相关职能，但缺乏有效的协同机制，导致监管体系在政策实践中互不套嵌，层层失守。最后，政府内外部主体缺乏统筹协调的保障机制。各职能部门自行规划、设计、建设的信息资源形成了"信息孤岛"，缺乏资源共建共享的制度保障①。同时，企业参与灾害链风险管理的相关法律法规不健全，削弱了企业的参与意愿。公众参与方面，由于政府缺乏透明度，导致公众参与所需信息不足，公众参与意识不强，制度供给不足，难以激发公众的参与热情。

**2.政府跨界的协同困境**

政府跨界协同主要面临地理上跨行政区域边界、层级上跨行政层级边界以及功能上跨职能部门边界的挑战。这使得建立在科层制基础之上、以"一案三制"为基本框架的自然灾害风险管理模式面临一定的治理困境。从行政区域上看，由于资源要素的流动性增强，局部风险容易演化为全域系统性风险。然而，政府在诸多公共领域实行属地管理原则，导致相互推诿、协调困难的现象频发。从层级上看，自然灾害链的高度不确定性和复杂性使得单靠某一行政层级的政府难以应对。而我国政府的分级负责原则限制了基层政府有效履行主体责任的能力。从功能上看，自然灾害链风险的演变规律呈现出多层次特征，具有较强的涟漪效应和溢出效应。因此，仅靠单一职能部门无法实现对自然灾害链风险的有效应对。目前，政府相关部门的分类管理实际上表现出综合协调的权威性不足。

## 二、自然灾害链风险协同治理的发展路径

自然灾害链风险协同治理的核心在于数据协同与治理结构的协同。因此，构建起从数据割据迈向数据共享，以及从风险治理的孤立状态转向协同状态的机制，显得尤为关键。这需要我们打造一个具备多元复合功能的协同治理信息平台，旨在消除跨部门、跨领域（区域）、跨层级政府间信息系统壁垒，实现与社会相关主体信息系统的对接与融合，从而促进整体性、系统性协同治理行为与机制的形成与实现。

---

① 曾宇航:《大数据背景下的政府应急管理协同机制构建》,《中国行政管理》2017年第10期,第155-157页。

## （一）数据协同：从数据垄断到数据开放的数据共治之路

随着自然灾害链风险数据的不断累积，不同治理主体在数据资源储备量上的差异日益明显，逐渐形成"数据堰塞湖"，导致各主体间的数据难以互通。为了解决这一问题，我们需要建立统一的自然灾害链风险数据支撑体系，制定数据开放标准，实现风险数据的共享、风险识别、风险评估与预案制定等，以构建一体化的自然灾害链风险大数据生态。在此过程中，我们可以在2021年、2022年的地方应急管理信息化建设实施指南、建设任务书及系列标准规范等文件基础上，将自然灾害链风险识别、评估预警以及应急决策系统纳入全国和地方应急信息化系统建设考量中，从试点建设到复制推广来实现自然灾害链风险管理系统的应用落地。针对目前自然灾害链风险治理主体间的"数据孤岛"现象严重的问题，我们应建立数据及信息共享平台，统一数据共享、开发以及利用的标准，通过统筹衔接和区块结合的方式，强化数据的整合、互通和共享能力。同时，我们应推动跨部门、跨区域、跨层级、跨系统的数据交换与共享，形成全流程、全覆盖、全模式、全响应和全共享的自然灾害链风险大数据管理与服务机制。

首先，政府部门之间的数据共享可以通过规范政府数据共享标准、建设统一的政府大数据中心等方式来实现自然灾害链的数据协同。一方面，应建立自然灾害链数据共享目录、共享规则，并明确平台数据的权利体系等，以推动公共数据与不同自然灾害监测数据跨部门、跨区域、跨行业的安全高效共享；另一方面，应加快构建全国一体化大数据中心体系，强化算力统筹与智能调度，建设若干国家枢纽节点和大数据中心集群。

其次，政府、市场、社会三者之间的数据共享、开发与应用可以通过政府开放数据、建立数据交易机制等方式来解决。数据共享不仅是组织协作问题，也是交易行为的一种表现。因此，应建设数据要素全国统一大市场，以构建新发展格局为基础支撑和内在要求。在共享数据的方式及类别上，应由短业务链向长业务链逐渐推进整合数据共享链，以逐级实现数据共享向更广领域与更深业务的拓展。例如，杭州城市数据大脑项目就体现了政府、企业、社会之间合作协同的典范。

最后，政策法规是推进治理主体数据开放的制度保障。针对当前政府数据开放中存在的"不愿、不敢、不公"以及"不会、不快、不优"等问题，应通过完善政策法规的方式予以化解。这包括建构包含物质激励与精神激励相结合原则、避风港原则、违法归责原则、免费原则、同等开放原则的法律制度，以及包含自由参与原则、"三分"原则（分类、分级、分域）、元数据共享原则、完整性原则、一致性原则的法律制度等。目前，全国已有多个地方制定了专门针对数据开放的政策法规，为自然灾害链风险领域的数据开放提供了有益借鉴。在此基础上，应结合自然灾害链风险领域的特点，细化并明确风险大数据的开发共享政策体系。

## （二）组织协同：从部门分割到多元主体联动的转型路径

面对复杂多变的自然灾害链风险事件，政府与社会多方主体的紧密合作变得不可或缺。在这一合作过程中，信息及数据的共享是贯穿始终的关键环节，其共享程度直接关乎风险治理的成效。为了建立起治理主体间的充分沟通协调机制，确保各主体间形成顺畅的协作与交换关系，进而形成跨部门、跨地区、跨层级的信息流动常态化机制，需要在面对自然灾害链风险时相互协作，打通自然风险治理的"最后一公里"，从而跨越业务隔离，迈向协作共治的治理模式。为此，我们应以协同治理理论与整体治理理论为指引，借助政府部门改革，特别是应急管理部的组建这一契机，采取系统化的整合策略，构建起统一领导、权责一致、权威高效、多元合作的自然灾害链风险治理模式。这包括强化应急管理部等相关部门的综合协调职能，搭建自然灾害链风险治理的区域合作平台（如数据共享平台、风险沟通平台等），以及建立自然灾害链风险治理的府际合作激励问责机制等。

首先，政府部门应提升自身的组织能力，通过大数据管理局等"枢纽型机构"来促进跨部门的数据共享与业务协同。

其次，我们需要明确自然灾害链风险治理主体的定位与分工。自然灾害链风险治理要求多元主体在职责分明的基础上形成协同治理机制，确保各级各类主体的分工与定位清晰明确。同时，应调动并整合所有数据资源，按需分配给各类主体，以确保资源分配的合理性与组织间的协作程度，从而提升协同的成熟度。此外，还应建立由政府、社会组织、公众三个层次构成的公共风险协同机制与平台，它们之间各有分工、互相依存、协调一致。其中，各级党委的领导是自然灾害链风险治理的根本保障，政府的负责是前提条件，社会的协同是重要依托，而公众的参与则是基础所在。

再次，我们需要加强自然灾害链风险协同治理主体的专业化建设。这主要体现在主体自身的专业化程度上，如数据科学、应急管理、地球科学等领域人才的培养。一方面，我们应建立具有多学科背景的人才库，将大数据专业领域的专家人才引进到风险管理及各类灾害应急管理领域；另一方面，我们应大力培养自然灾害链风险/应急管理的专业人才队伍，以使自然灾害链风险治理更加科学化、专业化。同时，我们需要建立科学的人才选拔机制与完善的培训制度，为组织成员提供长效的培训机制与有针对性的培训内容。

最后，自然灾害链风险治理还需要在治理理念、制度保障及监督机制等方面营造多元主体的协同环境。这包括重塑政府自然灾害链风险治理理念，培育其他主体参与风险决策的能力，以及建立多元主体协同治理监督及绩效机制等。在自然灾害链风险协同治理过程中，为避免多元主体因逐利而丧失公信力的道德风险，我们需要建立第三方的监管机制，加强在风险决策治理过程中的责任界定及问责机制。同时，为了评估自然灾害链风险协同治理的有效性，我们可以建立健全第三方的绩效评估制度，如制定《自然灾害链风险协同治理机制评估指南》等。

# 第四节　自然灾害链风险管理机制

自然灾害链风险监测预警与风险沟通是贯穿于自然灾害链风险管理全过程的两个重要环节，为建立自然灾害链风险管理机制，本书认为应从自然灾害链风险监测预警机制和自然灾害链风险沟通机制两个方面来加强建设。

## 一、自然灾害链风险监测预警机制

### （一）全球多灾种预警系统的发展与挑战

长期以来，联合国持续倡导各国构建多灾种早期预警系统（Multi-Hazard Early Warning Systems，简称MHEWS）。2015年6月，联合国大会正式采纳了《仙台减少灾害风险框架（2015—2030年）》（简称《仙台框架》），明确设定了到2030年需达成的7项目标与4项优先行动领域[1]。特别地，其中目标G为确保到2030年民众能显著增强获取并利用多种灾害预警系统、灾害风险信息及评估成果的能力。2022年3月，联合国秘书长安东尼奥·古特雷斯启动了"全民早期预警"倡议（Early Warnings for ALL，简称EW4All倡议）。2022年5月23日至24日，第三届多灾种预警大会于印度尼西亚巴厘岛举行。大会聚焦于提升多灾种预警及风险信息的可用性、可获取性和实用性，以更好地推进《仙台框架》《巴黎协定》及可持续发展目标的实现，同时强调了现有MHEWS在国家灾害管理协调中的角色，以及从预警到迅速行动的转变对于取得更佳成效的重要性。2022年10月13日，即国际减轻自然灾害日，联合国灾害风险减少办公室（UNDRR）与世界气象组织（WMO）共同发布了《全球多灾种早期预警系统现状报

---

[1] "Sendai Framework for Disaster Risk Reduction 2015-2030," UNDRR, accessed October 25, 2023, http//www.undrr.org/publication/sendai-framework-disaster-risk-reduction-2015-2030.

告——聚焦目标G》（简称《多灾种早期预警报告》）[①]，揭示了尽管部分国家已建立早期预警系统，但众多发展中国家仍缺乏最基本的预警基础设施；未建立预警系统的国家，其人员死亡率相较于拥有MHEWS的国家高出8倍，且全球半数国家未能受到多灾种早期预警系统的有效覆盖。2022年11月6日至18日，《联合国气候变化框架公约》第二十七次缔约方会议（COP27）在埃及举行，呼吁联合国及其全球150多个合作伙伴在未来五年（2023—2027年）内加速在全球范围内开发并实施挽救生命的多灾种早期预警系统。该计划围绕"四大支柱"展开：灾害风险知识管理与提升，监测、观测、预警分析及预报，预警信息的发布与传播，以及备灾与应急响应能力的提升。2023年5月，UNDRR发表了《仙台框架》实施情况的中期评估报告。该报告指出截至2022年底，全球范围内已有126个国家制定了国家级减灾风险战略，110个国家利用联合国的DesInventar信息系统建立了国家灾害损失数据库，同时有156个国家通过《仙台框架》的监测机制报告了其灾害状况。2023年6月2日，第十九届世界气象大会将推动EW4All倡议行动计划的实施确定为WMO的首要任务。同年12月，在阿联酋迪拜举行的《联合国气候变化框架公约》第二十八次缔约方会议（COP28）上，"损失与损害"基金（Loss and Damage Fund）决议获得批准，旨在为遭受极端气候事件冲击的发展中国家提供灾后重建援助。

在全球多灾种早期预警系统的探索中，各国进展的不均衡性尤为显著，其中预警系统的精确度及对弱势群体的有效覆盖仍是核心难题。构建一个高效的多灾种早期预警系统，不仅要求国际组织与各国政府间的紧密合作，还离不开多学科、跨领域的技术革新，以及充足的资金与物资保障。尽管诸如美国、加拿大、德国、法国、日本及中国等主要经济体已初步搭建起多灾种预警系统框架，但其在精确度上仍有较大提升空间。而对于众多发展中国家，挑战则更为严峻，它们既缺乏完善的预警体系，又在卫星遥感、天气综合处理与预报等关键技术领域面临人才与技术的双重短缺。因此，实现联合国2027年"全民早期预警"目标，无疑是一项复杂而艰巨的任务，需要国际组织、发达国家、研究机构及企业等多方力量的共同努力与协作。

## （二）我国多灾种与灾害链监测预警系统的发展与挑战

我国从2005年以后开始启动了灾害预警有关工作。2005年初，《国家突发公共事件总体应急预案》得以通过，标志着我国首次对突发公共事件实施了科学分类。2007年11月，《中华人民共和国突发事件应对法》正式颁布并付诸实施，为应急处理工作提供了的法律基础。2016年，我国又发布了《关于推进防灾减灾救灾体制机制改革的意

---

[①] "Global Status of Multi-Hazard Early Warning Systems（2023）"，UNDRR，December 22, 2023, https://www.undrr.org/reports/global-status-MHEWS-2023.276.

见》，标志着防灾救灾工作重心开始从单一灾种应对向综合减灾转变，从侧重救灾向防灾减灾并重转移，并日益重视多灾种及灾害链的综合监测与管理。2018年10月，针对重大灾害的救援工作，习近平总书记作出了重要指示，并部署了包括灾害风险调查与重点隐患排查、自然灾害监测预警信息化建设等在内的"九项重点工程"。进入新的发展阶段，《"十四五"国家综合防灾减灾规划》明确提出了建立灾害综合监测预警平台的目标，旨在完善灾害信息的报送共享、联合会商研判及预警响应联动机制，进一步提升灾害预警信息的集约性、精确性和时效性，确保灾害预警信息的公众覆盖率达到90%以上。此外，2022年6月，生态环境部协同其他16个部门共同发布了《国家适应气候变化战略2035》，其中强调了加强气候变化监测、预测与预警，深化气候变化影响与风险评估，以及强化综合防灾减灾等多项关键任务与措施。近十几年来，我国在防灾减灾救灾领域的体制机制改革持续深化，相关政策法规与标准体系逐步健全，业已构建起涵盖空、天、地多维度的气候变化影响及极端事件综合监测、预警与响应系统，这为我国西北地区乃至全国的自然灾害链风险预警系统建立提供了战略指导和工作基础。

尽管我国在自然灾害监测预警领域已取得了长足的进步，但仍面临诸多挑战。我国国土广袤、地区特点多样，各地区经济与社会发展显著不均衡，这导致了信息化程度的明显差异。当前，我国自然灾害风险监测与预警体系面临着基础薄弱、盲区众多、资金投入不足及人才匮乏等多重挑战。作为全球自然灾害频发的国家，我国所面临的灾害风险问题日益凸显，灾害类型繁多、分布广泛、发生频繁且危害严重，这对灾害风险的监控与预警提出了独特且高难度的要求。针对当前自然灾害监测预警与救援工作中存在的问题，如灾害预警防控力度不够、风险监测未实现全面覆盖、预警机制存在缺陷，以及预警信息发布未实现"最后一公里"的技术瓶颈，我们需要寻求新的解决方案。因此，在深入理解灾害链转化机理及关键节点的基础上，研发灾害链多要素立体监测与多指标实时动态预警技术，并进行相应的平台构建与集成示范，对于提高灾害链监测的精确度、延长灾害预警链条以及提升应急抢险的时效性具有至关重要的意义。

### （三）自然灾害链监测预警系统能力需求分析

在审视当前国家灾害防治工作的新形势与借鉴国际灾害防治研究前沿成果的基础上，本书致力于探索并构建灾害链监测与预警机制框架，并进一步设计了以信息技术与应急服务深度融合为特色的集成化预警体系模型，该模型全面覆盖了气象灾害、水旱灾害、地震、地质灾害、森林草原火灾、农业灾害及海洋灾害等各类自然灾害。为实现这一目标，需构建空天地网一体化的监测采集体系（见图9-1），并设立了多层次的灾害监测预警系统，旨在促进跨系统、跨层级、跨区域的灾害监测与预警合作，从而强化风险的早期识别、综合监测及预警预报能力。

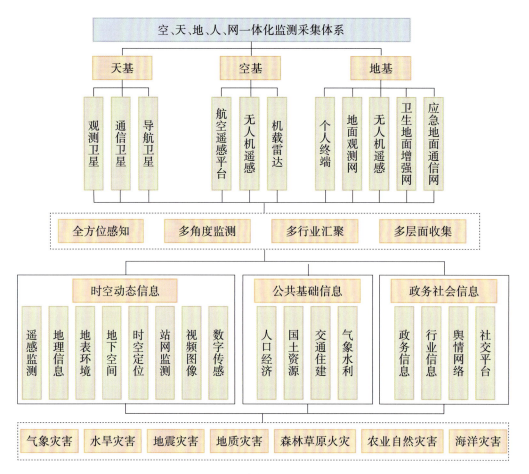

图 9-1　一体化监测采集体系

**1.监测网络：构建全方位、多维度的灾害链监测体系**

在灾害链预警系统中，监测网络不仅需要对单一灾害进行监测，还需要关注灾害链中各环节之间的相互作用和演化过程。因此，监测网络的建设应涵盖气象、地质、水文等多个领域，形成全方位、多维度的监测体系。具体如下：

（1）气象监测站

除了监测常规的气象要素外，还应特别关注极端天气事件（如暴雨、干旱、沙尘暴等）的发生和发展，因为这些事件往往是触发灾害链的起始因素。通过实时监测和分析气象数据，可以预测极端天气事件的可能影响范围和强度，为后续的灾害链预警提供重要依据。

（2）地质监测站

地质灾害（如地震、滑坡、泥石流等）在灾害链中常常扮演着关键角色。因此，地质监测站需要密切关注地壳运动、地应力变化等地质要素，以及这些要素与气象、水文等要素之间的相互作用。通过综合分析地质数据和其他相关数据，可以预测地质灾害的发生概率和影响范围，为灾害链预警提供关键信息。

（3）水文监测站

水文监测站需要实时监测河流、湖泊、水库等水体的水位、流速、流量等水文要素，以及这些要素与气象、地质等要素之间的相互作用。通过水文数据的分析和预测，可以及时发现潜在的洪水风险，为灾害链预警和应急响应提供有力支持。

（4）遥感监测与GIS数据分析

遥感技术具有覆盖范围广、监测频率高等优势，是灾害链监测的重要手段。通过卫星遥感、无人机等技术手段，可以获取大范围的地表覆盖、植被生长、水体变化等信息。结合地理信息系统（GIS）和大数据分析技术，可以对这些信息进行深入挖掘和分析，揭示灾害链的演化规律和潜在风险。

**2.数据处理与分析中心：构建高效的灾害链预警模型与算法**

数据处理与分析中心是灾害链预警系统的核心部分，它负责接收、处理和分析来自监测网络的海量数据，构建科学的预警模型与算法，实现灾害风险的自动识别和预警信号的生成。具体模块如下：

（1）数据采集与传输

为了确保数据的准确性和实时性，需要建立高效的数据采集与传输机制。通过有线或无线方式，将监测设备采集的数据实时传输至数据中心，并进行初步的处理和校验。

（2）数据存储与管理

面对海量的监测数据，需要建立高效的数据存储系统，对数据进行分类、整理、归档和备份。同时，还需要建立数据访问和共享机制，确保不同部门和机构之间的数据互通和共享。

（3）数据分析与挖掘

在灾害链预警中，数据分析与挖掘是关键环节。通过运用大数据分析、人工智能等技术手段，可以对监测数据进行深度挖掘和分析，识别异常数据模式，预测灾害发生的可能性、影响范围及强度。同时，还需要结合历史数据和专家知识，构建科学的预警模型与算法，提高预警的准确性和时效性。

（4）灾害链预警模型与算法

基于灾害链的演化规律和潜在风险，需要构建针对性的灾害链预警模型与算法。这些模型与算法应充分考虑不同灾害之间的相互作用和影响，以及灾害链的时空分布特征。通过模拟和预测灾害链的演化过程，可以及时发现潜在的灾害风险，为应急响应和防灾减灾提供科学依据。

**3.预警信息发布平台：实现精准、高效的预警信息传播与反馈**

预警信息发布平台是灾害链预警系统将预警信息及时、准确地传达给政府、企业和公众，并收集和分析公众反馈信息的工作平台。因此，我们提出构建多元化信息发布机制，有效解决预警发布"最后一公里"难题，提升预警信息的覆盖面与实效性，为后续的预警工作提供改进和优化建议。

（1）多渠道发布

为了确保预警信息的广泛覆盖和快速传播，需要建立多渠道的预警信息发布机制。通过广播、电视、手机短信、社交媒体、官方网站等多种渠道发布预警信息，确保不同受众群体都能及时接收到相关信息。

（2）精准推送

根据灾害的类型、影响范围和受众特点，需要实现预警信息的精准推送。通过结合地理信息系统（GIS）和人口数据库等技术手段，可以对预警区域进行精细划分，并根据不同区域的风险等级和受众需求，制定针对性的预警信息推送策略。

（3）信息互动与反馈

为了提高预警信息的有效性和针对性，需要建立预警信息发布与公众反馈的互动机制。通过设立热线电话、在线问答、社交媒体互动等方式，鼓励公众积极参与灾害预警和应对工作，并及时收集和分析公众的反馈信息。这些反馈信息可以为后续的预警工作提供改进和优化建议，提高预警系统的实用性和可信度。

## （四）自然灾害链监测预警系统对策和建议

我国已初步建立多灾种早期预警系统，但是在多灾种和灾害链监测预警综合管理系统、灾害防治相关配套资金、灾害链风险信息整合、多学科合作及国际合作等方面仍有不足。为进一步做好提升我国自然灾害监测预警能力，提出如下对策和建议。

**1.健全灾害链风险监测预警机制**

为有效应对西北地区复杂多变的自然灾害链风险，首要任务是建立健全灾害链风险监测预警机制。具体而言，应尽快出台相关制度，明确多灾种协同监控与预警系统的构建框架。这一制度应涵盖应急管理、自然资源、地震、气象、水利、海洋及林业草原等多个部门，通过协同编制预警工作指南或操作手册，清晰界定各部门在监测预警工作中的职责与权限。在此基础上，推动建立跨部门防灾减灾预警协作体系，实现预警信息的无缝对接与共享，为灾害链风险管理提供组织保障。

**2.统筹整合灾害风险信息资源，构建灾害链大数据平台**

针对当前灾害风险信息资源分散、跨界壁垒突出的问题，应着力打破行业界限，实现跨区域、跨领域的信息共享。通过集成气象、水文、地震、地质、海洋、森林草原及地理信息等多源数据，构建多源异质、协同高效的自然灾害链风险监控大数据平台。这一平台将有效整合各类灾害风险信息，为灾害链的精准预测与高效应对提供有力的数据支撑。

**3. 整合科研力量，建立跨学科研究体系**

为提升西北地区灾害链风险管理的科技支撑能力，应充分整合社会各界、科研院所及高等院校的科研力量，建立多学科协作的研究体系。以现实问题为导向，通过跨学科深入交流与合作，加强对灾害链预警理论与技术攻关，推动灾害链领域的科学研究与技术创新。同时，应重视监测预警专门人才的培养与引进，制定健全的人才培养制度，强化基层人员技术能力，全面提升数字素质，为灾害链风险管理提供高水平人才保障。

**4. 加强技术应用，提升监测预警科技水平**

在灾害链风险监测预警中，科技应用至关重要。应强化科研成果的转化应用，逐步优化科技创新机制，推动监测预警技术的持续创新与发展。具体而言，应充分利用人工智能、物联网、5G等先进技术，建立空–天–地–海一体化的高精度立体多维智能协同风险监测网络，实现全灾种和灾害链监测与预警体系的全面覆盖与智能化升级。同时，应加快推进区块链、北斗卫星等科技手段与远程灾害监测与预警服务的深度融合，提升灾害信息的获取、预测预报及应急通信能力。

**5. 深化国际交流，优化多灾种早期预警体系**

近年来，联合国、世界气象组织等国际机构积极助力发展中国家构建多灾种早期预警系统，COP28更设立了"损失与损害"基金；同时，欧盟也在不断完善其预警网络与平台，积累了丰富的实践经验。鉴于此，我国相关部门应加强与《联合国气候变化框架公约》秘书处、联合国减灾办公室、世界气象组织、联合国教科文组织及欧盟等的国际合作与交流，共同应对恶劣天气、海啸、地震等严峻挑战，提高多灾种风险预警的精确度，进一步优化我国多灾种早期预警系统的技术水平与防灾减灾救灾机制，实现从降低自然灾害损失向减轻自然灾害风险的战略转变，不断提升防灾减灾救灾效能，并及时总结宝贵经验。

**6. 拓展与"一带一路"共建国家的早期预警合作**

我国应积极拓展与"一带一路"共建国家在早期预警领域的交流与合作，通过举办生态风险预防、灾害管理、应急救援及灾害监测等多主题的研讨会，分享我国在防灾、减灾、救灾及灾后重建方面的成功经验，助力提升这些国家的应急管理能力。同时，我国相关部门应积极申请国际基金执行机构资质，协助发展中国家申请全球环境基金、绿色气候基金、气候变化特别基金、最不发达国家基金及"损失与损害"基金等国际合作项目，帮助他们建立灾害风险评价技术体系，搭建自然灾害信息共享服务平台，增强灾害风险防范的科技支撑能力，为"一带一路"共建国家的人民谋福祉，助力全球发展倡议与全球安全倡议的落实，为推动构建自然灾害防治的人类命运共同体作出重要贡献。

## 二、自然灾害链风险沟通机制

灾害链风险沟通是贯穿于灾害链风险管理全过程的重要环节。世界卫生组织（WHO）在总结非典型肺炎（SARS）应对经验时，特别强调了风险沟通在公共卫生突发事件中的关键作用及其伴随的巨大挑战[1]，这一认识直接促成了《国际卫生条例》的修订，明确将风险沟通纳入核心能力范畴。此外，国际风险治理委员会（International Risk Governance Council，简称IRGC）在其跨学科风险治理框架中，也将风险沟通置于核心地位，凸显其不可替代的价值[2]。

然而，在灾害链风险管理领域内的风险沟通仍有广阔的优化空间。管理学、传播学、心理学、社会学、数据科学、计算机科学及信息科学等多学科已从各自视角对风险沟通进行了深入探讨，通过综合性地理解和分析风险沟通的复杂流程，可以有效整合各学科的研究成果，进而实质性地提升灾害链事件中的风险沟通效能。鉴于此，本书旨在构建一个关于灾害链风险沟通的整合性框架，并以此为基础，深入探讨灾害链风险沟通工具与策略，以期为西北地区自然灾害链风险管理的实践提供理论指导与策略支持。

### （一）自然灾害链风险沟通的障碍

#### 1.公众认知的偏差与局限

风险沟通的首要挑战在于如何克服公众对风险信息的误解和认知局限。这一过程充满变数，因为公众在接收并解读风险信息时，往往受到过往经验、情绪反应及专业知识匮乏的影响。具体而言，公众倾向于依赖近期事件形成的记忆来评判当前风险，这可能导致对风险的过度解读或忽视。例如，福岛核事故可能唤醒人们对切尔诺贝利核灾难的痛苦记忆，进而扭曲对新风险的理性评估。此外，恐惧、焦虑等负面情绪在灾难面前被放大，进一步干扰了公众对信息的客观判断，使得他们更易接受与既有观念相符的信息，而排斥相反证据，这种现象在涉及复杂技术或专业知识的风险议题中

---

[1] "Shaping the Future," in *SARS: Lessons from a New Disease* (Geneva: World Health Organization, 2003), pp.71–82.

[2] Renn O., *White Paper on Risk Governance: Towards an Integrative Approach* (Geneva: International Risk Governance Council, 2005).

尤为显著。

**2.风险评估的分歧与不确定性**

风险评估作为风险沟通的基础,其复杂性和不确定性构成了另一大障碍。由于不同研究机构、学科背景及专家对风险的理解和技术标准存在差异,风险评估结果往往难以统一。这种分歧不仅体现在风险定义、传播机制及预防措施上,还表现在公开场合中专家与官员之间的相互矛盾,削弱了风险评估的权威性和公信力。更为严重的是,当前的风险评估模型多基于理论构建和专家判断,缺乏充分的实践验证,这可能误导政策制定,造成不可预知的后果。因此,正确认识并谨慎使用这些评估结果,对于避免潜在损失至关重要。

**3.沟通地位与参与机会的不平等**

理想的沟通环境要求所有参与者地位平等、机会均等,但在风险沟通实践中,这一理想状态难以实现。政府和专家通常掌握更多风险信息和评估技术,加之公权力的加持,使得他们在沟通中占据主导地位,拥有更多的话语权和解释权。这种不平等不仅限制了公众和媒体的参与深度,还可能导致管理者忽视基层需求,陷入"官僚主义"的困境。因此,如何平衡各方力量,确保沟通的有效性和公正性,是灾害链风险管理中亟待解决的问题。

## (二) 自然灾害链风险沟通整合性框架

灾害链风险沟通是多元主体参与下的活动,这一点得到学者们的普遍共识,很多研究者将风险沟通的参与主体称为利益相关者,包括政府、专业专家、公众和媒体四个类型[1]。灾害链风险沟通体系一般是指在风险管理的过程中,因为不同主体之间的沟通所形成的沟通主体、沟通客体、沟通渠道、沟通载体等要素构成的有机整体及相互关系,需要政府、专业专家、公众和媒体之间的密切合作和持续的沟通。通过建立和完善自然灾害链风险沟通整合性框架,可以提高各方对灾害风险的认知和理解,促进合作和共同行动,从而有效地减少灾害的影响和损失(图9-2)。

## (三) 灾害链风险沟通的参与主体

在探讨西北地区自然灾害链风险管理的复杂框架内,风险沟通作为连接多元主体的桥梁,其重要性不言而喻。尽管研究者普遍认同风险沟通的多主体参与特性,但具体参与者的界定与分类却呈现出多样化的视角。传统上,众多学者倾向于将风险沟通的参与主体界定为利益相关者,涵盖政府、专业专家、公众及媒体四大板块。然而,

---

[1] Paek H. J., "Effective Risk Governance Requires Risk Communication Experts," *Epidemiology and Health*, no.38(2016): e2016055.

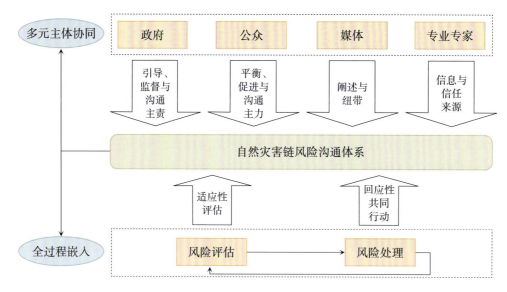

**图 9-2 自然灾害链风险沟通体系框架**

这一分类方式在全面性与细致度上尚存局限，尤其是对于工业界、社区及社会组织等关键角色的考量不足。相比之下，欧盟第七框架计划下的"TELL ME"项目提供了一种更为详尽且具前瞻性的分类框架[①]，将风险沟通的参与主体细化为三大类别：公众作为直接受影响的群体；公共领域，汇聚了意见领袖、研究人员、传统与社交媒体等多元声音；利益相关者，广泛涵盖政府与政策制定者、工商业界、社区公共机构与基础设施以及民间社会组织等多元主体。这一分类不仅拓宽了参与者的范畴，也深刻反映了风险沟通生态的复杂性与动态性。

本书在充分借鉴"TELL ME"项目分类智慧的基础上，结合传统分类的精髓，将风险沟通的参与主体进一步凝练为七大核心类别：政府、领域专家、公众、媒体、企业、社区及社会组织。这一归纳旨在全面覆盖自然灾害链风险管理中的关键角色，确保风险沟通网络的完整性与有效性。

值得注意的是，每一大类参与主体内部均蕴含着丰富的子群体，这些子群体在风险认知、利益诉求及沟通偏好上往往存在显著差异，要求我们在制定沟通策略时必须深入细致，充分考虑其独特性与多样性。同时，随着风险沟通理论与实践的演进，参与主体间的关系已从传统的单向信息传递转变为多向互动与合作伙伴关系。这一转变不仅体现了对参与主体风险认知差异的尊重，也强调了通过信息共享、意见交换与协同合作来增强风险决策的科学性与可接受性。为此，20世纪80年代以后，风险沟通逐渐从简单的信息告知模式转向双向互动模式，强调个人、群体及机构间信息的动态交

① TELLME Project Team, "D3.1-New Framework Model for Outbreak Communication", accessed September 9, 2024, https://www.tellmeproject.eu/content/d31-new-framework-model-outbreak-communication.

流与意见的深度碰撞[①]。进入90年代，为了更有效地在决策前凝聚共识、争取支持，风险沟通的各参与主体更是积极构建"合作伙伴"关系，共同应对自然灾害链带来的挑战，共同推动风险管理的持续改进与优化[②]。

### （四）自然灾害链风险沟通流程

自然灾害链风险沟通流程包括灾害链风险信息的收集与分析、传递与共享、解读与解释，以及灾害链风险沟通与公众参与。具体如下：

**1.灾害链风险信息收集与分析**

在自然灾害链风险沟通体系中，风险信息的收集与分析扮演着至关重要的角色。这一过程不仅要求广泛收集气象、地质、卫星遥感、历史灾害记录及社会经济等多源数据，还需根据研究目标和特定风险类型精准选择数据源。例如，针对暴雨-洪水灾害链风险，气象观测与历史洪水数据成为关键信息。此外，数据的收集需灵活运用实地调研、遥感监测、传感器布网、问卷调查及专家咨询等多种手段，确保信息的全面性和准确性。同时，利用统计分析、GIS技术及建模预测等方法，揭示灾害链风险的时空分布规律，评估其潜在影响，并充分考虑不确定性因素，为风险管理提供科学依据。

**2.灾害链风险信息传递与共享**

自然灾害链风险信息的有效传递与共享，是提升应急响应效率的关键。通过报告、会议、在线平台、社交媒体等多元化渠道，确保信息能够准确、及时地触达政府部门、专家学者、决策层及广大公众。建立跨部门、跨领域的自然灾害链基础数据与灾害信息共享机制，整合减灾卫星、海啸预警网、气象观测站等资源，打破信息壁垒，加速自然灾害链案例库与数据库建设。强调信息的时效性与透明度，既保证公众知情权，避免恐慌，又确保应急主体能基于准确信息作出快速响应，共同抵御灾害冲击。

**3.灾害链风险信息解读与解释**

自然灾害链风险信息的解读与解释，旨在将复杂的科学数据转化为易于理解的语言，帮助各方准确把握风险本质。这包括明确自然灾害链风险评估结果，如风险概率、演化关系、影响程度及受影响区域；深入剖析灾害链风险成因，涵盖自然、人为及社会经济因素；揭示灾害链风险趋势，提供历史、现状及未来预测的综合视角；提出具体可行的风险管理与应对措施，指导政府决策与公众行动。可以采用直观图表、简洁语言及互动沟通方式，确保信息传达的有效性与针对性，满足不同受众的需求。

---

① Nrc(Us), *Improving Risk Communication*(Washington, DC: The National Academies Press, 1989): p.352.

② Leiss W., "Three Phases in the Evolution of Risk Communication Practice", *The Annals of the American Academy of Political and Social Science* 545, no.1(1996): 85-94.

**4.灾害链风险沟通与公众参与**

风险沟通与公众参与,是自然灾害链风险管理中不可或缺的一环。明确目标受众,定制化沟通策略,确保灾害链信息精准送达。通过清晰、一致的信息传递,结合多样化的沟通渠道,增强灾害链信息的可达性与影响力。建立基于透明度和信任的信息交流机制,鼓励公众提问与反馈,形成双向互动。加强风险教育与培训,提升公众的风险意识与自救互救能力,促进社会各界在风险管理中的积极参与,共同构建韧性社会,有效减轻自然灾害链带来的损失。

## (五)自然灾害链风险沟通措施

有效开展自然灾害链风险沟通,应把风险沟通主体打造为协同共治共同体,实现政府主导,多主体协同共治,保证自然灾害链风险沟通全面、充分、无遗漏。

**1.强化政府引领**

政府是大量事项的决策主体,在风险治理全过程中应发挥主导作用,对自然灾害链风险沟通负主责。组织间协同的基础是风险沟通体系的建立,优化风险沟通体系应从政府内协体系的优化和政府与社会体系的优化两方面着手。完善政府内部风险沟通机制,需要发挥不同层级、不同职能部门的优势,打破政府各部门间信息共享、资源交换方面的障碍。现阶段,提升政府与社会风险沟通的效率,应完善社会力量参与灾害治理的预案,保障多主体有序参与到灾害治理的全过程。预案制定要最大限度地发挥社会在灾害治理中的优势。政府应建立起政社合作的常态化平台,并设立专责管理委员会,在灾害发生时,管理委员会可以担负起统筹协调的责任,整合救援资源,对接政府应急工作小组,提高沟通协作效率。

在新时代的风险沟通中,政府部门不应再自认为自己是"真理的绝对代表",要求公众接受科学常识,理解科学的不确定性,而是要牢记治国有常,利民为本,学会理解、尊重并倾听公众的需求,以一种尊重和包容的心态与公众进行坦诚沟通。政府部门应主动调整风险沟通的目标,以多元民主协商为基础,为公众、企业、专家等利益相关者建立协商沟通的平台,为公众提供多元的理性选择,帮助公众在权衡利益和机会的基础上,自主制定风险决策。这种转变将有助于确保风险沟通更加贴近实际需求,促进社会各方面的共识和协同应对风险。

**2.增强公众参与**

自然灾害链中,风险沟通的重要作用是培养公众的灾害共同体意识,提高公众等相关主体应对突发自然灾害事件的应变能力、生存能力,最大可能消解灾害风险、减少灾害损失。风险沟通强调公众参与要以对话为导向,强调采用平等、尊重的态度,站在对方的立场看待问题,并寻求共同合作的框架。只有通过平等、自由、开放的对话，各方才有可能就风险议题达成共识，从而达到风险决策中过程和结果的合法性，促进风险问题的解决。

（1）信息透明

确保风险信息的透明度，向公众提供准确、及时和易于理解的信息，包括风险评估报告、预警信息、应对措施等。通过向公众提供充分的信息，可以帮助他们了解风险的性质、程度和可能的影响，从而更好地作出决策和应对。

（2）开展教育和培训

提供公众教育和培训，提高他们的风险意识和应对能力，包括灾害管理的基本知识、紧急情况下的自我保护措施、应对策略等。通过教育和培训，公众可以更好地了解自然灾害的风险，知道如何应对灾害和保护自己。

（3）引导公民参与决策

公众应该有机会参与自然灾害链风险管理的决策过程。这可以通过公众听证会、社区会议、问卷调查等形式实现。公众的参与可以提供不同的观点和经验，确保决策更加全面和公正。

（4）反馈和评估

建立反馈和评估机制，让公众能够向相关部门和组织提供反馈和意见，包括举办公众听证会、开设在线平台、进行调查等。通过听取公众的声音，可以更好地了解公众的需求和关切，改进风险沟通和管理策略。

公众参与自然灾害链风险沟通体系可以提高公众的风险意识、应对能力和参与度。通过与公众的有效沟通和合作，可以建立更加全面、有效和可持续的自然灾害链风险管理体系。

**3.发挥媒体作用**

在我国，媒体是党委和政府部门与公众之间进行及时有效沟通的重要工具。媒体是风险沟通的桥梁，在自然灾害链风险沟通体系中扮演着重要的角色。风险的社会放大理论认为，信息机制、反应机制在风险的社会放大过程中发挥主要作用，而媒体是重要的"社会放大站"之一。各种媒体能放大或缩小风险信息，也能对风险信息进行加工和阐释。

（1）信息传递和意识唤醒

媒体是将风险信息传递给公众的重要渠道。媒体可以通过新闻报道、社交媒体、电视、广播等形式向公众传达关于自然灾害的风险信息、预警信息和应对措施。媒体的广泛传播能力可以迅速唤醒公众的风险意识，提醒他们采取必要的预防和应对措施。

（2）教育和启发

通过报道和解读自然灾害的原因、影响和应对措施，提供相关知识和教育。媒体可以向公众传达自然灾害的科学知识、灾害管理的最佳实践，以及个人和社区在面对自然灾害时应该采取的行动。这样可以提高公众的风险认知和应对能力。

（3）促进多方合作

促进各方之间的合作和协同。通过报道和宣传自然灾害的风险和影响，媒体可以引起政府、非政府组织、学术机构和企业等各方的关注和行动。媒体可以组织专题讨论、采访专家和发起公众参与活动，以促进各方之间的合作和共同应对。

（4）监督和问责

媒体可以扮演监督和问责的角色，确保相关部门和组织履行其风险管理的责任。媒体可以通过报道和调查揭示潜在的风险隐患、应对措施的不足和责任的推卸等问题，推动相关方面改进和加强风险管理。

（5）消除谣言和误解

在自然灾害发生时，谣言和误解可能会扩大恐慌和混乱。媒体可以扮演消除谣言和误解的角色，及时提供准确和可靠的信息，帮助公众理性应对自然灾害。

为了发挥媒体在自然灾害链风险沟通体系中的作用，媒体应该确保报道准确、客观和全面，避免夸大和歪曲风险信息。同时，媒体也应该与政府、专家和利益相关方建立良好的合作关系，获取可靠的信息和资源。通过媒体的积极参与和负责任的报道，可以提高公众的风险意识、应对能力和社会的整体风险管理水平。

## （六）灾害链风险沟通策略

有效的风险沟通策略需基于深入理解灾害链的特性和公众对风险的多元感知，以下是提出的灾害链风险沟通策略：

**1.明确沟通目标与灾害链特性相匹配**

针对不同类型的灾害链事件及其发展阶段，公众的关注点与信息需求呈现动态变化。因此，风险沟通的首要任务是确立与灾害链特性相契合的沟通目标，如普及教育、提升公众理解、促进行为改变、维护组织信誉、遵守法律规定及共同解决问题等。这些目标应随灾害链的演变而灵活调整，确保沟通策的有效性与针对性。

**2.精准识别受众及其对灾害链关注点**

（1）受众细分

在灾害链影响下，受众群体多样，包括直接受灾者、间接受影响者及关注者等。需通过人口统计学特征、地理位置、社会角色等因素精确划分受众，了解各群体的具体规模、类型及风险暴露程度。

（2）关注点分析

基于灾害链的复杂性，受众的关注点涵盖健康影响、数据信息、决策过程及风险管理等多个维度。利用问卷调查、社区会议及社交媒体分析等手段，系统收集并分类受众关切，特别是关于灾害链中不确定性和连锁反应的担忧。

**3.深入解析公众对灾害链风险的感知**

公众对灾害链风险的认知往往与专家和政府存在差异，受风险类型（如自愿/非自愿、可控/不可控）、公平性、信息来源可信度、自然/技术风险等因素影响。因此，必须通过实证研究，揭示公众风险感知的特点，识别不同群体间的认知差异，为定制化沟通策略提供依据。

**4.全面进行灾害链情景分析**

（1）历史比较

分析历史上类似灾害链事件的沟通案例，评估其遗留影响，预测当前灾害链风险的可能感知路径。

（2）媒体环境审视

考察当前媒体生态，特别是社交媒体在灾害链信息传播中的作用，以及公众对媒体的信任度，以制定适应新媒体环境的沟通策略。

（3）文化环境剖析

依据霍夫斯泰德文化维度理论，分析权力距离、不确定性规避及性别价值观对灾害链风险沟通的影响，设计文化敏感性的沟通方案。

（4）科学共识验证

确保灾害链风险信息与科学研究的最新成果保持一致，对矛盾信息进行澄清，增强沟通的权威性和可信度。

**5.精心设计并测试灾害链风险沟通信息**

（1）内容确定

结合受众关切与灾害链特性，制定包含组织信誉、风险影响、预防措施、不确定性解释及公众参与等内容的风险沟通信息。

（2）形式创新

采用易于理解的语言和多样化的呈现方式（如图文、视频），针对不同受众定制沟通信息，确保信息的可访问性和吸引力。

（3）严格测试

通过焦点小组、公众咨询等正式或非正式渠道，收集反馈，优化信息设计，确保信息的准确性和有效性。

**6.优选灾害链风险沟通渠道与工具**

根据灾害链的影响范围、受众分布及沟通目标，选择最合适的沟通渠道和工具。结合传统媒体与新兴社交媒体，实现广覆盖与深渗透；同时，利用小册子、风险地图、教育讲习班等多样化工具，满足不同受众的信息获取偏好和互动需求。在灾害链的不同阶段，灵活调整沟通渠道，确保信息的及时传递与有效接收。

综上所述，构建灾害链视角下的公共安全风险沟通策略，需综合考虑灾害链的复杂性、公众风险感知的多样性及社会文化环境的差异性，通过科学规划、精准实施与持续优化，实现风险信息的有效传递与公众理解的显著提升。

# 参考文献

## 一、中文文献

### 1.著作

[1] 袁林.西北灾荒史[M].兰州:甘肃人民出版社,1994.

[2] 延军平.灾害地理学[M].西安:陕西师范大学出版社,1990.

[3] 马宗晋.中国重大自然灾害及减灾措施[M].北京:科学出版社,1994.

[4] 尚海志.自然灾害学[M].北京:冶金工业出版社,2021.

[5] 肖盛燮.灾变链式演化跟踪技术[M].北京:科学出版社,2011.

[6] 刘平.保险学原理与应用[M].北京:清华大学出版社,2009.

[7] 张茂省,薛强,贾俊,等.地质灾害风险管理理论方法与实践[M].北京:科学出版社,2021。

[8] 李会琴.旅游地理信息系统[M].武汉:华中科技大学出版社,2019.

[9] 肖鹏军.公共危机管理导论[M].北京:中国人民大学出版社,2006.

### 2.期刊

[1] 王守荣.中国西北地区气候与生态环境概论[J].新疆气象,2001(2):15.

[2] 吕卓民.自然灾害与农业生产——以明代西北地区为例[J].西北大学学报(自然科学版),2018(2):323-328.

[3] 张艳花.自然灾害及其预警——访中国科学院地质与地球物理研究所王思敬院士[J].中国金融,2005(7):53-54.

[4] 李萍,王锡伟.自然灾害概念的新界定[J].中国减灾,2012(12)上:44-45.

[5] 于良巨,马万栋.自然灾害内涵及辨析[J].灾害学,2015,30(4):12-16.

[6] 史培军,叶涛,王静爱,等.论自然灾害风险的综合行政管理[J].北京师范大学学报(社会科学版),2006(5):130-136.

[7] 刘燕华,李钜章,赵跃龙.中国近期自然灾害程度的区域特征[J].地理研究1995(3):14-25.

[8] 刘毅,杨宇.历史时期中国重大自然灾害时空分异特征[J].地理学报,2012,67(3):291-300.

[9] 史正涛.中国季风边缘带自然灾害的区域特征[J].干旱区资源与环境,1996(4):1-7.

[10] 陈兴茹,王兴勇,白音包力皋,等.1900—2017年湄公河流域五国自然灾害特征分析[J].中国水利水电科学研究院学报,2019,17(5):327-333.

[11] 哈斯,张继权,佟斯琴,等.灾害链研究进展与展望[J].灾害学,2016,31(2):131-138.

[12] 郭增建,秦保燕.灾害物理学简论[J].灾害学,1987(2):25-33.

[13] 史培军.再论灾害研究的理论与实践[J].自然灾害学报,1996(4):8-19.

[14] 文传甲.论大气灾害链[J].灾害学,1994(3):1-6.

[15] 刘爱华,吴超.基于复杂网络的灾害链风险评估方法的研究[J].系统工程理论与实践,2015,35(2):466-472.

[16] 郭增建,郭安宁.从灾害链角度讨论1920年海原8.5级地震[J].地震工程学报,2019,41(6):1394-1395.

[17] 范如国.全球风险社会治理:复杂性范式与中国参与[J].中国社会科学,2017(2):65-83.

[18] 杨雪冬.风险社会理论述评[J].国家行政学院学报,2005(1):87-90.

[19] 杨雪冬.全球化、风险社会与复合治理[J].马克思主义与现实,2004(4):61-77.

[20] 汪忠,黄瑞华.国外风险管理研究的理论、方法及其进展[J].外国经济与管理,2005(2):25-31.

[21] 王稳,王东.企业风险管理理论的演进与展望[J].审计研究,2010(4):96-100.

[22] 杨霞,李毅.中国农业自然灾害风险管理研究——兼论农业保险的发展[J].中南财经政法大学学报,2010(6):34-37.

[23] 史培军.三论灾害研究的理论与实践[J].自然灾害学报,2002(3):1-9.

[24] 石勇,许世远,石纯,等.自然灾害脆弱性研究进展[J].自然灾害学报,2011,20(2):131-137.

[25] 贾楠,陈永强,郭旦怀,等.社区风险防范的三角形模型构建及应用[J].系统工程理论与实践,2019,39(11):2855-2864.

[26] 庞西磊,黄崇福,张英菊.自然灾害动态风险评估的一种基本模式[J].灾害学,2016,31(1):1-6.

[27] 梅涛,肖盛燮.基于链式理论的单灾种向多灾种演绎[J].灾害学,2012,27(3):19-21.

［28］刘涛,陈忠,陈晓荣.复杂网络理论及其应用研究概述[J].系统工程,2005(6):1-7.

［29］周涛,柏文洁,汪秉宏,等.复杂网络研究概述[J].物理,2005(1):31-36.

［30］王建伟,荣莉莉,郭天柱.一种基于局部特征的网络节点重要性度量方法[J].大连理工大学学报,2010,50(5):822-826.

［31］赵凤花,杨波.复杂网络节点重要性的综合评价方法[J].武汉理工大学学报(信息与管理工程版),2015,37(4):461-464.

［32］殷勇,范钰.城市轨道交通网络抗毁性实例研究[J].物流技术,2018,37(12):58-62.

［33］王军进,刘家国,李竺珂.基于复杂网络的供应链企业合作关系研究[J].系统科学学报,2021,29(3):110-115.

［34］吴广谋,赵伟川,江亿平.城市重特大事故情景再现与态势推演决策模型研究[J].东南大学学报(哲学社会科学版),2011,13(1):18-23.

［35］姜卉,黄钧.罕见重大突发事件应急实时决策中的情景演变[J].华中科技大学学报(社会科学版),2009,23(1):104-108.

［36］宗蓓华.战略预测中的情景分析法[J].预测,1994(2):50-51.

［37］刘铁民.重大突发事件情景规划与构建研究[J].中国应急管理,2012(4):18-23.

［38］方志耕,杨保华,陆志鹏,等.基于Bayes推理的灾害演化GERT网络模型研究[J].中国管理科学,2009,17(2):102-107.

［39］李仕明,刘娟娟,王博,等.基于情景的非常规突发事件应急管理研究——"2009突发事件应急管理论坛"综述[J].电子科技大学学报(社科版),2010,12(1):1-3.

［40］袁晓芳,田水承,王莉.基于PSR与贝叶斯网络的非常规突发事件情景分析[J].中国安全科学学报,2011,21(1):169-176.

［41］李素菊.世界减灾大会:从横滨到仙台[J].中国减灾,2015(4)上:34-37.

［42］史培军,邵利铎,赵智国,等.论综合灾害风险防范模式——寻求全球变化影响的适应性对策[J].地学前缘,2007(6):43-53.

［43］韩菁雯,雷长群.社区风险管理标准化流程研究——基于美国社区风险管理启示[J].城市发展研究,2020,27(4):7-13.

［44］黄崇福.综合风险管理的梯形架构[J].自然灾害学报,2005(6):8-14.

［45］向喜琼,黄润秋.地质灾害风险评价与风险管理[J].地质灾害与环境保护,2000(1):38-41.

［46］刘希林,莫多闻.泥石流风险管理和土地规划[J].干旱区地理,2002(2):

155-159.

[47] 尚志海,刘希林.自然灾害风险管理关键问题探讨[J].灾害学,2014,29(2):158-164.

[48] 史培军.五论灾害系统研究的理论与实践[J].自然灾害学报,2009,18(5):

[49] 金菊良,魏一鸣,付强,等.改进的层次分析法及其在自然灾害风险识别中的应用[J].自然灾害学报,2002(2):20-24.

[50] 侯燕军,周小龙,石鹏卿,等."空-天-地"一体化技术在滑坡隐患早期识别中的应用——以兰州普兰太公司滑坡为例[J].中国地质灾害与防治学报,2020,31(6):12-20.

[51] 许强,董秀军,李为乐.基于天-空-地一体化的重大地质灾害隐患早期识别与监测预警[J].武汉大学学报(信息科学版),2019,44(7):957-966.

[52] 吴吉东,张化,许映军,等.承灾体调查总体情况介绍[J].城市与减灾,2021,(2):20-23.

[53] 徐选华,王春红,薛敏.基于生命周期的洪涝灾害生态环境风险识别研究[J].防灾科技学院学报,2013,15(3):83-89.

[54] 杜志强,顾捷晔.灾害链领域本体构建方法——以暴雨洪涝灾害链为例[J].地理信息世界,2016,23(4):7-13.

[55] 马骁霏,仲秋雁,曲毅,等.基于情景的突发事件链构建方法[J].情报杂志,2013,32(8):155-158.

[56] 张继权,冈田宪夫,多多纳裕一.综合自然灾害风险管理[J].城市与减灾,2005(2):2-5.

[57] 潘耀忠,史培军.区域自然灾害系统基本单元研究—Ⅰ:理论部分[J].自然灾害学报,1997(4):3-11.

[58] 牛海燕,刘敏,陆敏,等.中国沿海地区台风致灾因子危险性评估[J].华东师范大学学报(自然科学版),2011(6):20-25.

[59] 李红英,张晓煜,曹宁,等.宁夏霜冻致灾因子指标特征及危险性分析[J].中国农业气象,2013,34(4):474-479.

[60] 李红英,张晓煜,曹宁,等.两种干旱指标在干旱致灾因子危险性中的对比分析——以宁夏为例[J].灾害学,2012,27(2):58-61.

[61] 张核真,假拉.西藏冰雹的时空分布特征及危险性区划[J].气象科技,2007(1):53-56.

[62] 莫建飞,陆甲,李艳兰,等.基于GIS的广西洪涝灾害孕灾环境敏感性评估[J].灾害学,2010,25(4):33-37.

[63] 王志恒,胡卓玮,赵文吉,等.基于确定性系数概率模型的降雨型滑坡孕灾环境

因子敏感性分析——以四川省低山丘陵区为例[J].灾害学,2014,29(2):109-115.

[64] 殷洁,吴绍洪,戴尔阜.基于历史数据的中国台风灾害孕灾环境敏感性分析[J].地理与地理信息科学,2015,31(1):101-105.

[65] 王玉竹,闫浩文,王小平.新疆风沙灾害风险评估[J].中国沙漠,2020,40(6):13-21.

[66] 高超,张正涛,刘青,等.承灾体脆弱性评估指标的最优格网化方法——以淮河干流区暴雨洪涝灾害为例[J].自然灾害学报,2018,27(3):119-129.

[67] 张维诚,许朗.基于ArcGIS的河南省夏玉米旱灾承灾体脆弱性研究[J].水土保持研究,2018,25(2):228-234.

[68] 刘艳辉,张振兴,苏永超.地质灾害承灾载体脆弱性评价方法研究[J].工程地质学报,2018,26(5):1121-1130.

[69] 殷杰,尹占娥,于大鹏,等.风暴洪水主要承灾体脆弱性分析——黄浦江案例[J].地理科学,2012,32(9):1155-1160.

[70] 牟笛,陈安.中国区域自然灾害综合风险评估[J].安全,2020,41(12):23-26.

[71] 宁嘉辰,吴吉东,唐茹玫,等.多灾种风险评估方法述评——基于5份国际权威报告的对比分析[J].地理科学进展,2023,42(1):197-208.

[72] 曹树刚,王延钊,王明超,等.基于链式多灾种防灾管理体制及预警机制探讨[J].中国安全生产科学技术,2007(5):55-58.

[73] 刘文方,肖盛燮,隋严春,等.自然灾害链及其断链减灾模式分析[J].岩石力学与工程学报,2006(S1):2675-2681.

[74] 余瀚,王静爱,柴玫,等.灾害链灾情累积放大研究方法进展[J].地理科学进展,2014,33(11):1498-1511.

[75] 林达龙,明亮,何胜方,等.基于复杂网络的高校火灾衍生灾害群特征[J].消防科学与技术,2012,31(2)205-206.

[76] 陈长坤,孙云凤,李智.冰雪灾害危机事件演化及衍生链特征分析[J].灾害学,2009,24(1):18-21.

[77] 朱伟,陈长坤,纪道溪,等.我国北方城市暴雨灾害演化过程及风险分析[J].灾害学,2011,26(3):88-91.

[78] 姚清林.自然灾害链的场效机理与区链观[J].气象与减灾研究,2007(3):31-36.

[79] 范建容,田兵伟,程根伟,等.基于多源遥感数据的5·12汶川地震诱发堰塞体信息提取[J].山地学报,2008(3):257-262.

[80] 崔鹏,韩用顺,陈晓清.汶川地震堰塞湖分布规律与风险评估[J].四川大学学报

（工程科学版）,2009,41(3):35-42.

[81] 徐梦珍,王兆印,漆力健.汶川地震引发的次生灾害链[J].山地学报,2012,30(4):502-512.

[82] 梁京涛,唐川,王军.青川县重点区域地震诱发地质灾害遥感调查与分析[J].成都理工大学学报(自然科学版),2012,39(5):530-534.

[83] 哈斯,张继权,郭恩亮,等.基于贝叶斯网络的草原干旱雪灾灾害链推理模型研究[J].自然灾害学报,2016,25(4):20-29.

[84] 李思宇,梁达,韦燕芳,等.基于贝叶斯网络的干旱-森林火灾灾害链定量建模研究[J].自然灾害学报,2023,32(1):38-46.

[85] 李浩然,欧阳作林,姜军,等.城市轨道交通灾害链演化网络模型及其风险分析——以地铁水灾为例[J].铁道标准设计,2020,64(2):153-157.

[86] 高峰,谭雪.城市雾霾灾害链演化模型及其风险分析[J].科技导报,2018,36(13):73-81.

[87] 蒙吉军,杨倩.灾害链孕源断链减灾国内研究进展[J].安全与环境学报,2012,12(6):246-251.

[88] 崔志勇,王艳晗,吕春磊,等.灾害链机理及断链措施研究[J].安徽建筑,2022,29(4):3-5.

[89] 刘文方,李红梅.基于熵权理论的斜坡地质灾害链综合评判[J].灾害学,2014,29(1):8-11.

[90] 李明,唐红梅,叶四桥.典型地质灾害链式机理研究[J].灾害学,2008(1):1-5.

[91] 叶丽梅,周月华,周悦,等.暴雨洪涝灾害链实例分析及断链减灾框架构建[J].灾害学,2018,33(1):65-70.

[92] 董强.基于GIS的灾害文献史料数据库构建与可视化实现研究——以日本灾害事例数据库为例[J].防灾科技学院学报,2020,22(1):80-85.

[93] 王静爱,史培军,朱骊,等.中国自然灾害数据库的建立与应用[J].北京师范大学学报(自然科学版),1995(1):121-126.

[94] 张立宪,甘淑,刘永,等.基于Geodatabase的滑坡地质灾害数据库设计[J].科学技术与工程,2010,10(34):8503-8507.

[95] 陈亮,杜新宇.结构化数据的关系抽取系统的设计与实现[J].信息技术,2020,44(12):48-52.

[96] 李军利,蒋浩,何宗宜,等.一种基于微博语义的天气情感地图设计[J].测绘通报,2019(5):77-82.

[97] 邬柯杰,吴吉东,叶梦琪.社交媒体数据在自然灾害应急管理中的应用研究综述

[J].地理科学进展,2020,39(8):1412-1422.

[98]袁军鹏,朱东华,李毅,等.文本挖掘技术研究进展[J].计算机应用研究,2006(2):1-4.

[99]王晓天,张英华,秦挺鑫,等.基于熵值法改进层次分析法马拉松急救能力评价模型的构建[J].中国安全生产科学技术,2021,17(9):169-174.

[100]张向敏,罗燊,李星明,等.中国空气质量时空变化特征[J].地理科学,2020,40(2):190-199.

[101]徐明超,马文婷.干旱气候因子与森林火灾[J].冰川冻土,2012,34(3):603-608.

[102]魏书精,罗斯生,罗碧珍,等.气候变化背景下森林火灾发生规律研究[J].林业与环境科学,2020,36(2):133-143.

[103]李思宇,梁达,韦燕芳,等.基于贝叶斯网络的干旱-森林火灾灾害链定量建模研究[J].自然灾害学报,2023,32(1):38-46.

[104]姜逢清,李珍,胡汝骥.20世纪下半叶干旱对新疆农业的影响及灾害链效应[J].干旱区地理,2005,(4):49-57.

[105]贾慧聪,王静爱,杨洋,等.关于西北地区的自然灾害链[J].灾害学,2016,31(1):72-77.

[106]陈永明,石玉成.中国西北黄土地区地震滑坡基本特征[J].地震研究,2006(3):276-280.

[107]程蕊.社会资本视角下乡村自然灾害协同治理——以福建闽清县7·9洪灾为例[J].农村经济与科技,2021,32(24):7-9.

[108]刘晓诺.农业自然灾害治理中的问题及对策研究[J].热带农业工程,2021,45(6):167-169.

[109]商兆奎,邵侃.立体减灾与多元协同:西南民族地区农村自然灾害的"整体性治理"[J].农业考古,2019(3):254-260.

[110]马晓东.政府、市场与社会合作视角下的灾害协同治理研究[J].经济问题,2021(1):18-22.

[111]王祥.基于SFIC模型的洪涝灾害协同治理能力提升研究[J].江苏工程职业技术学院学报,2022,22(3):70-76.

[112]王文,张志,张岩,等.自然灾害综合监测预警系统建设研究[J].灾害学,2022,37(2):229-234.

[113]邹积亮.提升重大灾害风险监测预警能力[J].中国减灾,2021(10)上:16-19.

[114]本刊编辑部.扎实推进自然灾害综合监测预警能力建设[J].中国减灾,2023

（6）上：16-17.

[115] 李莹.突发灾害事件的监测预警体系研究[J].社科纵横，2011，26（8）：78-79.

[116] 崔鹏，吴圣楠，雷雨，等.“一带一路”区域自然灾害风险协同管理模式[J].科技导报，2020，38（16）：35-44.

[117] 孔祥涛，陈琛.重大决策社会稳定风险评估与应对的风险沟通模式[J].中共中央党校（国家行政学院）学报，2023，27（2）：122-133.

[118] 张乐，童星.风险沟通：风险治理的关键环节——日本核危机一周年祭[J].探索与争鸣，2012（4）：52-55.

[119] 李胜，高静.突发事件协同治理能力的影响因素及政策意蕴——基于扎根理论的多案例研究[J].上海行政学院学报，2020，21（6）：39-52.

[120] 汤景泰，巫惠娟.风险表征与放大路径：论社交媒体语境中健康风险的社会放大[J].现代传播（中国传媒大学学报），2016，38（12）：15-20.

[121] 刘思齐，黄萍，陈刚毅，等.基于物联、互联灾害大数据与应急预防研究[J].成都信息工程大学学报，2020，35（5）：584-588.

[122] 魏玖长，李瑞晗，李义娜.我国应急管理体系灾害信息可视化发展探讨[J].中国应急管理，2023（6）：50-53.

[123] 郑国光.深入学习贯彻习近平总书记防灾减灾救灾重要论述全面提高我国自然灾害防治能力[J].旗帜，2020（5）：14-16.

[124] 张树华，王阳亮.制度、体制与机制：对国家治理体系的系统分析[J].管理世界，2022，38（1）：107-118.

[125] 张立宪，甘淑，刘永，等.基于 Geodatabase 的滑坡地质灾害数据库设计[J].科学技术与工程，2010（34）：8503-8506.

**3.学位论文**

[1] 张永利.多灾种综合预测预警与决策支持系统研究[D].北京：清华大学土木工程系，2010.

[2] 杨志伟.重大突发事件风险的系统监测与跟踪评估研究[D].湘潭：湘潭大学公共管理学院，2014.

[3] 王鹏涛.西北地区干旱灾害时空统计规律与风险管理研究[D].陕西师范大学地理科学与旅游学院，2018.

[4] 温艳.20世纪20—40年代西北灾荒研究[D].西北大学历史学院，2005.

[5] 刘军.面向复杂网络的节点重要性排序和级联失效研究[D].重庆大学自动化学院，2017.

[6] 陈倬.基于脆弱性分析的城市物流系统安全性研究[D].武汉理工大学管理学院，

2007.

[7]赵志刚.复杂供应链网络演化及风险控制研究[D].浙江工业大学计算机科学与技术学院,2020.

[8]鲜佳君.复杂网络上的信息传播及其干预策略研究[D].电子科技大学计算机科学与工程学院,2020.

[9]孙斌.基于情景分析的战略风险管理研究[D].上海交通大学安泰经济与管理学院,2009.

[10]王颜新.非常规突发事件情境重构模型研究[D].哈尔滨工业大学经济与管理学院,2011.

[11]赵世杰.智能车辆多传感器信息融合方法研究[D].吉林大学汽车工程学院,2020.

[12]刘晓.基于文本挖掘的灾害多级联动分析与预测研究[D].中国地质大学经济管理学院,2021.

[13]王翔.区域灾害链风险评估研究[D].大连理工大学经济管理学院,2011.

[14]刘洋.基于RS的西藏帕隆藏布流域典型泥石流灾害链分析[D].成都理工大学环境与土木工程学院,2013.

[15]唐猛.基于孕源断链减灾理论的岩溶库安全运行技术研究[D].中南大学资源与安全工程学院,2014.

[16]吴亚东.路基边坡受多种灾害毁损及治理跟踪[D].重庆交通大学土木建筑学院,2009.

[17]冯凯伦.深度不确定性背景下的施工过程环境影响仿真与优化研究[D].哈尔滨工业大学管理学院,2019.

[18]陈珂.长江三角洲自然灾害数据库建设与风险评估研究[D].华东师范大学资源与环境科学学院地理系,2013.

[19]王慧民.福建省近500a台风灾害多尺度时空数据库构建及动态分析[D].福建师范大学地球信息科学系,2014.

[20]曹凯.面向生态灾害要素的网页数据挖掘[D].南昌大学软件学院,2021.

[21]刘文聪.滑坡知识图谱构建及应用[D].合肥工业大学土木与水利工程学院,2022.

[22]雒燕飞.地质灾害应急地理信息数据库设计及其应用[D].山东科技大学测绘与空间信息学院,2010.

[23]犹梦洁.基于文本挖掘的煤矿安全风险识别与评价研究[D].中国矿业大学经济管理学院,2022.

［24］全英楠.城市暴雨灾害链网络及关键演化路径研究［D］.重庆大学土木工程学院,2022.

［25］刘秀.海上溢油事件情景构建与分析研究［D］.武汉大学测绘学院,2019.

［26］尹小军.降雨与地震耦合作用下黄土边坡稳定性研究［D］.中国地震局工程力学研究所,2020.

［27］苏建峰.泉州市自然灾害应急管理联动机制研究［D］.华侨大学政治与公共管理学院,2021.

**4.论文集**

［1］倪若杰,王昭茹,朱玮,等.船企物联网中无线网络技术的研究与应用［C］//2017年中国造船工程学会优秀学术论文集.上海:上海交通大学出版社,2018:5.

［2］陈奇放,翟国方,葛懿夫.国外应对海平面上升的DAPP规划方法及其启示——以澳大利亚莱克斯恩特伦斯为例［C］//中国城市规划学会,成都市人民政府.面向高质量发展的空间治理——2020中国城市规划年会论文集(01城市安全与防灾规划).北京:中国建筑工业出版社,2021:12.

［3］刘宏波,施益军,翟国方.灾害响应多元主体协同治理的经验与启示——基于美国和日本的思考［C］//中国城市规划学会,重庆市人民政府.活力城乡美好人居——2019中国城市规划年会论文集(01城市安全与防灾规划).北京:中国建筑工业出版社,2019.

# 二、外文文献

**1.著作**

［1］KRAPIVSKY P L, REDNER S. A statistical physics perspective on web growth366［M］.arXiv,2002.

［2］MASKREY A.Disaster Mitigation: A community based approach［M］.Oxford: Oxfam,1989.

**2.期刊**

［1］WANG Z, ZHAI P.Climate change in drought over Northern China during 1950—2000［J］.Acta Geographica Sinica,2003,58:61-68.

［2］CUI P, CHEN X Q, ZHU Y Y, et al.The Wenchuan Earthquake(May 12, 2008), Sichuan Province, China, and resulting geohazards［J］.Natural Hazards,2011,56(1):19-36.

［3］Hewitt K.The idea of calamity in a technocratic age［J］.Interpretations of Calamity,1983.

［4］CARPIGNANO A, GOLIA E, DIMAURO C, et al. A methodological approach for thedefinition of multi-risk maps at regional level:first application[J].Journal of Risk Research-J RISK RES,2009,12:513-534.

[5] QUAN LUNA B,BLAHUT J,VAN ASCH T,et al.ASCHFLOW-a dynamic land-slide run-out model for medium scale hazard analysis[J].Geoenvironmental Disasters, 2016, 3(1):29.

[6] HELBING D,FARKIAS I,VICSEK T.Simulating dynamical features of escapepanic [J].Nature,2000,407(6803):487-490.

[7] AVEN T.Risk assessment and risk management:Review of recent advances on theirfoundation[J].European Journal of Operational Research,2016,253(1):1-13.

[8] SCHNEIDER F,MAURER C,FRIEDBERG R C.International Organization for Standardization(ISO)[J].Annals of Laboratory Medicine,2017,37(5):365-370.

[9] MENONI S.Chains of damages and failures in a metropolitan environment:some observations on the Kobe earthquake in 1995[J].Journal of Hazardous Materials,2001,86(1): 101-119.

[10] BURKHOLDER B T,TOOLE M J.Evolution of complex disasters[J].Lancet,1995, 346(8981):1012-1015.

[11] TURNER B A.The organizational and interorganizational development of disasters |semantic scholar[J].Administrative Science Quarterly,1976,21(3):378-397.

[12] ANDERSON A. Confronting natural disasters [J]. Nature, 1987, 329 (6140): 575-575.

[13] YOOK S H,JEONG H,BARABASI A L,et al.Weighted evolving networks[J].Physical review letters,2001,86(25):5835-5838.

[14] CALATAYUD A,MANGAN J,PALACIN R.Vulnerability of international freightflows to shipping network disruptions:A multiplex network perspective[J].Transportation Research Part E:Logistics and Transportation Review,2017,108:195-208.

[15] MONOSTORI J.Supply chains robustness:Challenges and opportunities[J].Procedia CIRP,2018,67:110-115.

[16] NIE T,GUO Z,ZHAO K,et al.The dynamic correlation between degree and betweenness of complex network under attack[J].Physica A:Statistical Mechanics and its Applications,2016,457:129-137.

[17] VILJOEN N M,JOUBERT J W.The vulnerability of the global container shipping network to targeted link disruption[J].Physica A:Statistical Mechanics and its Applications, 2016,462:396-409.

［18］EARNEST D C, YETIV S, CARMEL S M.Contagion in the Transpacific Shipping Network: International Networks and Vulnerability Interdependence［J］.International Interactions,2012,38(5):571-596.

［19］HOLMGREN A J.Using graph models to analyze the vulnerability of electric power Networks［J］.Risk Analysis,2006,26(4):955-969.

［20］NEWMAN M E J,Watts D J.Renormalization group analysis of the small-world network model［J］.Physics Letters A,1999,263(4):341-346.

［21］WATTS D J,STROGATZ S H.Collective dynamics of'small-world'networks［J］.Nature,1998,393(6684):440-442.

［22］BARABASI A L,Albert R.Emergence of Scaling in Random Networks［J］.Science,1999,286(5439):509-512.

［23］GERSHUNY J.The choice of scenarios［J］.Futures,1976,8(6):496-508.

［24］GEORGOFF D M,Murdick R G.Manager's guide to forecasting［J］.Harvard Business Review,1986,1(2):110-220.

［25］SCHNAARS S P.How to develop and use scenarios［J］.Long Range Planning,1987,20(1):105-114.

［26］SCHOEMAKER P.When and how to use scenario planning:A heuristic approach with illustration［J］.Journal of Forecasting,1991,10:549-564.

［27］MISURI A,LANDUCCI G,COZZANI V.Assessment of safety barrier performance in the mitigation of domino scenarios caused by Natech events［J］.Reliability Engineering & System Safety,2021,205:107278.

［28］COZZANI V,GUBINELLI G,ANTONIONI G,et al.The assessment of risk caused by domino effect in quantitative area risk analysis［J］.Journal of Hazardous Materials,2005,127(1):14-30.

［29］ZENG T,CHEN G,RENIERS G,et al.Methodology for quantitative risk analysis of domino effects triggered by flood［J］.Process Safety and Environmental Protection,2021,147:866-877.

［30］HUANG K,CHEN G,KHAN F,et al.Dynamic analysis for fire-induced domino effects in chemical process industries［J］.Process Safety and Environmental Protection,2021,148:686-697.

［31］LAN M,GARDONI P,Qin R,et al.Modeling NaTech-related domino effects in process clusters:A network-based approach［J］.Reliability Engineering & System Safety,2022,221:108329.

［32］CHEN C，RENIERS G，KHAKZAD N.A dynamic multi-agent approach for modeling the evolution of multi-hazard accident scenarios in chemical plants［J］.Reliability Engineering & System Safety，2021，207：107349.

［33］KHAKZAD N，RENIERS G.Using graph theory to analyze the vulnerability of process plants in the context of cascading effects［J］.Reliability Engineering & System Safety，2015，143：63-73.

［34］CHEN C，RENIERS G，ZHANG L.An innovative methodology for quickly modeling the spatial-temporal evolution of domino accidents triggered by fire［J］.Journal of Loss Prevention in the Process Industries，2018，54：312-324.

［35］KAMIL M Z，TALEB-BERROUANE M，KHAN F，et al.Dynamic domino effect risk assessment using Petri-nets［J］.Process Safety and Environmental Protection，2019，124：308-316.

［36］ZENG T，CHEN G，YANG Y，et al.Developing an advanced dynamic risk analysis method for fire-related domino effects［J］.Process Safety and Environmental Protection，2020，134：149-160.

［37］HUANG K，CHEN G，YANG Y，et al.An innovative quantitative analysis methodology for Natech events triggered by earthquakes in chemical tank farms［J］.Safety Science，2020，128：104744.

［38］OVIDI F，ZHANG L，LANDUCCI G，et al.Agent-based model and simulation of mitigated domino scenarios in chemical tank farms［J］.Reliability Engineering & System Safety，2021，209：107476.

［39］MEN J，CHEN G，YANG Y.A macro-systematic accident propagation analysis for preventing natural hazard-induced domino chain in chemical industrial parks［J］.Chemical Engineering Transactions，2022，90：169-174.

［40］ORTWIN R，BURNS W J.The social amplification of risk：theoretical foundations and empirical applications-renn-1992-journal of social issues-wiley online library［J］.Journal of Social Issue，1992，48（4）：139-140.

［41］LIU J，SHI Y，FADLULLAH M Z，et al.Space-Air-Ground Integrated Network：A Survey［J］.IEEE Communications Surveys Tutorials，2018，20（4）：2714-2741.

［42］PRATIM P R.A review on 6G for space-air-ground integrated network：Key enablers，open challenges，and future direction［J］.Journal of King Saud University-Computer and Information Sciences，2022，34（9）：6949-6976.

［43］SHENG J，CAI X，LI Q，et al.Space-air-ground integrated network development and applications in high-speed railways: A survey[J].IEEE Transactions on Intelligent Transportation Systems,2021,23(8):10066-10085.

［44］Disasters M N. Phenomena, Effects and Options-A Manual for Policy Makers and Planners[J].UNDRO,New York,1991.

［45］International Strategy for Disaster Reduction(ISDR)[J].Choice Reviews Online, 2006,44(1):44-0045a.

［46］EGENHOFER M J.Deriving the composition of binary topological relations[J].Journal of Visual Languages & Computing,1994,5(2):133-149.

［47］ Lavalle C, Roo A D, Barredo J ,et al.Towards an European Integrated Map of Risk from Weather Driven Events-A Contribution to the Evaluation of Territorial Cohesion in Europe [J].eppo bulletin, 2005.DOI:10.1111/j.1365-2338.1972.tb02138.x.

［48］Su M D, Kang J L, Chang L F, et al.A grid-based GIS approach to regional flood damage assessment[J].Journal of Marine Science and Technology,2005,13(3):4.

［49］GITIS V G, PETROVA E N, PIROGOV S A.Catastrophe chains: Hazard assessmen [J].Natural Hazards,1994,10(1-2):117-121.

［50］LI J,CHEN C.Modeling the dynamics of disaster evolution along causality networks with cycle chains [J]. Physica A: Statistical Mechanics and its Applications, 2014, 401: 251-264.

［51］ZHAO Q,WANG J.Disaster Chain Scenarios Evolutionary Analysis and Simulation Based on Fuzzy Petri Net: A Case Study on Marine Oil Spill Disaster[J].IEEE Access,2019,7: 183010-183023.

［52］TORFI F, FARAHANI R Z, REZAPOUR S.Fuzzy AHP to determine the relative-weights of evaluation criteria and Fuzzy TOPSIS to rank the alternatives[J].Applied Soft Computing,2010,10(2):520-528.

［53］SINGH R K,CHOUDHURY A K,TIWARI M K,et al.Improved Decision Neural Network (IDNN) based consensus method to solve a multi-objective group decision making problem[J].Advanced Engineering Informatics,2007,21(3):335-348.

［54］YU L,LAI K K. A distance-based group decision-making methodology for multipersonmulti-criteria emergency decision support[J]. Decision Support Systems, 2011, 51(2): 307-315.

［55］KWADIJK J C J, HAASNOOT M, MULDER J P M, et al.Using adaptation tipping points to prepare for climate change and sea level rise: a case study in the netherlands[J]. WIREs Climate Change,2010,1(5):729-740.

［56］MICHAS S, STAVRAKAS V, PAPADELIS S, et al. A transdisciplinary modeling framework for the participatory design of dynamic adaptive policy pathways［J］.Energy Policy, 2020,139:111350.

［57］HAASNOOT M, KWAKKEL J H, WALKER W E, et al. Dynamic adaptive policy pathways: a method for crafting robust decisions for a deeply uncertain world［J］.Global Environmental Change,2013,23（2）:485-498.

［58］HUANG Q, CERVONE G, ZHANG G. A cloud-enabled automatic disaster analysis system of multi-sourced data streams: an example synthesizing social media, remote sensing and wikipedia data［J］.Computers, Environment and Urban Systems,2017,66:23-37.

［59］ROSSER J F, LEIBOVICI D G, JACKSON M J.Rapid flood inundation mapping using social media, remote sensing and topographic data［J］. Natural Hazards, 2017, 87（1）: 103-120.

［60］KIM J, HASTAK M. Social network analysis: Characteristics of online social networks after a disaster［J］. International Journal of Information Management, 2018, 38（1）: 86-96.

［61］FANG J, HU J, SHI X, et al. Assessing disaster impacts and response using social media data in China: A case study of 2016 Wuhan rainstorm［J］.International Journal of Disaster Risk Reduction,2019,34:275-282.

［62］SHAN S, ZHAO F, WEI Y, et al. Disaster management 2.0: A real-time disaster damage assessment model based on mobile social media data-A case study of Weibo（Chinese Twitter）［J］.Safety Science,2019,115:393-413.

［63］YANG C, ZHANG H, LI X, et al. Analysis of spatial and temporal characteristics of major natural disasters in China from 2008 to 2021 based on mining news database［J］.Natural Hazards,2023,118（3）:1881-1916.

［64］HUNT K, AGARWAL P, ZHUANG J.Monitoring Misinformation on Twitter During Crisis Events: A Machine Learning Approach［J］.Risk Analysis,2022,42（8）:1728-1748.

［65］CHU H, YANG J Z. Building disaster resilience using social messaging networks: the WeChat community in Houston, Texas, during Hurricane Harvey［J］.Disasters, 2020, 44（4）: 726-752.

［66］FRANCESCHINI R, ROSI A, CATANI F, et al.Exploring a landslide inventory created by automated web data mining: the case of Italy［J］.Landslides,2022,19（4）:841-853.

［67］PAEK H J.Effective risk governance requires risk communication experts［J］.Epidemiology and Health,2016,38:e2016055.

［68］HAMILTON J D，WILLS-TOKER C. Reconceptualizing dialogue in environmental public participation［J］.Policy Studies Journal，2006，34（4）:755-775.

**3.论文集**

［1］NING L，XIE B，ZHANG X，et al.Vulnerability analysis of urban rail transit network under line interruption operation［C］//2020 IEEE 5th International Conference on Intelligent Transportation Engineering（ICITE）.2020:313-318.

［2］CHE W，LI Z，LIU T.Ltp:A chinese language technology platform［C］//Coling2010: demonstrations.Harbin Institute of Technology.2010:13-16.

［3］Junjie W , Huiying G , Junfeng X. Development and Application of a GIS-Based System for City Earthquake-Induced Hazard Estimate［C］//International Conference on Intelligent Computation Technology & Automation.IEEE, 2010.DOI:10.1109/ICICTA.2010.410.

［4］ABEDIN B，BABAR A，ABBASI A. Characterization of the use of social media in natural disasters:a systematic review［C］//2014 IEEE Fourth International Conference on Big Data and Cloud Computing. 2014:449-454.

［5］HAASNOOT M，WARREN A，KWAKKEL J H.Dynamic adaptive policy path‑ways （DAPP）［M］//Marchau V A W J，Walker W E，Bloemen P J T M，et al.Decision Making under Deep Uncertainty:From Theory to Practice.Cham:Springer International Publishing,2019.

**4.其他**

［1］International Decade for Natural Disaster Reduction ∣ UNDRR［EB/OL］.（2007-08-30）［2024-01-2］. https://www. undrr. org/publication/international-decade-natural-disaster-reduction.

［2］Yokohama Strategy and Plan of Action for a Safer World:guidelines for natural disaster prevention，preparedness and mitigation ∣ UNDRR［EB/OL］.（2009-02-04）［2023-10-25］. https://www.ifrc.org/Docs/idrl/I248EN.pdf.

［3］Sendai Framework for Disaster Risk Reduction 2015-2030 ∣ UNDRR［EB/OL］. （2015-06-29）［2023-10-25］.https://www. undrr. org/publication/sendai-framework-disaster-risk-reduction-2015-2030.

［4］ Global Platform for Disaster Risk Reduction［EB/OL］（2016-09-20）.［2023-10-25］. https://globalplatform.undrr.org/.

［5］IRGC Risk Governance Framework-IRGC［EB/OL］.（2012-04-26）［2023-10-25］. https://irgc.org/risk-governance/irgc-risk-governance-framework/.

［6］Participation in the APEC Vietnam Workshop［EB/OL］.［2023-10-25］.https://www. adrc.asia/project/.

〔7〕Participation in the APEC Vietnam Workshop〔EB/OL〕.(2023-09-26)〔2023-10-25〕. https://www.fema.gov/emergency-managers/national-preparedness/plan

〔8〕Gregorius W. Australian/New Zealand Standard，Risk Management（AS/NZS4360：2004）.〔EB/OL〕.〔2023-10-25〕. https://www. saiglobal. com/PDFTemp/Previews/OSH/as/as4000/4300/4360-2004.PDF.

〔9〕UN.Risk awareness and assessment in living with risk.〔EB/OL〕.〔2023-10-25〕.https://www.undrr.org/publication/living-risk-global-review-disaster-reduction-initiatives.